□ 中国高等职业技术教育研究会推荐

高职高专系列规划教材

手机原理与维护

主　编　陈　良

副主编　陈子聪

参　编　冯国莉　李健毅　杨　建

主　审　丁龙刚

西安电子科技大学出版社

内容简介

本书参照国家职业技能鉴定标准《移动电话机维修员》编写。主要内容包括：移动通信基本原理，如GSM与CDMA通信网、多址接入技术、语音编码技术、调制与解调技术、SIM卡与UIM卡；手机基本电路，如各基本单元电路、接收/发射电路、频率合成器、逻辑一音频电路、电源电路；手机整机电路分析，如新型的GSM双频手机、GPRS手机、CDMA手机的整机电路分析；手机维修基本方法，如维修仪器工具的使用方法、元器件的识别与检测方法、故障分析与处理的方法；典型的GSM、GPRS、CDMA手机常见故障维修；同时，对小灵通手机的电路分析、故障分析与维修作了介绍。

本书可作为高职高专院校通信、应用电子、信息技术类专业的教材，也可供有关的工程技术人员参考。

本书配有电子教案，有需要的教师可向出版社索取，免费提供。

图书在版编目(CIP)数据

手机原理与维护/陈良主编.

一西安：西安电子科技大学出版社，2004.9(2013.1重印)

(高职高专系列规划教材)

ISBN 7-5606-1416-7

Ⅰ.手… Ⅱ.陈… Ⅲ.① 移动通信-携带电话机-理论-高等学校：技术学校-教材 ② 移动通信-携带电话机-维护-高等学校：技术学校-教材 Ⅳ.TN929.53

中国版本图书馆CIP数据核字(2004)第054717号

策　　划　马武装

责任编辑　王晓杰　马武装

出版发行　西安电子科技大学出版社(西安市太白南路2号)

电　　话　(029)88242885　88201467　邮　　编　710071

网　　址　www.xduph.com　电子邮箱　xdupfxb001@163.com

经　　销　新华书店

印刷单位　陕西华沐印刷科技有限责任公司

版　　次　2004年9月第1版　2013年1月第6次印刷

开　　本　787毫米×1092毫米　1/16　印张　11.625

字　　数　271千字

印　　数　23 001～26000册

定　　价　18.00元

ISBN 978-7-5606-1416-8/TN·0273

XDUP 1687001-6

序

1999 年以来，随着高等教育大众化步伐的加快，高等职业教育呈现出快速发展的形势。党和国家高度重视高等职业教育的改革和发展，出台了一系列相关的法律、法规、文件等，规范、推动了高等职业教育健康有序的发展。同时，社会对高等职业技术教育的认识在不断加强，高等技术应用型人才及其培养的重要性也正在被越来越多的人所认同。目前，高等职业技术教育在学校数、招生数和毕业生数等方面均占据了高等教育的半壁江山，成为高等教育的重要组成部分，在我国社会主义现代化建设事业中发挥着极其重要的作用。

在高等职业教育大发展的同时，也有着许多亟待解决的问题。其中最主要的是按照高等职业教育培养目标的要求，培养一批具有“双师素质”的中青年骨干教师；编写出一批有特色的基础课和专业主干课教材；创建一批教学工作优秀学校、特色专业和实训基地。

为解决当前信息及机电类精品高职教材不足的问题，西安电子科技大学出版社与中国高等职业技术教育研究会分两轮联合策划、组织编写了“计算机、通信电子及机电类专业”系列高职高专教材共 100 余种。这些教材的选题是在全国范围内近 30 所高职高专院校中，对教学计划和课程设置进行充分调研的基础上策划产生的。教材的编写采取公开招标的形式，以吸收尽可能多的优秀作者参与投标和编写。在此基础上，召开系列教材专家编委会，评审教材编写大纲，并对中标大纲提出修改、完善意见，确定主编、主审人选。该系列教材着力把握高职高专“重在技术能力培养”的原则，结合目标定位，注重在新颖性、实用性、可读性三个方面能有所突破，体现高职教材的特点。第一轮教材共 36 种，已于 2001 年全部出齐，从使用情况看，比较适合高等职业院校的需要，普遍受到各学校的欢迎，一再重印，其中《互联网实用技术与网页制作》在短短两年多的时间里先后重印 6 次，并获教育部 2002 年普通高校优秀教材二等奖。第二轮教材预计在 2004 年全部出齐。

教材建设是高等职业院校基本建设的主要工作之一，是教学内容改革的重要基础。为此，有关高职院校都十分重视教材建设，组织教师积极参加教材编写，为高职教材从无到有，从有到优、到特而辛勤工作。但高职教材的建设起步时间不长，还需要做艰苦的工作，我们殷切地希望广大从事高等职业教育的教师，在教书育人的同时，组织起来，共同努力，编写出一批高职教材的精品，为推出一批有特色的、高质量的高职教材作出积极的贡献。

中国高等职业技术教育研究会会长 李宗尧

IT类专业系列高职高专教材编审专家委员会名单

主　任：高　林　（北京联合大学副校长，教授）

副主任：温希东　（深圳职业技术学院电子通信工程系主任，教授）

李卓玲　（沈阳电力高等专科学校信息工程系主任，教授）

李荣才　（西安电子科技大学出版社总编辑，教授）

计算机组：组长：李卓玲（兼）　（成员按姓氏笔画排列）

丁桂芝　（天津职业大学计算机工程系主任，教授）

王海春　（成都航空职业技术学院电子工程系副教授）

文益民　（湖南工业职业技术学院信息工程系主任，副教授）

朱乃立　（洛阳大学电子工程系主任，教授）

李　虹　（南京工业职业技术学院电气工程系副教授）

陈　晴　（武汉职业技术学院计算机科学系主任，副教授）

范剑波　（宁波高等专科学校电子技术工程系副主任，副教授）

陶　霖　（上海第二工业大学计算机学院教授）

徐人凤　（深圳职业技术学院计算机应用工程系副主任，高工）

章海鸥　（金陵科技学院计算机系副教授）

鲍有文　（北京联合大学信息学院副院长，副教授）

电子通信组：组长：温希东（兼）　（成员按姓氏笔画排列）

马晓明　（深圳职业技术学院电子通信工程系副主任，副教授）

于　冰　（宁波高等专科学校电子技术工程系副教授）

孙建京　（北京联合大学教务长，教授）

苏家健　（上海第二工业大学电子电气工程学院副院长，高工）

狄建雄　（南京工业职业技术学院电气工程系主任，副教授）

陈　方　（湖南工业职业技术学院电气工程系主任，副教授）

李建月　（洛阳大学电子工程系副主任，副教授）

李　川　（沈阳电力高等专科学校自动控制系副教授）

林训超　（成都航空职业技术学院电子工程系主任，副教授）

姚建永　（武汉职业技术学院电子信息系主任，副教授）

韩伟忠　（金陵科技学院龙蟠学院院长，高工）

项目总策划：梁家新

项目策划：马乐惠　云立实　马武装　马晓娟

电子教案：马武装

前　言

移动通信拥有巨大的市场，预测2005年前我国移动用户将达到3.5亿户，移动电话机的销售总额可能将超过5000亿元。我们必须把握这一千载难逢的机遇，掌握专业技术，为信息产业的发展做出自己应有的贡献。

作者根据多年来从事通信技术的教学、科研和参加工程实践的实际经验，推出了这本以最新GSM、CDMA以及PHS手机原理与维护技术为主线，以实际技术应用为目的的通信终端教材。

本书的特点是语言通俗，概念清楚、简洁，图文并茂，注重实践技术和可操作性。书中的部分资料已在教学中多次使用，易学易懂。

全书共分为6章，讲解了GSM、CDMA以及PHS手机原理与维护技术。各章节内容安排如下：第1章移动通信基本原理；第2章手机基本电路；第3章手机电路分析；第4章手机维修；第5章典型手机常见故障维修；第6章小灵通手机简介。每章后都附有习题，以供学生学习时练习和巩固所学要点。

本书可作为高职高专院校通信、应用电子、信息技术类专业相关课程的教科书，也可作为职工培训用书，同时可供从事手机检测、维修的工程技术人员参考。

本书由陈良、陈子聪、冯国莉、李健毅、杨建编写。其中，陈良任主编，陈子聪任副主编，丁龙刚任主审。在本书的编写过程中，得到了重庆电子科技职业学院师生的大力支持，非常感谢为我们提供很多有益帮助的同事、学生及朋友，尤其是提供参考文献的同行及先导。本书引用了《手机维修》杂志社及华讯电子科技公司的部分资料，在此一并致谢。

书中不足之处在所难免，恳请批评指正，联系邮箱：clhzx@263.net。

编　者

2004年3月

目　录

第1章　移动通信基本原理 …… 1

1.1　手机发展概况 …… 1

1.2　移动通信网的组成 …… 4

1.3　多址接入技术 …… 7

1.4　语音处理技术 …… 12

1.5　数字调制与解调技术 …… 18

1.6　用户通信终端设备 …… 22

1.7　SIM卡与UIM卡 …… 25

习题一 …… 29

第2章　手机基本电路 …… 31

2.1　手机电路组成 …… 31

2.2　基本单元电路 …… 33

2.3　接收与发射电路 …… 38

2.4　频率合成器 …… 42

2.5　逻辑/音频电路与I/O接口 …… 44

2.6　手机电源电路及供电电路 …… 48

习题二 …… 50

第3章　手机电路分析 …… 52

3.1　诺基亚8210/8850型手机电路分析 …… 52

3.2　摩托罗拉V60型手机电路分析 …… 60

3.3　三星T108型手机电路分析 …… 79

3.4　CDMA型手机芯片组合与系统简介 …… 85

习题三 …… 89

第4章　手机维修 …… 90

4.1　手机维修基础 …… 90

4.2　常用维修工具 …… 95

4.3　常用仪器使用 …… 100

4.4　手机软件故障维修仪 …… 103

4.5　手机中主要元器件识别与检测 …… 108

4.6　手机故障分析与处理 …… 124

4.7　手机电池 …… 130

习题四 …… 133

第5章 典型手机常见故障维修 …… 134
5.1 诺基亚 8210/8850 型手机故障分析与维修 …… 134
5.2 摩托罗拉 V60 型手机故障分析与维修 …… 137
5.3 三星 T108 型手机故障分析与维修 …… 147
5.4 三星 CDMA A399 型手机故障分析与维修 …… 155
习题五 …… 164
第6章 小灵通手机简介 …… 165
6.1 “小灵通”PAS 通信系统简介 …… 165
6.2 小灵通手机电路原理 …… 169
6.3 小灵通手机维修实践指导 …… 173
习题六 …… 177

参考文献 …… 178

第1章　移动通信基本原理

1.1　手机发展概况

移动通信技术已有100多年的历史，最近20年，移动通信的发展极为迅速，移动通信拥有巨大的市场，移动电话机从发展初期的车载台，变成了现在的手机。手机以其携带方便、通话快捷、功能齐全而风靡全球。手机已成为人们生活、工作中的必需品。不论你身在何地，都可以通过小小的手机完成信息的交流。

据估计，2004年全球移动电话用户已达到10亿户，2015年手机用户将达到24亿户。历史上固定电话用户达到10亿户花了130年，而移动通信只花了24年。移动通信正从当初固定通信的一种补充和延伸手段逐渐发展成一个独立承载业务的重要网络。

在手机的发展进程中，会出现各种不同制式的移动通信系统，每一代所采取的方案不尽相同，各种制式的手机之间也会产生不能兼容的现象。

我国移动通信用户总数将很快达到3.5亿户，跃居世界第一。下面以我国的情况为例，介绍手机的发展概况。

1. 模拟式手机

模拟式手机泛指第一代移动通信的终端设备。第一代移动通信俗称“本地通”，多采用TACS制，频分多址(FDMA)方式。TACS制于1985年由英国提出并投入商用运营，1987年我国引进该系统，在广州开通了我国第一个模拟移动通信系统，尔后在全国各大地区开通，并实现了漫游。模拟手机曾红火一时，它的问世揭开了移动通信进入家庭的序幕，是移动电话普及到千家万户的基础。由于模拟网的通信容量小、通话业务少，到2001年6月，模拟手机被淘汰出局，第一代移动通信在全国范围内停用。

2. 数字式手机

现在正处于移动通信的第二阶段，数字式手机泛指第二代移动通信的终端设备。第二代数字式手机，俗称“全球通”，我国现有GSM、CDMA两种制式。我国首先采用GSM制，它属时分多址(TDMA)方式。

GSM制式的提出始于1980年，欧洲各国为了创造一个统一的、完整的泛欧蜂窝移动通信网，联合了20多个国家的电信营运商、研究所和生产商组成标准化委员会。1982年，在欧洲邮电协会(CEPT)组织内设立了移动通信特别小组(GSM)，开发数字蜂窝移动通信系统。1987年在多址技术、语音编码技术及数字调制方面取得一致意见，进入20世纪90年代，GSM数字蜂窝移动通信系统在欧洲研制成功并投入商用。

我国在TACS模拟网运行成功的基础上，进一步确定数字系统采用GSM制。1993年浙江嘉兴开始建立 GSM 试验网。接着，广州、深圳、珠海、惠州四个城市相继引入 GSM 系统，移动用户剧增，移动通信系统开始从“本地通”向“全球通”过渡。

1998 年 2 月 14 日我国自主开发的第一部手机问世(信息产业部 7 所——广州通信研究所)。现在，国产手机已占国内手机市场份额的 50%，主要是南方高科(SC 系列)、厦新(A8)、东信(EG 系列)、TCL(3 系列)、波导(S 系列)。在我国，GSM 网络已运营了 10 年，2001 年底已有 1.3 亿用户，2002 年底达到 2 亿用户，现已近 2.5 亿用户，是全球最大的移动通信网。

2001 年，为了满足市场的需要，中国移动在 GSM 的基础上又开通了 GPRS。GPRS(General Packet Radio Service)是通用分组无线业务的简称，它能提供比现有 GSM 网 9.6 kb/s 更高的数据速率。GPRS 采用与 GSM 相同的频段、频带宽度、突发结构、无线调制标准、跳频规则以及相同的 TDMA 帧结构。

现有的 GSM 手机，不能直接在 GPRS 中使用，需要按 GPRS 标准进行改造(包括硬件和软件)才可以用于 GPRS 系统。

中国联通于 2001 年底开通了 CDMA 网络——“联通新时空”，它属码分多址(CDMA)方式，其核心技术以 IS-95 作为标准，是增强型 IS-95。CDMA 和 GPRS 实际上是很难分出高低的，各有各的优缺点。国产手机企业如波导、科健、康佳、海尔、TCL、东信、中兴、厦华、南方高科和首信均在生产各种手机。

作为第二代向第三代的过渡，有时又将中国移动的 GPRS、中国联通的 CDMA 称为 2.5G(两代半)。据预测，未来的几年 CDMA 将以超过 100%的增长速度发展，远快于 GSM 40%的发展速度。

3. 第三代手机

实用的第三代手机已经问世，主要采用 CDMA 2000 技术。显然，它必须与第三代移动通信相适应，第三代手机应具备以下几个特点：

(1) 不仅能传送语音信号，也为传递图像信号奠定了基础。

(2) 手机中可加装微型摄像头，可实时拍摄景物，使可视通信成为可能，可随意拨打可视电话。

(3) 由于通频带拓宽，通过无线电网络技术，能轻松地上网，能浏览网页，收发电子邮件，能下载网上文件和图片，实现多媒体通信。因此具有“掌上电脑”之称。

(4) 手机与商务通浑然一体，能以手写体录入文字。

目前，中国正在加紧研究、完善 TD-SCDMA 第三代移动通信标准，并推进其应用。作为第二代向第三代的过渡，中国移动将着重发展以 GSM-GPRS-UMTS 为路径的演进之路。中国联通由于上马了 CDMA 网络，加之 CDMA 2000 1X 在数据业务上的一定优势，因此中国联通将 CDMA 2000 1X 看作是今后在移动互联领域发展的首选。

目前第三代移动通信正在步入市场，整个行业正在消化吸收第三代移动通信技术，这是移动通信进程中的重要一步。

专家预测，到 2005 年全球的第三代数字移动电话销售额将达到 9 亿 9 千万美元。而伴随着第三代移动通信时代的到来，网络提供的业务也将变得丰富多彩，包括话音、数据、定位、音频、视频，以及一些人们现在还想象不到的业务，用户手中的“手机”不再是仅能通话的手机，而更像一台多媒体电脑终端。为了实现这些业务并同时满足人们对手机体积小、耗电省、价钱可接受的要求，第三代移动终端的硬件体系结构和软件协议体系与GSM手机相比，都会发生很大的变化。

未来的第三代手机将是集通信、娱乐、记事簿、信用卡、身份证等于一身的多功能个人处理设备。第三代移动通信终端的实现需要一系列新技术、新思想，这给我国手机生产厂家带来了无限的商机。

4. 第四代手机

第三代手机以能达到3G频段为主要特征，第四代移动电话机的4G技术已经问世。美国AT&T实验室正在研究第四代移动通信技术，其研究的目标是提高手机访问互联网的速率。目前，手机上网的连接速率大约为调制解调器的1/4，而采用4G技术的连接速率一开始就能达到拨号调制解调器的十几倍，但现在还不能将这种技术转向实用化。

表1-1为三代移动通信的主要特点。

表1-1　三代移动通信的比较

第　一　代	第　二　代	第　三　代
模拟(蜂窝)	数字(双频)	多频
仅限话音通信	话音和数据通信	当前通信业务和一些新业务
主要用于户外覆盖	户内/户外覆盖	无缝全球漫游
固定电话网的补充	与固定电话网相互补充	结合数据网、因特网等，作为信息通信技术的重要方式
以企业用户为中心	企事业和消费者	通信用户
主要接入技术：FDMA	主要接入技术：TDMA	主要接入技术：CDMA
主要标准：TACS、AMPS等	主要标准：GSM等	主要标准：WCDMA、TD-SCDMA等

5. 小灵通PHS

小灵通又叫无线市话，英文简称为PHS(Personal Handphone System)，是一种个人无线接入系统。在不少城市，“小灵通”已成为人们日常生活中不可缺少的通信工具。“小灵通”采用的是微蜂窝技术，将用户终端以无线的方式接入固定电话网，使传统意义上的电话不再固定在某个位置，用户可在小灵通网络覆盖范围内自由移动实现通信。正是由于无线市话小巧、价廉、环保的特点，人们亲切地称之为“小灵通”。

小灵通定位在对固定电话的补充与延伸上。它的最大特点是通信费用低廉，其手机发射功率小，平均发射功率为10 mW，手机通话时间较长。但其室内信号覆盖比较差，且它的移动速度一般不能超过35 km/h。在最后一章将详细讨论其工作原理。

预测2005年前我国移动用户将超过3.5亿，普及率达到23%。未来基础设施的投资总额可能超过5000亿元，移动终端的销售总额也可能超过5000亿元，二者相加可能超过1万亿元。由移动通信产业带动的相关产业可能超过10万亿元。国际上知名的运营商与制造商都紧盯着中国这个巨大的电信市场，我们必须把握这一千载难逢的机遇，努力学习，迎接挑战，奋力拼搏，为民族工业的发展贡献自己的力量。

1.2 移动通信网的组成

随着社会的发展，当今社会已进入信息时代，人们对通信的需求日益迫切，对通信的要求越来越高。通信是人们交换信息的主要方式。现存在着多种多样的通信方式，如电缆通信、光纤通信、微波通信、移动通信、卫星通信等。理想的目标是能在任何时候、任何地方与任何人都能及时沟通联系、交流信息。显然，没有移动通信，这种愿望是不可能实现的。移动通信比起传统的电缆通信及中短波无线通信来说，起步晚，但发展较快。

移动通信网是现代通信的重要组成部分，它不仅可以传送语音信息，而且还具有数据终端功能，能够快速而可靠地进行多种信息交换，如数据、传真、图像等通信业务。作为现代通信领域的一种新兴通信手段，移动通信系统具有的可移动性优势是其他通信系统（如PSTN固定电话网）无法比拟的。

移动通信系统已经从模拟系统全面发展到数字系统。经历了第一代TACS模拟系统后，第二代GSM数字系统是目前最大的移动电话网，第三代CDMA系统正在推广。

1.2.1 数字移动通信系统基本组成

一个数字移动通信系统主要由交换网络子系统NSS、基站子系统BSS和手机MS组成。基站子系统与移动电话机之间依赖无线信道来传输信息。移动通信系统与其他通信系统如PSTN固定电话网之间，需要通过中继线相连，实现系统之间的互连互通，其组成框图如图1－1所示。当然，对整个通信网络需要进行管理和监控，这是由操作维护子系统OMS来完成的。

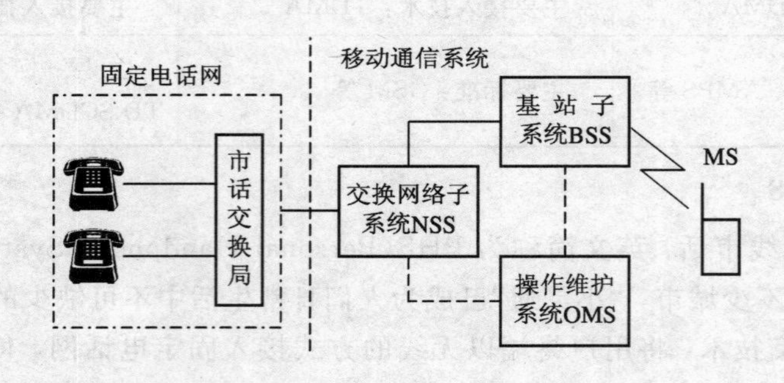

图1－1 移动通信系统组成框图

现阶段，GSM包括三个并行的系统：GSM 900、DCS 1800和PCS 1900，这三个频段功能相同。中国移动已在大中城市开通了GSM 900和DCS 1800两个频段，中国联通只开通了GSM 900一个频段。下面先以GSM为例，介绍各部分的作用。

1. 手机MS

终端设备就是移动客户设备部分，它由两部分组成：移动终端（MS）和客户识别模块（SIM）。移动终端在早期是以车载台、便携台形式出现的，现在多为大众化的移动电话机——手机所取代，车载台仍有少量生产，主要用于通信部门和军事上。手机作为数字移动通信系统的最小终端设备，同时也是通信网络与人之间的交互接口界面。

移动终端就是“手机”，它可完成话音编码、信道编码、信息加密、信息的调制和解调、信息发射和接收。手机主要由射频部分和逻辑控制/音频处理部分组成。不同的移动通信网络系统的手机的电路结构有所区别，但其基本原理是相同的，都是无线终端设备。

目前，我国市场上销售的 GSM 数字移动电话机品牌有很多，即使是同一厂家生产的，也有多种型号，但它们的电路结构基本相同，只是为了改变外形或增加某些功能，而在电路或软件上做一些变动。

SIM 卡就是“身份卡”，它类似于我们现在所用的 IC 卡，因此也称作智能卡，存有认证客户身份所需的所有信息，并能执行一些与安全保密有关的重要信息，以防止非法客户进入网络。SIM 卡还存储与网络和客户有关的管理数据，只有插入 SIM 卡后移动终端才能接入进网。

手机的一切呼叫业务依赖于通信网络的支持，它不能离开通信网络而孤立地存在。手机虽然小，但技术含量高，工艺复杂。手机的原理与维修是本书介绍的重点。

2. 基站子系统 BSS

基站又称基地台，它是一个能够接收和发送信号的固定电台，负责与手机进行通信。

基站(BSS)系统是在一定的无线覆盖区中由 MSC 控制，与 MS 进行通信的系统设备，它主要负责完成无线发送接收和无线资源管理等功能。功能实体可分为基站控制器(BSC)和基站收发信台(BTS)。

1) 基站收发信台 BTS

BTS 完全由 BSC 控制，主要负责无线传输，完成无线与有线的转换、无线分集、无线信道加密、跳频等功能。它由若干小功率的收发信机组成，如从 BTS_1～BTS_n。每一部收发信机都占用着一对双工收发信道，这些收发信道或为业务(话音)信道 TCH，或为控制信道。

基站所拥有的收发信机的数量相当于有线电话的“门”数。显然，基站覆盖区拥有的收发信机多，用户呼叫“抢线”就容易。一个基站一般有数十部收发信机。

2) 基站控制器 BSC

基站控制器是基站的智能控制部分，负责本基站的收发信机的运行、呼叫管理、信道分配、呼叫接续等。一个基站控制器可以控制管理最多可达 256 个基站收发器。数十个基站收发器和一个基站控制器可以组成一个基站，每个基站为一定覆盖范围内的移动电话机提供通信网络服务，形成一个蜂窝小区。

基站与移动电话机之间是以无线信道方式传输信息的，基站与交换子系统(NSS)之间多采用线缆方式(如光缆链路)传输信息。

3. 交换网络子系统 NSS

交换网络子系统(NSS)主要完成交换功能和客户数据与移动性管理、安全性管理所需的数据库功能。

交换网络子系统 NSS 能在任意选定的两条用户线(或信道)之间建立和(而后)释放一条通信链路，并实现整个通信系统的运行、管理。交换系统可以视为一个移动交换分局，其核心部分是移动交换中心 MSC。NSS 由移动交换中心 MSC、访问位置寄存器 VLR、归属位置寄存器 HLR、设备识别寄存器 EIR、鉴权中心 AUC 等功能实体所构成。下面分别介绍各功能实体。

1）移动交换中心 MSC

MSC 是计算机控制的全自动交换系统。MSC 与基站以光缆相连进行通信，一个 MSC 可以管理数十个基站，并组成局域网。MSC 还和其它网络连接，如与陆地移动通信专用网 PLMN、公用电话交换网 PSTN 和综合业务数字网 ISDN 联网运行。每个 MSC 都附有一个访问位置寄存器 VLR，以及归属位置寄存器 HLR、鉴权中心 AUC 和设备识别寄存器 EIR。

MSC 支持的呼叫业务是：

（1）本地呼叫、长途呼叫和国际呼叫。

（2）通过 MSC 进行移动用户与市话、长话之间的联系，控制不同蜂窝小区的运营。

（3）支持移动电话机的越区切换、漫游、入网登录和计费。

2）访问位置寄存器 VLR

访问位置寄存器 VLR 是一个用于存储来访用户信息的数据库。一个 VLR 通常为一个 MSC 控制区服务，也可以为几个相邻的 MSC 控制区服务。移动台 MS 的不断移动导致了其位置信息的不断变化，这种变化的位置信息在 VLR 中进行登记。

例如，当 MS 漫游到新的 MSC 控制区时，它必须自动向该地区的 VLR 申请登记。VLR 要从该用户的 HLR 中查询有关参数，给该用户分配一个新漫游号码，并通知 HLR 修改该用户的位置信息，准备为其他用户呼叫此用户时提供路由。可见，移动着的移动电话机经常在 VLR 中进进出出，当其它小区的 MS 进入本小区时，VLR 所存储的位置信息不是永久不变的，如果 MS 离开它的服务区，移动到另外一个 VLR 服务区时，该 MS 在 VLR 的位置信息将被原小区删除，因此 VLR 是个动态存储器。

3）归属位置寄存器 HLR

HLR 是一种用来储存本地用户位置信息的数据库。当一个移动用户购机后首次使用 SIM 卡加入蜂窝系统时，必须通过 MSC 在该地的 HLR 中登记注册，把其有关参数存放在 HLR 中。可见，HLR 存放用户的归属信息，因此称为归属位置寄存器，它属于静态存储器。当呼叫一个不知处于哪一地区的用户时，均可由 HLR 中该用户的原籍参数获知它处于哪个地区，进而建立起通信链路。

4）鉴权中心 AUC

鉴权中心 AUC 的作用是可靠地识别用户的身份，只允许有权用户接入网络并取得服务。AUC 对每个用户都有一个认证参数，供 VLR 进行认证。同时移动电话机的密钥存放在 AUC 中，防止未授权者窃取，避免被盗机和故障机进入网中。

5）设备号识别寄存器 EIR

设备号识别寄存器 EIR 存放设备类型信息，每个移动电话机都有一个国际移动设备识别码 IMEI，EIR 用来监视和鉴别移动设备，并拒绝非法移动台入网。目前，我国营业部门没有对移动电话机的 IMEI 码实行鉴别。

GSM 网在 NSS 部分还配有短信息业务中心 SC，即可开放点对点的短信息业务，类似数字寻呼业务，实现全国联网，又可开放广播式公共信息业务。另外配有语音信箱，可开放语音留言业务，当移动被叫客户暂不能接通时，可接到语音信箱留言，这样就提高了网络接通率，给运营部门增加了收入。

6）操作维护子系统 OMS

操作维护子系统 OMS，又称操作维护中心。其任务主要是对整个 GSM 网络进行管理和监控。通过 OMS 实现对 GSM 网内各种部件功能的监视、状态报告、故障诊断等功能。例如系统的报警与备用设备的激活；系统的故障诊断与处理；话务量的统计和数据记录与传递；各种资料的分析与显示等。它还用于检测、诊断及显示系统故障，能通过自检预报即将发生的故障，并能自动作出反应，故障一旦发生，启动备用设备接替工作。操作维护子系统 OMS 一般存在于移动交换中心，可看作是交换子系统的一部分。

1.2.2 CDMA 数字移动通信系统的基本组成

各种 CDMA 系统的主要技术、具体构成不完全相同，我国主要是联通的 800 MHz CDMA 数字系统。一种 CDMA 数字移动通信系统的基本组成如图 1-2 所示。

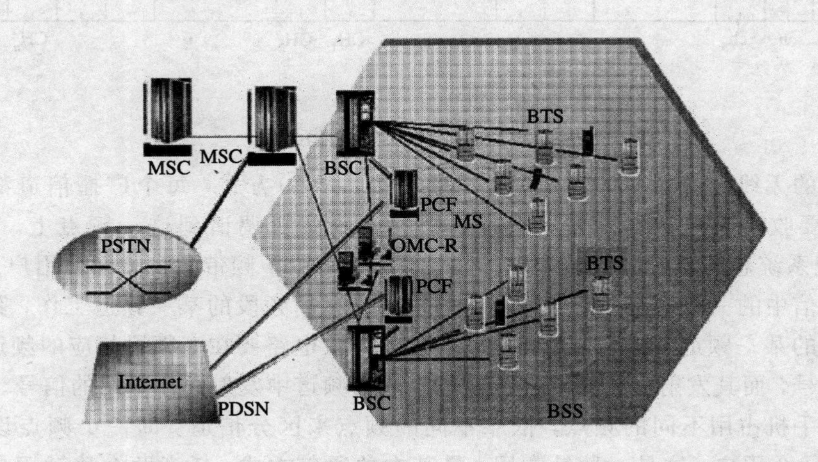

图 1-2 CDMA 数字移动通信系统基本组成

CDMA 的基本组成与 GSM 的大同小异，交换网络子系统 NSS、基站子系统 BSS、操作维护子系统 OMS 和手机 MS 是必不可少的组成部分。

图 1-2 中，PCF 部分主要实现对分组数据业务的处理功能。它能够提供强大的分组数据处理能力，满足用户对高速分组数据的传输要求，能适应目前和将来不断增长的业务需要。

OMC-R 部分主要是对整个 BSS 子系统来进行管理和控制，它是整个 BSS 子系统的操作维护中心。

1.3 多址接入技术

什么是多址接入技术？简单地讲，多址技术就是要使众多的客户共用公共通信信道所采用的一种技术。

实现多址的方法基本上有三种，即采用频率、时间或码元分割的多址方式，人们通常称它们为频分多址（FDMA）、时分多址（TDMA）和码分多址（CDMA）。实际中常用到三种基本多址方式的混合多址方式，如 FDMA/TDMA、FDMA/CDMA、TDMA/CDMA 等。

多址方式可使众多用户共用通信链路，扩大用户容量，这正是网络运营商所希望的。

1.3.1 频分多址(FDMA)

FDMA 是把通信系统的总频段划分成若干个等间隔的频道(或称信道)分配给不同的用户使用。这些频道互不交叠，其宽度应能传输一路话音或数据信息，而在相邻频道之间无明显的串扰。如图 1-3 所示。

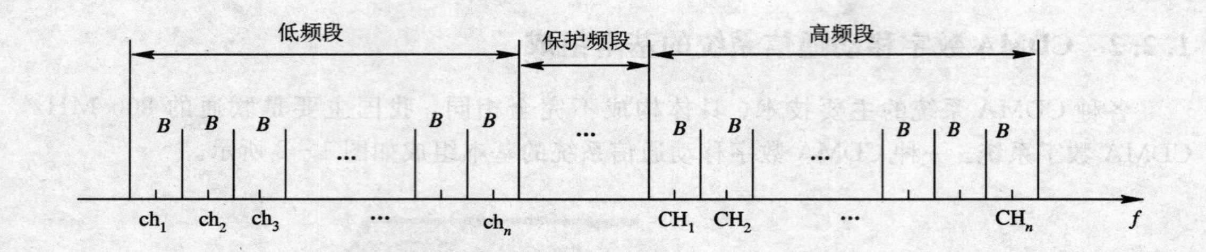

图 1-3 频分多址的频道划分

在传统的无线电广播中，均采用频分多址(FDMA)方式，每个广播信道都有一个频点，如果你要收听某一广播信道，则必须把你的收音机调谐到这一频点上。可以看出，FDMA 是把系统总的频段分成若干个子频带，再将每个子频带分配给每个用户。

移动通信中的一般情况是，如果基站的发射机在高频段的某一频道工作，其接收机必须在低频段的某一频道工作；与此对应，手机的接收电路要在高频段相应的频道中接收来自基站的信号，而其发射电路则要在低频段相应的频道中发射送往基站的信号。

不同的手机占用不同的频点，依靠不同的频点来区分信道。即一个频点设置一个信道，可容纳一个用户。这是一种最常用、最基本的通信方式。任意两个移动用户之间进行通信都必须经过基站的中转，因而必须同时占用 4 个频道才能实现双工通信。第一代模拟移动通信系统采用了 FDMA 技术。

1.3.2 时分多址(TDMA)

TDMA 将每个频带信道分成若干时隙(时间片)，然后把每个时隙再分配给每个用户，根据一定的时隙分配原则，使各个移动用户在每帧内只能按指定的时隙向基站发送信号，在满足定时和同步的条件下，基站可以分别在各时隙中接收到各个移动用户的信号而不混扰。同时，基站发向多个移动用户的信号都按顺序安排在预定的时隙中传输，各个移动用户只要在指定的时隙内接收，就能把发给它的信号区分出来。

TDMA 系统的工作示意图如图 1-4(b)所示。

图 1-4 中所示((a)为 FDMA，(b)为 TDMA)是一个方向的情况，在相反方向上必定有一组对应的频率/时隙(FDMA/TDMA)。

TDMA 信道的划分如图 1-5 所示。现在正广泛使用的 GSM 数字移动通信系统采用的就是 TDMA/FDMA 相结合的方式。

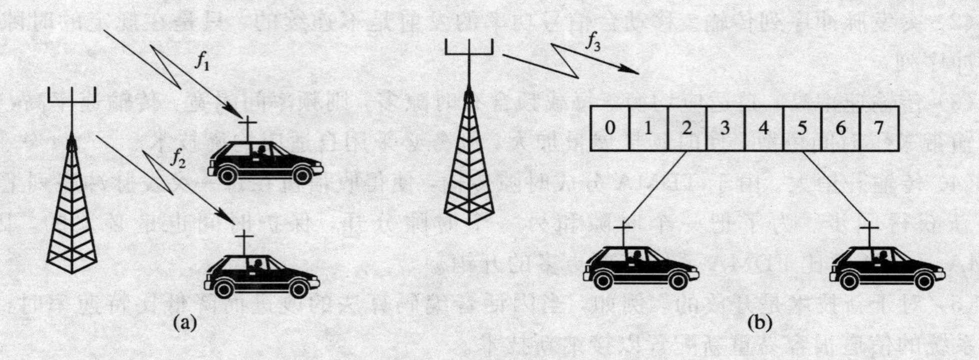

图 1-4　频分多址和时分多址工作示意图

(a) FDMA；(b) TDMA

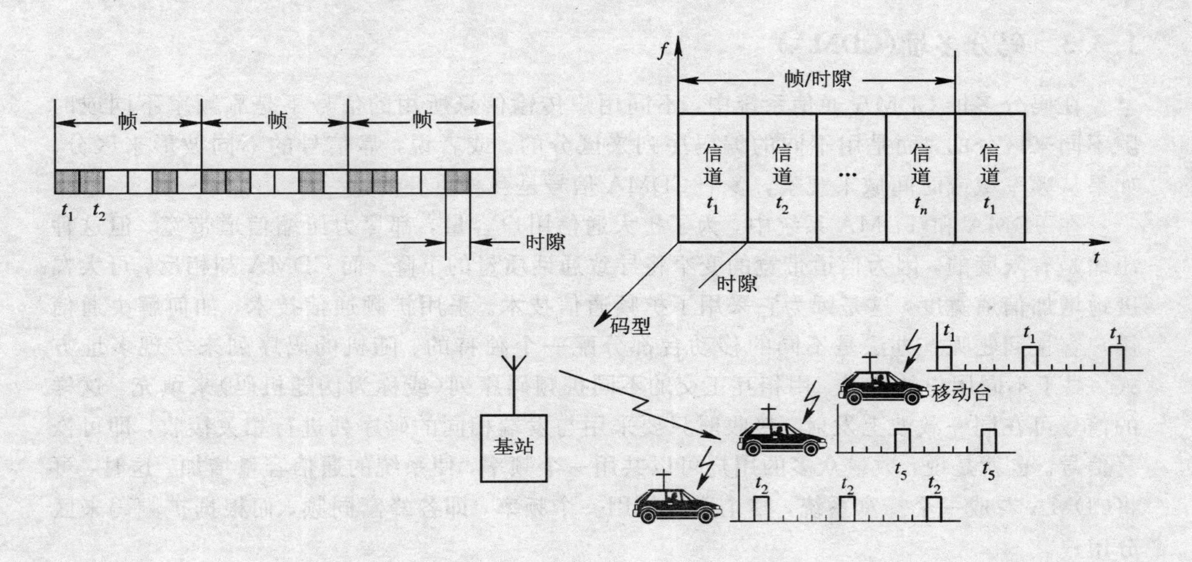

图 1-5　TDMA 信道的划分

图 1-5 中，一个时隙就是一个信道，可容纳一个用户，该信道是一个物理信道。可见，TDMA 是不同的移动台共用一个频率，但是各个移动台占用的时间不同，即各移动台占用不同的“时隙”，分时通信。因此一个信道可供多个用户同时通信使用而不会造成“混台”。在信道数(频段带宽)相同的情况下，用 TDMA 技术的系统比用 FDMA 的系统的容量高几倍。

在 GSM 中，无线路径上是采用时分多址(TDMA)方式。每一频点(频道或载频 TRX)上可分成 8 个时隙，每一时隙为一个信道，因此，一个 TRX 最多可有 8 个移动用户同时使用。

TDMA 系统具有如下特性：

(1) 每载频多路。如前所述，TDMA 系统形成频率时间矩阵，在每一频率上产生多个时隙，这个矩阵中的每一点都是一个信道，在基站控制分配下，可为任意一移动客户提供电话或非话业务。

（2）突发脉冲序列传输。移动台信号功率的发射是不连续的，只是在规定的时隙内发射脉冲序列。

（3）传输速率高，自适应均衡。每载频含有时隙多，则频率间隔宽，传输速率高，但数字传输带来了时间色散，使时延扩展量加大，则务必采用自适应均衡技术。

（4）传输开销大。由于 TDMA 分成时隙传输，使得收信机在每一突发脉冲序列上都需要重新获得同步。为了把一个时隙和另一个时隙分开，保护时间也是必须的。因此，TDMA 系统通常比 FDMA 系统需要更多的开销。

（5）对于新技术是开放的。例如，当因话音编码算法的改进而降低比特速率时，TD-MA 系统的信道很容易重新配置以接纳新技术。

（6）共享设备的成本低。由于每一载频为许多客户提供业务，因此 TDMA 系统共享设备的每客户平均成本与 FDMA 系统相比是大大降低了。

1.3.3 码分多址(CDMA)

在码分多址 CDMA 通信系统中，不同用户传输信息所用的信号不是靠频率不同或时隙不同来区分的，而是用不同的编码序列来区分的，或者说，靠信号的不同波形来区分。如果从频率域或时间域来观察，多个 CDMA 信号是互相重叠的。

在 FDMA 和 TDMA 系统中，为了扩大通信用户容量，都尽力压缩信道带宽，但这种压缩是有限度的，因为信道带宽的变窄将导致通话质量的下降。而 CDMA 却相反，可大幅度地增加信道宽度，这是因为它采用了扩频通信技术。采用扩频通信技术，如何解决通信用户容量问题呢？办法是不同的移动台都分配一个独特的、随机的码序列来实现多址方式。对于不同用户的信号，用相互正交的不同扩频码序列（或称为伪随机码）来填充。这样的信号可在同一载波上发射，接收时只要采用与发端相同的码序列进行相关接收，即可恢复信号。也就是说，数量众多的用户可以共用一个频率，使系统的通信容量增加。这时，可将CDMA 看成一个蜂窝系统，整个系统使用一个频率，即各蜂窝同频，而根据扩频码来区分用户。

CDMA 的关键是所用扩频码有多少个不同的互相正交的码序列，就有多少个不同的地址码，也就有多少个码分信道。为了扩大系统容量，人们正在致力于这种正交码序列的编码研究。

CDMA 按照其采用的扩频调制方式的不同，可以分为直接序列扩频（DS）、跳频扩频（FH）、跳时扩频（TH）和复合式扩频，如图 1-6 所示。

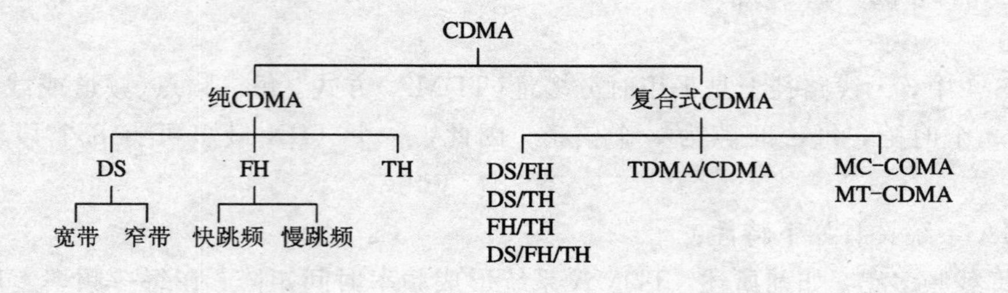

图 1-6　CDMA 扩频调制方式

直接序列扩频(DS－SS)CDMA 发射和接收电路构成如图 1－7 所示。

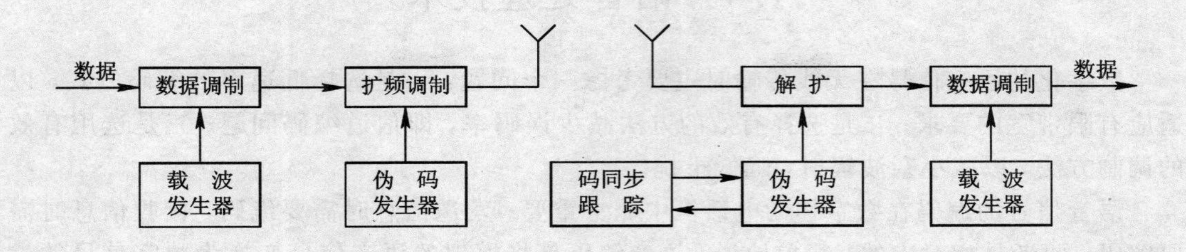

图 1－7　直接序列扩频(DS－SS)发射和接收电路构成框图

CDMA 技术近年得到了迅速的发展，正在成为一项全球性的无线通信技术，它具有如下优点：

(1) 系统具有软容量。在扩频码足够多时，可临时增添新用户，不会发生通信阻塞，这就是所谓的软容量。这与 FDMA 和 TDMA 不同，这两种方式的信道按时间或频率划分，故有多少个频分信道或时分信道就只能供多少用户同时使用，若再多一个就会发生通信阻塞，使用户抢不上“线”，发生呼叫失败的现象。

(2) 能实现多媒体通信。由于 CDMA 方式的宽带特性，使传送的信息量大为增加，除能传送语音信号外，还能传送数据及图像等多媒体信号，为开发可视移动电话机和移动电话机上网下载图像奠定了基础。

(3) 语音质量高。CDMA 的频带宽，允许采用冗余度很高的纠错编码技术，因此抗干扰能力和纠错能力很强，语音质量相当好。

(4) 无需防护间隔。FDMA 和 TDMA 对于频率、时隙的准确性要求很严格，但在通信过程中会存在频率扩散和时间扩散，从而引起频率重叠和时间重叠，造成信道间的串扰。因此必须在频率和时隙上设置防护间隔，这是一个空白段，会使码率和容量下降，而 CDMA 则无需如此。

(5) 能实现软切换。CDMA 系统中所有小区均使用同一频率，当移动用户进行越区切换时，无需进行频率切换，这种切换方式称为软切换。软切换的特点是在越区切换的过渡期内，原小区和新小区暂时并同时服务于该呼叫，即“先接后断”的切换功能，使语音不会中断，大大地减少了“掉话”的可能性。FDMA 和 TDMA 采用的是“先断后接”的切换方式。

(6) 保密性强。由于不同用户的地址码不同，且移动电话机的编码随机变化，非法用户截获和恢复有用信号十分困难，因此 CDMA 系统的保密性特别好。

(7) 实现低功耗。由于 CDMA 以编码区分用户，以 CDMA 功率控制功能，CDMA 信号可以采用低功率传送，移动电话机可采用低功率发射，其功率约为 TDMA 移动电话机平均功率的 1/10。因此，CDMA 移动电话机耗电低、体积小、重量轻、辐射小、手机电池使用寿命长。故 CDMA 移动电话机又有“绿色移动电话机”之称。

(8) 建网成本下降。由于其建网成本有所下降，时至今日，联通 CDMA 已在全国大部分省市开通。

1.4　语音处理技术

数字化的语音信号在无线传输时主要考虑三个问题：一是选择低速率的编码方式，以适应有限带宽的要求；二是选择有效的方法减少误码率，即信道编码问题；三是选用有效的调制方法，以减小杂波辐射，降低干扰。

语音信号的编码在数字移动电话机中非常重要。发送信息时需要编码，接收信息时需要解码，两者是相对应的。简单地说，语音编码是将模拟的语音信号变换为数字信号的过程，语音解码则相反。

在数字通信中，注意信源编码与信道编码的不同。对语音模拟信息源而言，信源编码又称为语音编码技术，是为了完成A/D变换并压缩所传输原始信息的数据速率；而信道编码技术则是为了增加数据传输的检错和纠错功能，以提高数字信息传输的可靠性。

下面先介绍语音编码。

1.4.1　语音编码

由于GSM系统是一种全数字系统，语音或其它信号都要进行数字化处理，因而第一步要把语音模拟信号转换成数字信号(即1和0的组合)。语音信号有多种编码方式，但最基本的是脉冲编码调制PCM。典型的脉冲编码调制电路组成如图1－8所示。

图1－8　脉冲编码调制电路组成

PCM编码是采用A律波形编码，分为三步：

(1) 采样。在某瞬间测量模拟信号的值。采样速率8000次/s。

(2) 量化。对每个样值用8个比特的量化值来表示对应的模拟信号瞬间值，即为样值指配256(2^8)个不同电平值中的一个。

(3) 编码。每个量化值用8个比特的二进制代码表示，组成一串具有离散特性的数字信号流。

用这种编码方式，数字链路上的数字信号比特速率为64 kb/s(8 kb/s ×8)。如果GSM系统也采用此种方式进行语音编码，那么每个语音信道是64 kb/s，8个语音信道就是512 kb/s。考虑实际可使用的带宽，GSM规范中规定载频间隔是200 kHz。因此要把它们保持在规定的频带内，必须大大降低每个语音信道的编码比特率，这就要靠改变语音编码的方式来实现。

声码器编码可以是很低的速率(可以低于5 kb/s)，虽然不影响语音的可懂性，但语音的失真很大，很难分辨是谁在讲话。波形编码器语音质量较高，但要求的比特速率相应的较高。因此GSM系统语音编码器是采用声码器和波形编码器的混合物——混合编码器，全称为线性预测编码-长期预测编码-规则脉冲激励编码器(LPC－LTP－RPE编码器)，见图1－9。LPC＋LTP为声码器，RPE为波形编码器，再通过复用器混合完成模拟语音信号的数字编码，每个语音信道的编码速率为 13 kb/s。

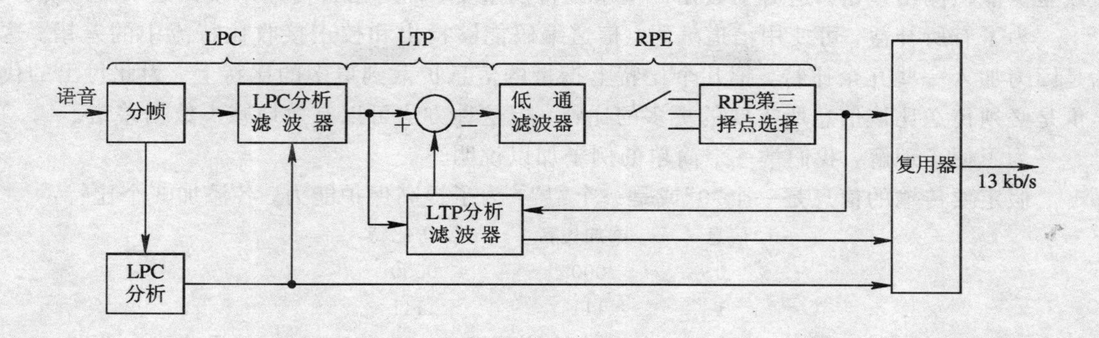

图 1-9　GSM 语音编码器框图

声码器的原理是模仿人类发音器官——喉、嘴、舌的组合，将该组合看作一个滤波器，人的声带振动发出的声音就成为激励脉冲。当然“滤波器”脉冲 m 频率是在不断地变换，但在很短的时间(10～30 ms)内观察它，则发音器官是没有变换的，因此声码器要做的事是将语音信号分成 20 ms 的段，然后分析这一时间段内所对应的滤波器的参数，并提取此时的脉冲串频率，输出其激励脉冲序列。相继的话音段是十分相似的，LTP 将当前段与前一段进行比较，相应的差值被低通滤波后进行一种波形编码。

LPC＋LTP 参数：3.6 kb/s。

RPE 参数：9.4 kb/s。

因此，话音编码器的输出比特速率是 13 kb/s。

1.4.2　信道编码

1. 信道编码的基本原理

语音信号经过语音编码后，紧接着还要进行信道编码。由语音编码过程可以看出，采用 LPC-LTP-RPE 编码方案，可以降低数字信号的传输速率，实现数字信号压缩。而信道编码却与之相反，它在语音编码中增加检错和纠错码元，使传送的码元增加。

为什么要进行信道编码呢？

作为移动通信终端设备，移动电话机在移动条件下进行通信，经常受到各种干扰，传播信道十分复杂，会发生多径衰落、阴影衰落等。由于场强不稳定，会导致传输的部分数据块(代表语音或有用数据)丢失。为了防止上述情况，提高通信的可靠性，采取了信道编码技术。可以看出，信道编码是一种抗干扰、防止信息丢失的措施。

信道编码的基本思想是，在传递语音的信息码元中，增加一些码元，并进行交织重组，新增加的码元称为纠错码或冗余码。在信号传输过程中，当数字信号成片丢失或产生误码时，由于纠错码元的存在、交织技术的采用，会使有用码元损失数量减少。信道编码可以理解为是一种“掺杂”法，当然，掺入的“杂质”最后是要去掉的。

采用数字传输时，所传信号的质量常常用接收比特中有多少是正确的来表示，并由此引出比特差错率(BER)的概念。BER 表明总比特率中有多少比特被检测出错误，差错比特数目或所占的比例要尽可能小。然而，要把它减小到零那是不可能的，因为通信路径是在不断变化的。这就是说，一般情况下允许存在一定数量的差错，但是必须能恢复出原信息，或至少能检测出差错。这对于数据传输来说特别重要，而对语音传输来说只是质量降低。

为了有所补益，可使用信道编码。信道编码能够检出和校正接收比特流中的差错。这是因为加入一些冗余比特，把几个比特上携带的信息扩散到更多的比特上。为此付出的代价是必须传送比该信息所需要的更多的比特，但这种方法可以有效地减少数据差错。

为了便于理解，我们举一个简单的例子加以说明。

假定要传输的信息是一个"0"或是一个"1"，为了提高保护能力，各添加 3 个比特：

信息	添加比特	发送比特
0	000	0000
1	111	1111

对于每一比特(0 或 1)，只有一个有效的编码组(0000 或 1111)。如果收到的不是 0000 或 1111，就说明传输期间出现了差错。比例关系是 1∶4，必须发送的是该信息所需要的 4 倍的比特。保护作用如何？

接收编码组可能为：	0000	0010	0110	0111	1111
判决结果：	0	0	X	1	1

如果 4 个比特中有 1 个是错的，就可以校正它。例如发送的是 0000，而收到的却是 0010，则判决所发送的是 0。如果编码组中有两个比特是错的，则能检出它，如 0110 表明它是错的，但不能校正。最后如果其中有 3 个或 4 个比特是错的，则既不能校正它，也不能检出它来。所以说这一编码能校正 1 个差错和检出 2 个差错。

图 1－10 表示了数字信号传输的过程，其中信源可以是语音、数据或图像的电信号"*s*"，经信源编码构成一个具有确定长度的数字信号序列"*m*"，人为地再按一定规则加进非信息数字序列，以构成一个一个码字"*c*"(信道编码)，然后再经调制器变换为适合信道传输的信号。经信道传输后，在接收端经解调器判决输出的数字序列称为接收序列"*R*"，再经信道译码器译码后输出信息序列"*m*"，而信源译码器则将"*m*"变换成客户需要的信息形式"*s*"。

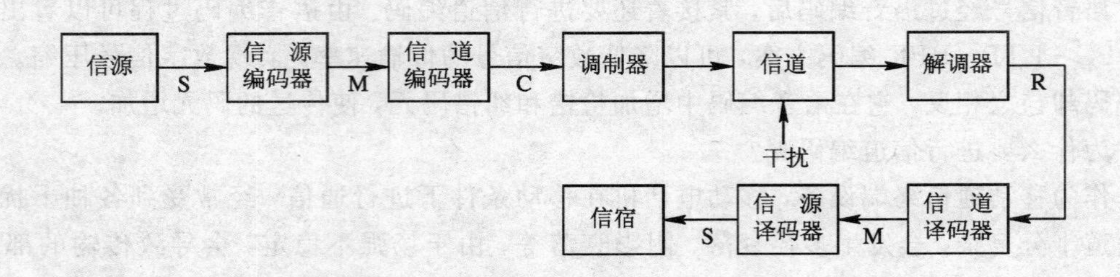

图 1－10　数字信息传输方框图

移动通信的传输信道属变参信道，它不仅会引起随机错误，更主要的是会造成突发错误。随机错误的特点是码元间的错误互相独立，即每个码元的错误概率与它前后码元的错误与否是无关的。突发错误则不然，一个码元的错误往往会影响前后码元的错误概率。或者说，一个码元产生错误，则后面几个码元都可能发生错误。因此，在数字通信中，要利用信道编码对整个通信系统进行差错控制。差错控制编码可以分为分组编码和卷积编码两类。

分组编码的原理框图见图 1－11。分组编码是把信息序列以 *k* 个码元分组，通过编码

器将每组的 k 元信息按一定规律产生 r 个多余码元(称为检验元或监督元)，输出长为 $n=k+r$ 的一个码组。因此，每个码组的 r 个检验元仅与本组的信息元有关而与别组无关。分组码用 (n, k) 表示，n 表示码长，k 表示信息位数目，$R=k/n$ 称为分组编码的效率，也称编码率或码率。

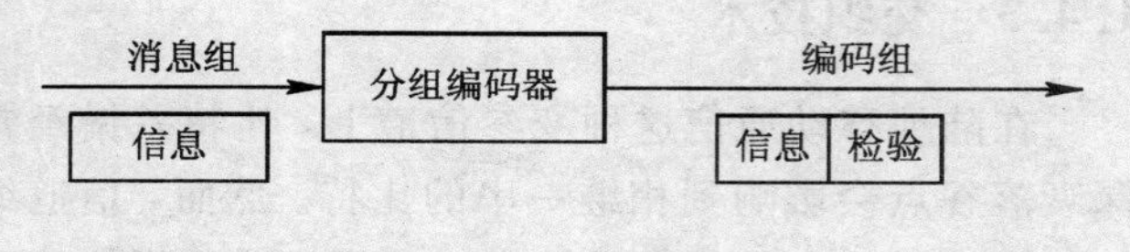

图 1-11　分组编码

卷积编码的原理框图见图 1-12。卷积编码就是将信息序列以 k_o 个码元分段，通过编码器输出长为 n_o 的一段码段。但是该码的 n_o-k_o 个检验码不仅与本段的信息元有关，而且也与其前 m 段的信息元有关，故卷积码用 (n_o, k_o, m) 表示，称 $N_o=(2n+1)n_o$ 为卷积编码的编码约束长度。与分组编码一样，卷积编码的编码效率也定义为 $R=k_o/n_o$，对于具有良好纠、检错性能并能合理而又简单实现的大多数卷积码，总是 $k_o=1$ 或是 $(n_o-k_o)=1$，也就是说它的编码效率通常只有 1/5、1/4、1/3、1/2、2/3、3/4、4/5……

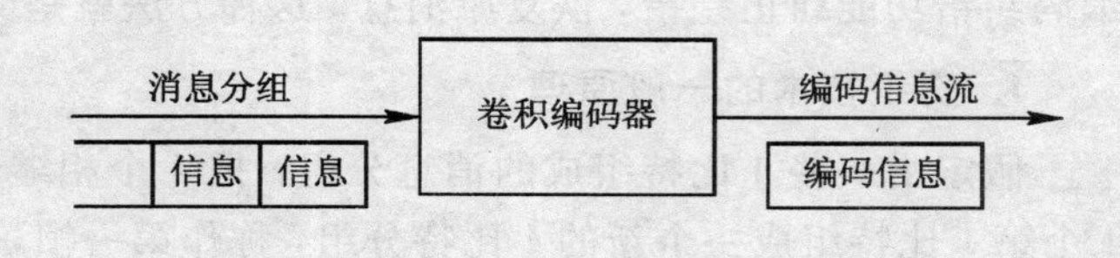

图 1-12　卷积编码

2. GSM 数字语音的信道编码

在 GSM 系统中，上述两种编码方法均在使用。首先对一些信息比特进行分组编码，构成一个“信息分组＋奇偶(检验)比特”的形式，然后对全部比特做卷积编码，从而形成编码比特。这两次编码适用于语音和数据二者，但它们的编码方案略有差异。采用“两次”编码的好处是：在有差错时，能校正的校正(利用卷积编码特性)，能检测的检测(利用分组编码特性)。

GSM 系统首先是把语音分成 20 ms 的音段，这 20 ms 的音段通过语音编码器被数字化和语音编码，产生 260 个比特流，并被分成：

(1) 50 个最重要比特。

(2) 132 个重要比特。

(3) 78 个不重要比特。

如图 1-13 所示，对上述 50 个最重要比特添加 3 个奇偶检验比特(分组编码)，这 53 个比特同 132 个重要比特与 4 个尾比特一起卷积编码，比率 1∶2，因而得 378 个比特，另外 78 个比特不予保护。

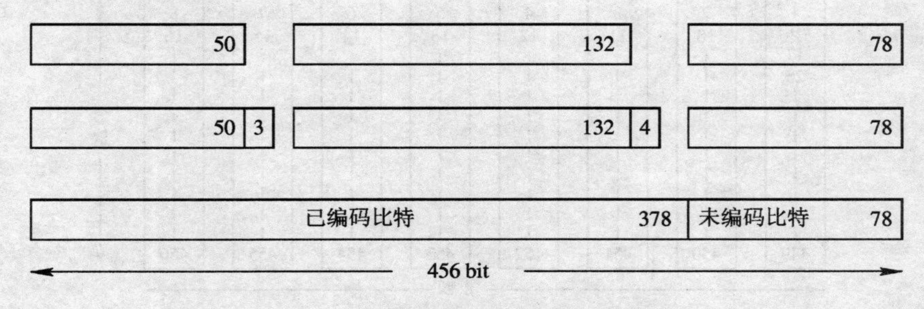

图 1-13　GSM 数字话音的信道编码

1.4.3 交织技术

在陆地移动通信这种变参信道上，比特差错经常是成串发生的。这是由于持续较长的深衰落谷点会影响到相继一串的比特。然而，信道编码仅在检测和校正单个差错及不太长的差错串时才有效。为了解决这一问题，希望能找到把一条消息中的相继比特分散开的方法，即一条消息中的相继比特以非相继方式被发送。这样，在传输过程中即使发生了成串差错，恢复成一条相继比特串的消息时，差错也就变成单个(或长度很短)，这时再用信道编码纠错功能纠正差错，恢复原消息。这种方法就是交织技术。

1. 交织技术的一般原理

假定由一些 4 比特组成的消息分组，把 4 个相继分组中的第 1 个比特取出来，并让这 4 个第 1 比特组成一个新的 4 比特分组，称作第一帧，4 个消息分组中的比特 2～4，也作同样处理，如图 1－14 所示。

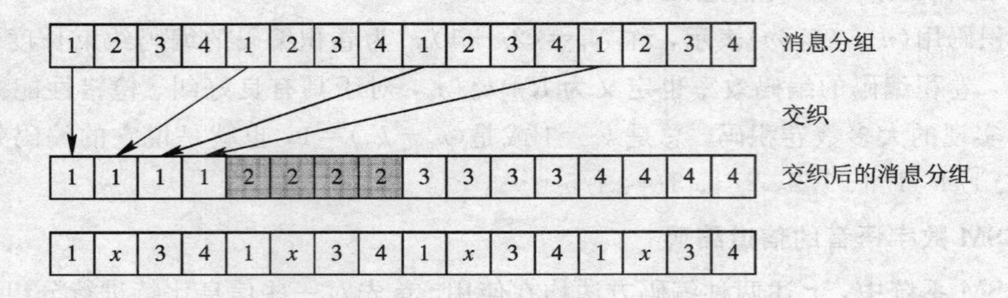

图 1－14 交织原理

然后依次传送第 1 比特组成的帧，第 2 比特组成的帧，…… 在传输期间，帧 2 丢失，如果没有交织，那就会丢失某一整个消息分组，但采用了交织，仅每个消息分组的第 2 比特丢失，再利用信道编码，全部分组中的消息仍能得以恢复，这就是交织技术的基本原理。概括地说，交织就是把码字的 b 个比特分散到 n 个帧中，以改变比特间的邻近关系，因此 n 值越大，传输特性越好，但传输时延也越大，所以在实际使用中必须作折衷考虑。

2. GSM 系统中交织方式

在 GSM 系统中，信道编码后进行交织。交织分为两次，第一次交织为内部交织，第二次交织为块间交织。

话音编码器和信道编码器将每一 20 ms 语音数字化并编码，提供 456 个比特。首先对它进行内部交织，即将 456 个比特分成 8 帧，每帧 57 比特，见图 1－15。

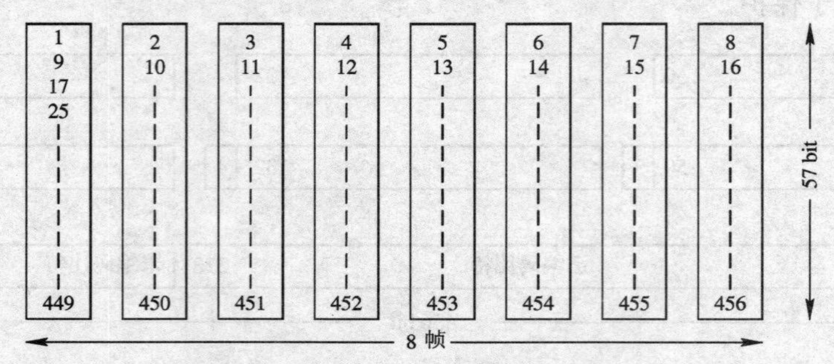

图 1－15 GSM 20 ms 话音编码交织

如果将同一 20 ms 语音的 2 组 57 比特插入到同一普通突发脉冲序列中(见图 1-16)，那么该突发脉冲串丢失则会导致该 20 ms 的语音损失 25%的比特，显然信道编码难以恢复这么多丢失的比特。因此必须在两个话音帧间再进行一次交织，即块间交织。

图 1-16　普通突发脉冲串

把每 20 ms 语音 456 比特分成的 8 帧为一个块，假设有 A、B、C、D 四块，见图 1-17。在第一个普通突发脉冲串中，两个 57 比特组分别插入 A 块和 D 块的各 1 帧(插入方式如图 1-18 所示，这就是二次交织)，这样一个 20 ms 的语音 8 帧分别插入 8 个不同普通突发脉冲序列中，然后一个一个突发脉冲序列发送，发送的突发脉冲序列首尾相接处不是同一话音块，这样即使在传输中丢失一个脉冲串，只影响每一话音比特数的 12.5%，而这能通过信道编码加以校正。

A	B	C	D
20 ms 语音 456 bit=8×57	20 ms 语音 456 bit=8×57	20 ms 语音 456 bit=8×57	20 ms 语音 456 bit=8×57

图 1-17　话音信道编码

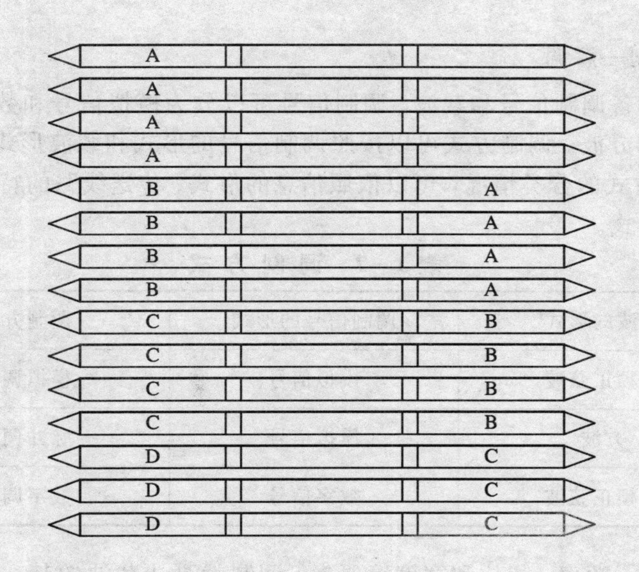

图 1-18　二次交织

二次交织经得住丧失一整个突发脉冲串的打击，但增加了系统时延。因此，在 GSM 系统中，移动台和中继电路上增加了回波抵消器，以改善由于时延而引起的通话回音。

1.4.4　CDMA 系统的话音编码

目前 CDMA 系统的话音编码主要有两种，即码激励线性预测编码(CELP)8 kb/s 和

13 kb/s。8 kb/s 的话音编码达到 GSM 系统的 13 kb/s 的话音水平甚至更好。13 kb/s 的话音编码已达到有线长途话音水平。CELP 采用与脉冲激励线性预测编码相同的原理，只是将脉冲位置和幅度用一个矢量码表代替。

1.5 数字调制与解调技术

为了通过天线将信息以电波的形式传送出去，必须经过调制这一过程。而要从电波中取出信息则需要经过解调这一过程。

数字调制与解调技术是数字移动通信系统中基站与手机空中接口的重要内容。

1.5.1 调制与解调

1. 什么是调制

人的耳朵能够听到语音的频率在 20～20 000 Hz 的范围内。

一般认为只要有 300～3400 Hz，就足以表达说话的内容了。如果考虑到语音的原始声音和真实度问题，则需要 50～15 000 Hz 的频率范围。声音范围的频率被称作低频或音频。

我们都知道无线电和电视广播的信息是通过电波而传送的，但这种电波不是低频电波，它必须是高频电波。因为低频信号不能作为电波发射到遥远的地方。因此，只要通过某种方式将声音和音乐等低频信号(信号波)搭载到高频电波上就可以发射了。这个过程称作调制。

2. 常见的调制—解调

调制时必须具备调制信号和载波。调制信号可以分为模拟信号和数字信号。可供使用的载波有正弦波和方波。调制方式可以按照调制信号的形式和载波形式的组合来分类。表 1-2 示出了调制方式的分类情况，可以依照信息的形式、传送线路的特性和对传送质量的要求来选择调制方式。

表 1-2 调制方式

载波的形式	调制信号的形式	调制方式
高频正弦波	模拟信号	模拟调制
方波	模拟信号	脉冲调制
高频正弦波	数字信号	数字调制

载波具有振幅、频率、相位和宽度等要素。调制就是让载波的某一个要素随调制信号变化，如图 1-19 所示。

数字调制是指调制信号是数字基带信号，载波为高频正弦波的调制。与模拟调制相同，数字调制也同样是让载波的振幅、频率或者相位产生变化，但调制信号是 1 或 0。在数字通信中将调制称为移位键控。使高频载波信号的振幅随数字基带信号改变的调制方式称为振幅键控 ASK 调制；使高频载波信号的频率随数字基带信号改变的调制方式称为频移键控 FSK 调制；使高频载波信号的相位随数字基带信号改变的调制方式称为相移键控

PSK 调制。

目前，GSM 系统采用了高斯滤波最小频移键控 GMSK 调制，而北美和日本的蜂窝移动通信系统采用了$\frac{\pi}{4}$QPSK 系统。

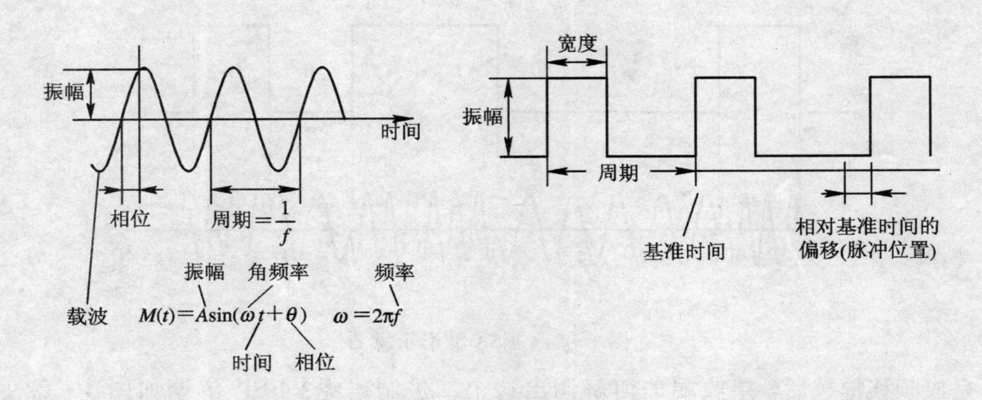

图 1-19　载波的要素

1.5.2　数字移动通信系统的调制方式

经过前面的学习，我们知道，经语音编码后的信号是数字信号，此信号向外发送还需要经过调制。应用于移动通信的数字调制技术，按信号相位是否连续可分为相位连续型调制和相位不连续型调制；按信号包络是否恒定可分为恒包络调制和非恒包络调制。

目前，针对移动通信系统频道间隔为 25 kHz 的特点，采用窄带数字调制技术。如最小频移键控 MSK、四相相移键控 QPSK、$\frac{\pi}{4}$相移键控$\frac{\pi}{4}$QPSK 等。其中，应用最广的是最小频移键控 MSK 类的调制。GSM 系统采用的就是高斯最小频移键控 GMSK，它属于改进的 FSK。

频移键控 FSK 是数字信号的频率调制，可看成调频的一种特例。产生频移键控信号的基本原理如图 1-20 所示。

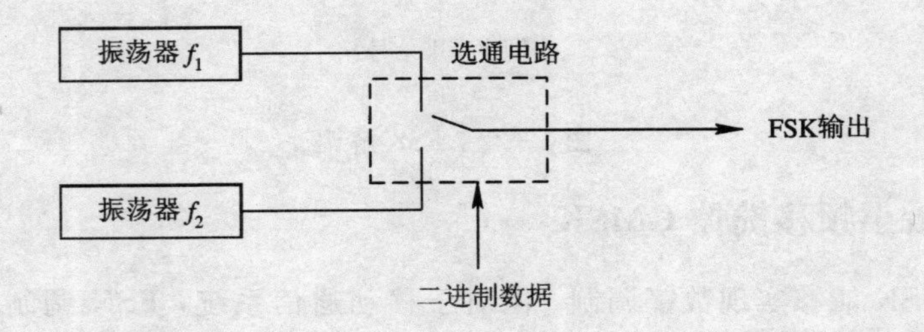

图 1-20　FSK 基本原理示意图

二进制数字信号控制选通电路内部的开关动作使输出频率变化，设高电平“1”调制频率 f_1，低电平“0”调制频率 f_2，且 $f_1<f_2$，则输出就可得到 FSK 信号。实际中，f_1、f_2 的频率本身并不高，仍然属基带信号。

为了加深对频移键控 FSK 的理解，下面举一个例子。

传送编码为 10001101，其工作波形示意如图 1-21 所示。从图中可以看出，FSK 调制相当于 D/A 变换，经过调制后的数字信号变成了 f_1、f_2 二值频率变化，显然，这个信号具有模拟信号的特点。

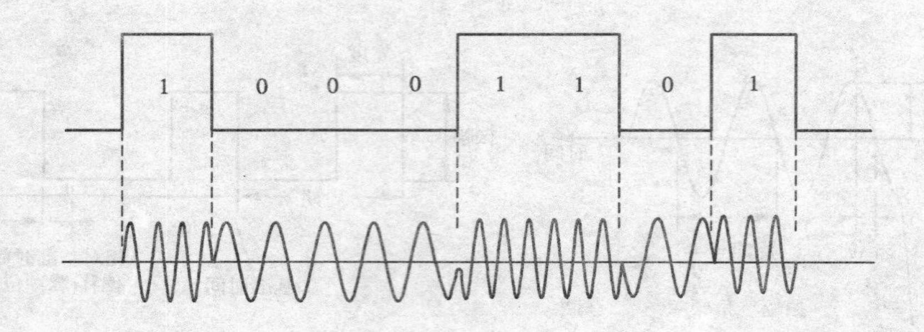

图 1-21　FSK 波形示意图

完成频移键控后，接收端如何解调出这个二进制码呢？FSK 解调如图 1-22 所示。FSK 信号经 f_1、f_2 两个带通滤波器进行频率分离，分别得到两路以 f_1、f_2 调制的 FSK 信号，然后加到同步解调器 1 和同步解调器 2 。在同步解调器基准信号(同步信号)的作用下，即可取出数字信号，两路信号再经过比较合成，就能得到原始数据。在图中的同步信号与 FSK 信号有固定的、非常严格的相位关系。只有在同步信号的参与下，才能解调出 f_1、f_2 所运载的码元。沿用图 1-20 的结论，可以分析出，当码元为 1 时，同步解调器 1 才有输出，当码元为 0 时，同步解调器 2 才有输出。也就是说，“1”由同步解调器 1 输出，“0”由同步解调器 2 输出。两路信号合成后就可得到原始数据。

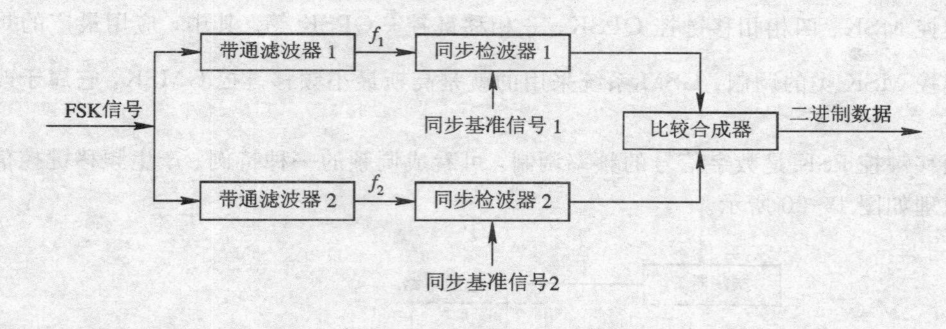

图 1-22　FSK 解调

1.5.3　高斯最小频移键控 GMSK

虽然直接 FSK 能够实现数字调制，但对于移动通信系统，FSK 调制方式存在一些问题，如占用的频带宽，影响了系统容量；在两个频率转换处相位不连续，产生较强的谐波分量，干扰大。

为了在有限的频段中尽可能传送更多的数据，容纳更多的用户，科学家们一直都在研究窄带数字调制技术。其中应用最多的是最小频移键控 MSK、平滑调频 TFM、高斯最小频移键控 GMSK。

GSM 系统采用高斯最小频移键控 GMSK。GMSK 与 FSK 不同之处是：

（1）在调制时，使高、低电平所调制的两个频率 f_1、f_2 尽可能接近，即频移最小，这样可节省频带。频移确定为±67.7 kHz。恰为传输速率 270 kb/s 的 1/4，故称最小频移键控。

（2）GMSK 调制可以控制相位的连续性，在每个码元持续期 T_s 内，频移恰好引起 $\pi/2$ 的相位变化。而相位本身的变化是连续的，这样可避免相位的突变引起的干扰。

（3）在 MSK 之前加入了高斯滤波器，因其滤波特性与高斯曲线相似，故以此相称。它的作用是对语音数据流进行滤波，以降低相位变化的速率，实际上也是一种相位补偿措施。加入高斯滤波器并没有改变"0"和"1"的相角增长关系，没有改变传输比特和码元调制频率的 4 倍关系，只是为了消除因相位引起的谐波干扰。正是由于这个缘故，人们称它为高斯最小频移键控 GMSK 系统。

GMSK 信号产生原理如图 1-23 所示，电路框图如图 1-24 所示。

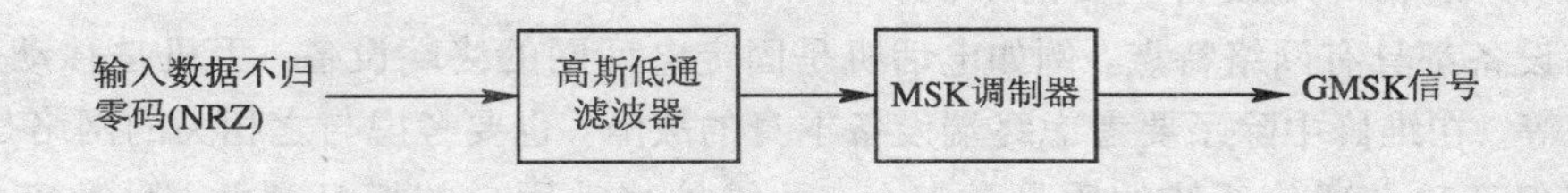

图 1-23　GMSK 信号产生原理

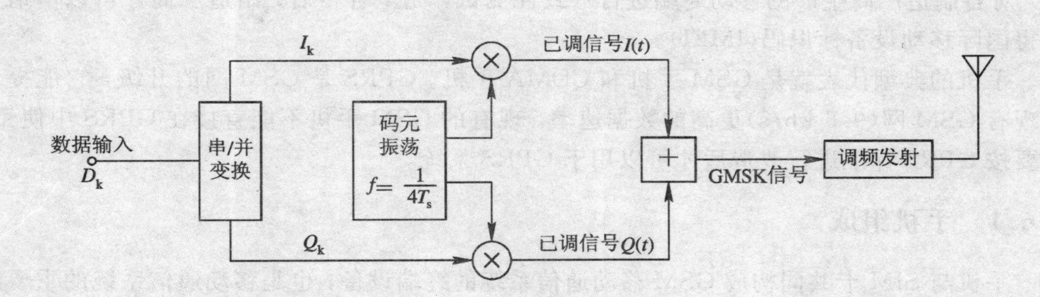

图 1-24　GMSK 调制器电路框图

可以看出，GMSK 信号就是在 FSK 调频前加入高斯低通滤波器（称为预调制滤波器）而产生的。

由图可见，D_k 是经过语音编码的数字信号，电路中的串并变换实际上是奇偶分离，分成相差一个码元宽度的两路信号 I_k 和 Q_k，这可降低传输速率，压缩信号带宽。I_k、Q_k 实际是奇、偶序列数据流。经奇偶分离的数字信号 I_k、Q_k 平衡调制频率为 $f=1/(4T_s)$ 的副载波，T_s 为码元周期，数值为 3.692 μs，则副载波频率为 67.7 kHz。平衡调制后的信号称为 I 信号和 Q 信号。

平衡调制器实际上就是 MSK 调制，经 MSK 调制后，数字信号 I_k、Q_k 变成已调模拟量 I、Q 信号，统称基带信号。其中 I 信号称同相分量；Q 信号称正交分量。从这个意义上讲，MSK 调制器也是 D/A 变换器。经过 MSK 调制分成 I、Q 两种信号的目的是对数字奇偶序列 I_k、Q_k 加权，而加权的目的是便于接收端根据 I、Q 正交的特点进行奇偶分离，实际上也是一种相位分离方式。加权后的信号 $I(t)$、$Q(t)$ 实质上是正交平衡调幅波，此信号并非射频信号，必须再进入发信机对主载波 f_c 进行调频，得到 f_c±67.7 kHz 的射频信号，才能向外发射。可见 GMSK 射频信号是一个复合的已调波。当然，接收时空中的无线电信号需经过变频、中放、解调后才能得到接收的 I、Q 信号，再经过解调才能将 I、Q 信号还原为数字信号。

对 GMSK 信号的解调，与图 1-24 的过程相似，但必须先经过调频解调，再进行 GMSK 解调。GMSK 解调相当于 A/D 变换，解调出数字奇偶序列 I_k、Q_k，再合成一路数字信号送到语音解码器。

1.6 用户通信终端设备

用户通信终端设备主要包括有线类终端和无线类终端两大类。有线类终端如电话机、三类传真机、个人计算机等；无线类终端如手机、“小灵通”、对讲机、寻呼机等。对移动通信而言，用户通信终端设备主要指手机。

通信设备都具有网络特点，例如电话机是固定电话网的终端设备，手机是移动通信网的终端设备等。在维修中除了要考虑终端设备本身的故障，也要考虑与之相关的网络是否正常。

为了保证移动通信系统的质量和安全，并维护移动用户的切身利益，自数字蜂窝移动通信系统问世以来，一直统一对各制造厂家生产的终端设备及其附件实行全面型号认证制度，对各制造厂商生产的移动终端进行一致性测试，完全合格后，制造厂商才可以申请并获得国际移动设备标识码(IMEI)。

手机的典型代表就是 GSM 手机和 CDMA 手机。GPRS 是 GSM 网的升级，它能提供比现有 GSM 网(9.6 kb/s)更高的数据速率。现有的 GSM 手机不能直接在 GPRS 中使用，需要按 GPRS 标准进行改造后才可以用于 GPRS 系统。

1.6.1 手机组成

手机与 SIM 卡共同构成 GSM 移动通信系统的终端设备，也是移动通信系统的重要组成部分。虽然手机品牌、型号众多，但从电路结构上都可简单地分为射频部分、逻辑音频部分、接口部分和电源部分。

手机的简单组成框图如图 1-25 所示。

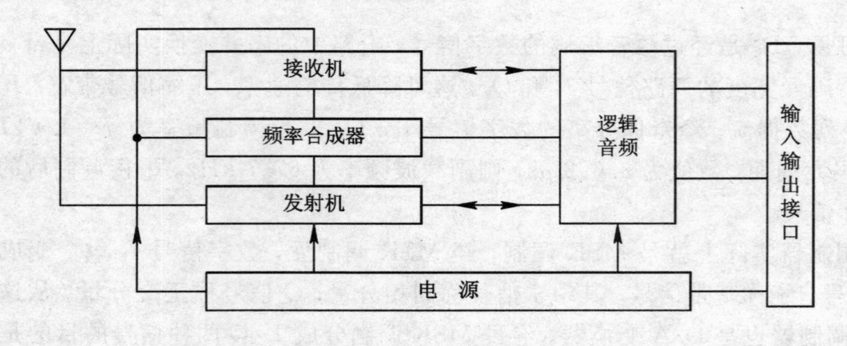

图 1-25　GSM 手机组成框图

1) 射频部分

射频部分由天线、接收、发送、调制解调器和振荡器等高频系统组成。其中发送部分是由射频功率放大器和带通滤波器组成，接收部分由高频滤波、高频放大、变频、中频滤波放大器组成。振荡器完成收信机高频信号的产生，具体由频率合成器控制的压控振荡器实现。

2）逻辑音频部分

发送通道的处理包括语音编码、信道编码、加密、TDMA 帧形成。其中信道编码包括分组编码、卷积编码和交织。接收通道的处理包括均衡、信道分离、解密、信道解码和语音解码。逻辑控制部分对手机进行控制和管理，包括定时控制、数字系统控制、天线系统控制以及人机接口控制等。

3）接口部分

接口模块包括模拟语音接口、数字接口及人机接口三部分。模拟语音接口包括 A/D、D/A 转换、话筒和耳机。数字接口主要是数字终端适配器。人机接口主要有显示器和键盘。

4）电源

电源部分为射频部分和逻辑部分供电，同时又受到逻辑部分的控制。

手机的硬件电路由专用集成电路组成。专用集成电路包括收信电路、发信电路、锁相环电路、调制解调器、均衡器、信道编解码器、控制器、识别卡和数字接口、语音处理专用集成电路等部分。手机的控制器由微处理器构成，包括 CPU、EPROM 和 EEPROM 等部分。

另外，软件也是手机的重要组成部分。手机的整个工作过程由 CPU（中央处理器）控制，CPU 由其内部的软件程序控制，而软件程序来源于 GSM 规范。

后面的章节将详细介绍各部分电路的组成和功能。双频 GSM 手机的技术指标见表 1-3。

表 1-3　双频 GSM 手机的技术指标

参　数	数　值
频率	GSM900，GSM1800
接收频率范围	GSM900：935～960 MHz GSM1800：1805～1880 MHz
发射频率范围	GSM900：890～915 MHz GSM1800：1710～1785 MHz
输出功率	GSM900：（5～33 dBm）3.2 mW～2 W GSMl800：（0～30 dBm）1.0 mW～1 W
双工间隔	GSM900：45 MHz GSM1800：95 MHz
信道数	GSM900：124 GSM1800：374
信道间隔	200k
功率级别数	GSM900：15 GSM1800：16
接收灵敏度	GSM900：－102 dBm GSM1800：－100 dBm
频率误差	$<1\times10^{-7}$
平均相位误差	$<5.0°$
峰值相位误差	$<20.0°$

1.6.2 CDMA 手机

当前大部分厂商生产的 CDMA 手机都是 CDMA2000 1x 模式，且使用美高通公司开发出来的 CDMA 移动台芯片应用组（主要有 MSM3100、MSM3300、MSM5100、MSM5105 等几个系列）。不同 CDMA 手机具体的卡接口技术不同，在整机电路设计中所应用的硬件也有区别，有机卡分离与机卡一体两个类型。

1. CDMA 手机技术指标

CDMA 手机一般的技术指标见表 1-4。

表 1-4 CDMA 手机的技术指标

指标项	技术参数
接收频率范围	869.820～893.190 MHz
本振频率范围	966.88±12.5 MHz
接收中频范围	85.38 MHz
发射频率范围	824.820～848.190 MHz
本机振荡频率范围	966.66±12.5 MHz
发射中频频率	130.38 MHz
输出功率	0.32 W
抗干扰性能	单音：900 kHz 时为－30 dBm 双音：900 kHz 与 1700 MHz 时为－43 dBm
发射频率偏差	±300 Hz 或更低
伪波发射	900 kHz 低于－42 dBc/30 kHz 1.98 MHz 低于－54 dBc/30 kHz
最小发射能量控制	－50 dBm below
接/发频率间隔	45 MHz
频道带宽	20CH
频道空间	1.25 MHz
系统主时钟	19.2/19.68/19.8 MHz
工作电压	DC 3.2～4.2 V
频率稳定性	±0.5PPM

中国联通现行 CDMA 网的上行频率为 825～835 MHz；下行频率为 870～880 MHz。

2. CDMA 手机比 GSM 手机更具有优越性

(1) 接通率高。上网的人都有经验，在同时上网人数少的时候上网，网塞少，容易接通。打手机也是同样道理。对于相同的带宽，CDMA 系统是 GSM 系统容量的 4～5 倍，网塞大大下降，接通率自然就高了。

(2) 手机电池的使用寿命延长。CDMA 采用功率控制和可变速率声码器，平均功耗较低，手机电池使用寿命延长。

(3)“绿色手机”。普通的手机(GSM 和模拟手机)功率一般能控制在 600 mW 以下，而 CDMA 手机的问世，给人们带来了“绿色”手机的曙光，因为与 GSM 手机相比，CDMA 手机的发射功率可以减小很多。CDMA 系统发射功率最高只有 200 mW，普通通话功率更小，其辐射作用可以忽略不计，对健康没有不良影响。

基站和手机发射功率的降低，将大大延长手机的通话时间，这意味着电池的寿命延长了，对环境起到了保护作用，故称之为“绿色手机”。

(4) 话音质量高。CDMA 采用了先进的数字语音编码技术，并使用多个接收机同时接收不同方向的信号。

(5) 不易掉话。基站是手机通话的保障，当用户移动到基站覆盖范围的边缘时，基站就应该自动“切换”来保障通信的继续，否则就会掉话。

CDMA 系统切换时的基站服务是“单独覆盖 — 双覆盖 — 单独覆盖”，而且是自动切换到相邻较为空闲的基站上，也就是说，在确认手机已移动到另一基站单独覆盖地区时，才与原先的基站断开，这种“软切换”大大减少了掉话的可能性。

(6) 保密性能更好。通话不会被窃听，要窃听通话，必须要找到码址。但 CDMA 码址是个伪随机码，而且共有 4.4 万亿种可能的排列。因此，要破解密码或窃听通话内容非常困难。

1.7 SIM 卡与 UIM 卡

1.7.1 概述

手机与 SIM 卡共同构成移动通信终端设备。GSM 手机用户在“入网”时会得到一张 SIM 卡，机卡分离式 CDMA 手机“入网”时也需配置 UIM 卡，SIM 或 UIM 卡是“用户识别模块”的意思。

无线传输比固定传输更易被窃听，如果不提供特别的保护措施，很容易被窃听或被假冒一个注册用户。20 世纪 80 年代的模拟移动通信系统深受其害，使用户利益受损，因此 GSM 首先引入了 SIM 卡技术，从而使 GSM 在安全方面得到了极大的改进。它通过鉴权来防止未授权的接入，这样保护了网络运营者和用户不被假冒的利益；它通过对传输加密可以防止在无线信道上被窃听，从而保护了用户的隐私。另外，它以一个临时代号替代用户标识，使第三方无法在无线信道上跟踪 GSM 用户，而且这些保密机制全由运营者进行控制，用户不必加入更显安全。

由于引入了 SIM 卡或 UIM 卡技术，无线电通信从不保密的禁区解放出来，只要客户手持一卡，可以实现走遍世界的愿望。

卡上存储了所有属于本用户的信息和各种数据，每一张卡对应一个移动用户电话号码。现行网络运营商提供的号码都是 11 位的。机卡分离后，使手机不固定地“属于”一个用户，一个移动用户用自己的卡可以使用不同的手机，实现“手机号码随卡不随机”的功能。若将别人的卡插进自己的手机打电话，营业部门只收该卡产权用户的话费，换句话说，就是插谁的卡打电话，就收谁的费。

只有在处理异常的紧急呼叫(如拨打 112)时可以不插入卡。维修者也可以在无卡的情况下，通过拨打“112”来判断移动电话机发射是否正常。

卡中的各种数据不是一成不变的，它与移动通信系统同步发展，分阶段地增强新特性、新功能，逐步完善。

1.7.2 手机卡的内容

手机卡是一张符合通信网络规范的“智能”卡，它内部包含了与用户有关的、被存储在用户这一方的信息。SIM 卡内部保存的数据可以归纳为以下四种类型：

(1) 由 SIM 卡生产商存入的系统原始数据，如生产厂商代码、生产串号、SIM 卡资源配置数据等基本参数。

(2) 由 GSM 网络运营商写入的 SIM 卡所属网络与用户有关的、被存储在用户这一方的网络参数和用户数据等，包括：

① 鉴权和加密信息 K_i(K_c 算法输入参数之一：密钥号)

② 国际移动用户号(IMSI)；

③ A3：IMSI 认证算法；

④ A5：加密密钥生成算法；

⑤ A8：密钥(K_c)生成前，用户密钥(K_c)生成算法；

⑥ 移动电话机用户号码、呼叫限制信息等。

(3) 由用户自己存入的数据。如缩位拨号信息、电话号码簿、移动电话机通信状态设置等。

(4) 用户在使用 SIM 卡过程中自动存入及更新的网络接续和用户信息。如临时移动台识别码(TMSI)、区域识别码(LAI)、密钥(K_c)等。上面第一类属永久数据，第二类数据只有 GSM 网络运营商才能查阅和更新。

在实际使用中有两种功能相同而形式不同的 SIM 卡：

(1) 卡片式(俗称大卡)SIM 卡，这种形式的 SIM 卡符合有关 IC 卡的 ISO 标准，类似 IC 卡。

(2) 嵌入式(俗称小卡)SIM 卡，其大小只有 25 mm×15 mm，是半永久性地装入到移动台设备中的卡。其实“大卡”上面真正起作用的还是它上面的一张“小卡”。

图 1-26 为 SIM 卡外形。

图 1-26 SIM 卡外形

个人识别码(PIN)是SIM卡内部的一个存储单元，PIN密码锁定的是SIM卡。若将PIN密码设置开启，则该卡无论放入任何移动电话机，每次开机均要求输入PIN密码，密码正确后，才可进入GSM网络。若错误地输入PIN码3次，将会导致“锁卡”的现象，此时只要在移动电话机键盘上按一串阿拉伯数字(PUK码，即帕克码)，就可以解锁。但是用户一般不知道PUK码。要特别注意：如果尝试输入10次仍未解锁，就会“烧卡”，就必须再去买张新卡了。设置PIN可防止SIM卡未经授权而使用。

SIM卡在一部移动电话机上可以用，而在另一部移动电话机上不能用，有可能是因为在移动电话机中已经设置了“用户限制”功能，这时可通过用户控制码(SPCK)取消该移动电话机的限制功能。例如，三星600、摩托罗拉T2688等机型，移动电话机的“保密菜单”可进行SIM卡限定设置，即设置后的移动电话机只能使用限定的SIM卡。设置后的移动电话机换用其它SIM卡时会被要求输入密码，密码输入正确方可进入网络。如果密码忘记，则只能用软件故障维修仪重写移动电话机码片进行解锁。而设置后的SIM卡能在其它移动电话机中正常使用，不会提问密码。即“用户限制”功能用密码锁定的是移动电话机。

在我国，有一些移动电话机生产商或经销商，把移动电话机与“中国移动”或“中国联通”的SIM卡做了捆绑销售(价格相对较便宜)，那么，移动电话机在使用时就只能使用“中国移动”或“中国联通”的SIM卡，这不是故障，而是使用了“网络限制”功能，即“锁网”。这时可通过16位网络控制码(NCK)来解除锁定，但需通过GSM网络运营商才能解决。

上述“PIN码”、“用户限制”密码和“网络限制”密码均为不同的概念，同时与“话机锁”密码也不同。设置“话机锁”密码可防止移动电话机未经授权而使用。许多款移动电话机出厂时的话机锁密码为“1234”，也有的是全“0”等等。

1.7.3 SIM卡的构造

SIM卡是带有微处理器的芯片，包括五个模块，每个模块对应一个功能：微处理器、程序存储器、工作存储器、数据存储器和串行通信单元。最少有五个端口：① 电源；② 时钟；③ 数据；④ 复位；⑤ 接地端。图1-27为SIM卡触点端口功能，图1-28为移动电话机中SIM卡座。

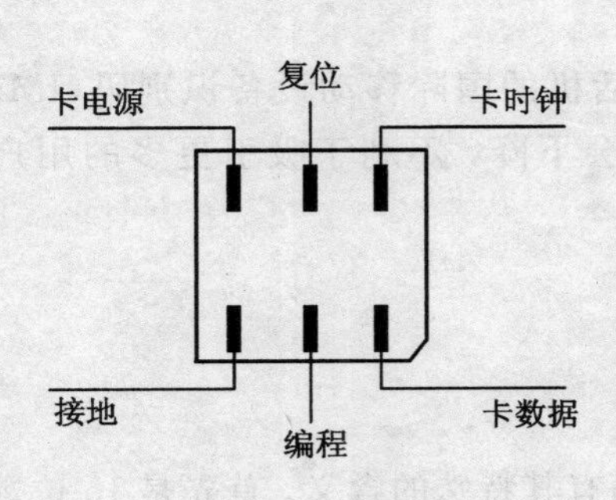

图1-27 SIM卡触点功能

图1-28 SIM卡座

SIM卡座在移动电话机中提供移动电话机与SIM卡通信的接口。通过卡座上的弹簧片与SIM卡接触，所以如果弹簧片变形，会导致SIM卡故障，如显示“检查卡”、“插入卡”等。早期生产的移动电话机设有卡开关，卡开关是判断卡是否插入的检测点，如摩托罗拉328移动电话机，由于卡开关的机械动作，造成开关损坏的很多。现在新型的移动电话机已经将此去除了，而是通过数据的收集来识别卡是否插入，减少了卡开关不到位或损坏造成的问题。

卡电路中的电源SIMVCC、SIMGND是卡电路工作的必要条件。卡电源用万用表就可以检测到。SIM卡插入移动电话机后，电源端口提供电源给SIM卡内的单片机。检测SIM卡存在与否的信号只在开机瞬时产生，当开机检测不到SIM卡存在时，将提示“Insert Card”(插入卡)；如果检测SIM卡已存在，但机卡之间的通信不能实现，会显示“Check Card”(检查卡)；当SIM卡对开机检测信号没有响应时，移动电话机也会提示“Insert Card”(插入卡)。SIM卡的供电分为5 V(1998年前发行)、5 V与3 V兼容、3 V、1.8 V等，当然这些卡必须与相应的移动电话机配合使用，即移动电话机产生的SIM卡供电电压与该SIM卡所需的电压要匹配。

对于卡电路中的SIM I/O、SIMCLK、SIMRST，全部是由CPU的控制来实现的。虽然基站与网络之间的数据沟通随时随地进行着，但确定哪个时刻数据沟通往往很难。有一点可以肯定，当移动电话机开机时刻与网络进行鉴权时必有数据沟通，这时尽管时间很短，但测量一定有数据，所以我们在判定卡电路故障时，在这个时隙上进行监测为最佳监测时间。正常开机的移动电话机，在SIM卡座上用示波器可以测量到SIM I/O、SIMCLK、SIMRST信号，它们一般是一个3 V左右的脉冲。若测不到，说明SIM卡座供电开关管周边电阻电容元件脱焊、SIM卡座脱焊，也有可能是卡座接触不良，SIM卡表面脏或使用废卡。使用SIM卡时要小心，不要用手去触摸上面的触点，以防止静电损坏，更不能折叠。如果SIM卡脏了，可用酒精棉球轻擦。

SIM卡的存储容量有3K、8K、16K、32K、64K等。STK卡是SIM卡的一种，它能为移动电话机提供增值服务，如移动电话机银行等。

每当移动用户重新开机时，GSM系统要自动鉴别SIM卡的合法性，GSM网络的身份鉴权中心对SIM卡进行鉴权，即与移动电话机对一下“口令”，只有在系统认可之后，才为该移动用户提供服务，系统分配给用户一个临时号码(TMSI)，在待机、通话中使用的仅为这个临时号码，这就增加了保密度。

目前，网络运营商在用户入网时没有对移动电话机的国际移动设备识别码(IMEI)实行鉴别，如果实行鉴别，带机入网的用户数量可能会下降，不利于吸引更多的用户使用GSM移动电话机。

1.7.4 SIM卡相关知识

1. 国际移动设备识别码(IMEI码)

在移动电话机背面标签上有一些代码，这些代码有其特殊的含义。首先是15位数字组成的国际移动设备识别码(IMEI码)，每部移动电话机出厂时设置的该号码是全世界惟一的，作为移动电话机本身的识别码，不仅标在机背的标签上，还以电子方式存储于移动电话机中，具体地说是在移动电话机电路板中的电可擦除存储器(EEPROM)中。IMEI码各部分含义如下：

第1～6位数字(TAC(6位))——型号批准号，由欧洲型号批准中心分配；

第7～8位数字(FAC(2位))——最后装配号码，表示生产厂家或最后装配所在地，由厂家进行编码；

第9～14位数字(SNR(6位))——序号码，这个独立序号惟一地识别每个TAC和FAC中的每个移动设备；

第15位数字(SP(1位))——备用，一般为0。

在移动电话机开机的状态下，甚至不需要插卡，从键盘上输入“*”“#”“0”“6”“#”，就会在屏幕上显示移动电话机中存储的IMEI码。

2. 开户管理

开户管理主要是在办理登记和购机时选定移动电话机号码。只有在运营商指定的业务处，或电信管理部门授权允许经营移动电话机的商业点购机，才给予办理入网登记手续，允许入网使用。但是目前各地市场对此有不同程度的放开。这虽然起到活跃市场，促进竞争的作用，但也带来一些管理上的新问题。

3. 收费管理

目前收费管理分为开户入网收费和通话计费管理。开户入网费包括开户费和SIM卡费，不同的GSM网络运营商的此项费用价格也不同，而且和地区也有关。在归属区内拨打长途电话时，就应计入长途通话话费。当移动电话机处在漫游状态时，拨叫漫游区的电话用户需要收取漫游费，而拨打归属区内其它非当前服务区的长途电话还应计入长途通话费。国内运营商正考虑将通话计费实行单向收费，但具体实施的时间仍没有明确的安排。

1.7.5 UIM卡

机卡分离式CDMA手机，“入网”时需要配置UIM卡(机卡一体式手机无须配置)。UIM卡功能、外型与SIM卡相似，同样有电源、时钟、数据、复位、接地端，只是各个触点的具体位置排列与SIM略有差异。

相应的，CDMA手机中必须有一个UIM卡电路，以给UIM卡提供电源、时钟、数据、复位等。

习 题 一

1. 简述手机的发展概况。
2. 说明数字移动通信系统的基本组成。
3. 什么是多址接入技术？有哪些基本方法？
4. CDMA技术有什么特点？
5. 什么是信道编码？信源编码与信道编码有什么不同？
6. 什么是交织技术？
7. 什么是信号调制技术？

8. GSM 系统采用什么调制方法？画出 GMSK 调制电路的框图。

9. 简述 GSM 手机的组成。

10. 试比较 CDMA 手机、GSM 手机的技术指标，它们有什么异同？

第 2 章　手机基本电路

2.1　手机电路组成

GSM 手机电路一般可分为四个部分——射频部分、逻辑/音频部分、输入输出接口部分和电源部分。这四个部分相互联系，是一个有机的整体。特别是逻辑/音频部分和输入输出接口部分电路紧密融合，电路分析时常常把它们作为一个整体。

2.1.1　手机电路

手机接收时，来自基站的 GSM 信号由天线接收下来，经射频接收电路，由逻辑/音频电路处理后送到听筒。手机发射时，声音信号由话筒进行声电转换后，经逻辑/音频处理电路、射频发射电路，最后由天线向基站发射。

图 2-1(a)、(b)均为 GSM 手机电路原理框图。

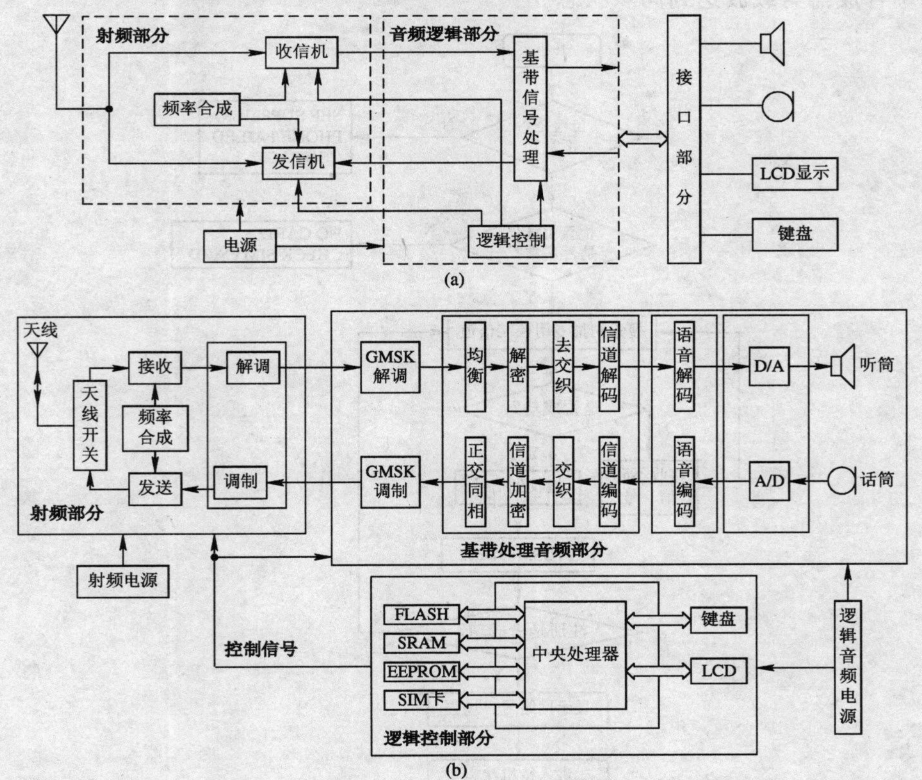

图 2-1　GSM 手机电路基本组成框图

(a) GSM 手机电路原理简略框图；(b) GSM 手机电路原理组成框图

射频电路部分一般指手机电路的模拟射频、中频处理部分，包括天线系统、发送通路、接收通路、模拟调制解调以及进行 GSM 信道调谐用的频率合成器。它的主要任务有两个：一是完成接收信号的下变频，得到模拟基带信号；二是完成发射模拟基带信号的上变频，得到发射高频信号。按照电路结构划分，射频电路部分又可以分为接收部分、发射部分与频率合成器。

频率合成器提供接收通路、发送通路工作需要的频率，这相当于寻呼机的“改频”，不过这种“改频”是自动完成的，是受逻辑/音频部分的中央处理器控制的。目前手机电路中常以晶体振荡器为基准频率，采用 VCO 电路的锁相环频率合成器。

频率合成电路为接收的混频电路和发射的调制电路提供本振频率和载频频率。一部手机一般需要两个振荡频率，即本振频率和载频频率。有的手机则具有 4 个振荡频率，分别提供给接收一、二混频电路和发射一、二调制电路。

对于双频手机，一般采用射频接收和发射双通道方式。

2.1.2 手机简要工作过程

1. GSM 手机开机初始工作流程

GSM 手机开机初始工作流程如图 2-2 所示。当手机开机后，首先搜索并接收最强的 BCCH（广播控制信道）中的载波信号，通过读取 BCCH 中的 FCH（频率校正信道），使自己的频率合成器与载波达到同步状态。

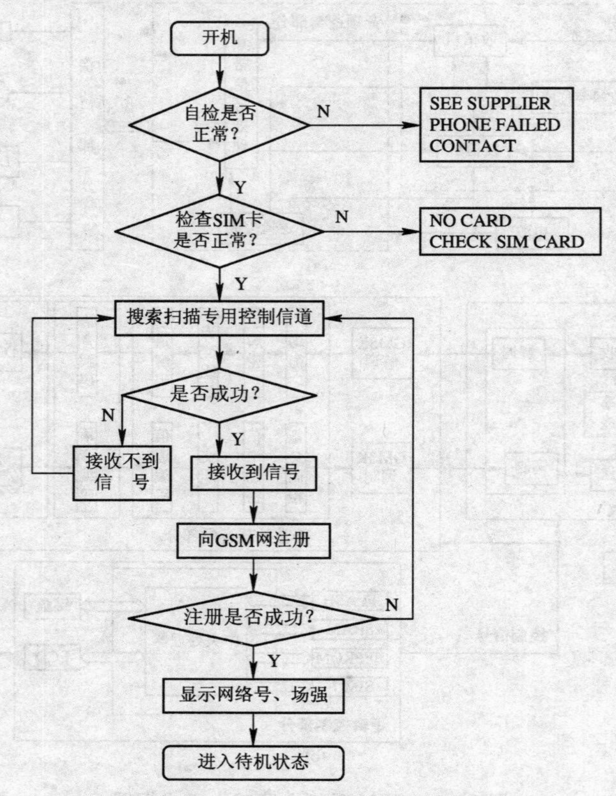

图 2-2　GSM 手机开机初始工作流程

当手机达到同步以后，开始读取 SCH（同步信道）中的信息，接收并解出基站收发信台 BTS 的控制信号，并同步到超高速 TDMA 帧号上，以达到手机和系统之间的时间同步。

手机通过接收 BCCH 信道的信息，可以获取诸如移动网国家代码、网络号、附近小区的频率、基站识别码、目前小区使用的频率、小区是否禁用等大量的系统信息。随后，手机在 RACH（随机接入信道）上发送登记接入请求信号，系统通过 AGCH（准许接入信道）为手机分配一个 SDCCH（独立控制信道），同意注册。手机在 SDCCH 上完成登录的过程也就是位置更新的过程。在 SACCH（慢速随机控制信道）上传输有关的信令以后，手机处于待机守候状态。

手机入网的条件是既要能接收到信号，同时又要向网络登记，所以不入网故障发生在接收和发射部分的可能性都有。究竟发生在哪部分，不同类型的手机有不同的判断方法，后面的单元将详细介绍。

2. 通话过程

当手机为主叫时，在 RACH 上发出寻呼请求信号，系统收到该寻呼请求信号后，通过 AGCH 为手机分配一个 SDCCH，在 SDCCH 上建立手机与系统之间的交换信息。然后在 SACCH 上交换控制信息，最后手机在所分配的 TCH（语音信道）上开始进入通话状态。

当手机为被叫时，系统通过寻呼信道来呼叫手机，手机在 RACH 上发出寻呼响应信号，然后由系统通过 AGCH 为手机分配一个 SDCCH。系统与手机进行必要的信息交换以后，由系统为手机分配一个 TCH，手机开始进入通话状态。

2.2 基本单元电路

各种通信设备作为复杂的电子产品，是由一些基本电路或单元电路组成的，手机也不例外。理解并掌握各种单元电路，是技术人员的一项基本功。单元电路常常由以三极管为核心的分立元件组成或由集成电路来实现。

由于电路的工作频率、状态不同，具体采用的器件也就不同。通常数字逻辑电路、基带信号处理电路、中频处理电路等都可采用集成电路，而射频处理电路由于工作频率高，部分采用分立元件电路，如混频器、压控振荡器都可用三极管构成。下面介绍手机中的基本单元电路。

2.2.1 放大器

放大器的作用是放大交流信号。从基站到手机天线有很长的传播距离，进入手机的无线电信号已非常微弱，为了能对信号进行进一步的处理，必须先对信号进行放大。

放大器分为以下几种：

(1) 低频放大器：用于放大低频信号，工作频率较低，其集电极负载是电阻。在手机中，低频放大器主要用于两个地方，一是话筒放大，属于音频的前置放大；二是振铃和扬声器驱动放大，属于音频的功率放大。

(2) 中频放大器和射频放大器：中频放大器的工作频率为几十兆赫兹或上百兆赫兹，

仅放大某一固定频率的信号，一般采用窄带放大器。但中频放大器的增益较高，是收发信机中的主增益放大器。手机中的射频放大器又称高频放大器或低噪声放大器，其工作频率在 900 MHz 以上，且频带较宽，因此属于高频宽带放大器。

射频放大器和中频放大器都是调谐式放大器，故其集电极负载是 LC 调谐回路或高频补偿电感，一般都是带通滤波器。

(3) 射频功率放大器：功率放大器简称功放，用于发射机中。调制后的发射信号一般要经过预推动、推动和功放几个环节才能将发射功率放大到一定的功率电平上。功放是手机中最重要的电路，也是故障率较高的电路。它的作用是放大发射信号，以足够的发射信号功率通过天线辐射到空间，工作频率在 900 MHz 以上，因此功放是超高频宽带功率放大器。功放采用的器件一般是分立元件场效应管或集成功放块。

手机在守候状态，功放不工作，也就是不消耗电流。其意义是：第一，可节省电能，延长电池使用时间；第二，可避免功放管发热而损坏；第三，可减轻干扰。如何做到这一点呢？手机中的功放供电有两种情况：一是电子开关供电型；二是常供电型。电子开关供电是在守候状态，电子开关断开，功放无工作电压，只有摘机时，电子开关闭合，功放得以供电；常供电型的功放管工作于丙类(丙类定义见下段)，在守候状态虽有供电，但功放管截止，不消耗电流，有信号时功放进入放大状态。

手机功放的工作状态为丙类。所谓丙类是指在无信号时，功放工作于截止区；有信号时，功放才进入放大区。丙类工作状态具有较高的效率。通常由负压提供偏压，因此可以看到有许多机型都为功放提供有负偏压。

功放的负载是天线，在正常的工作状态，功放的负载是不允许开路的。因为负载开路会因能量无处释放而烧坏功放，所以在维修时应注意这一点，在拆卸机器取下天线时，应接一个短拖线充当天线。

射频功率放大器发射功率受到较严格的控制，如图 2-3 所示。

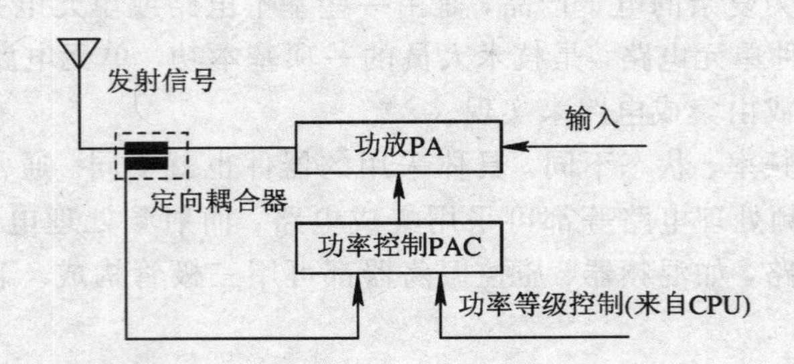

图 2-3　功放电路控制

控制信号来自两个方面：一是由定向耦合器检测发射功率，反馈到功放，组成自动功率控制 APC 环路，用闭环系统进行控制；二是功率等级控制，手机的收信机不停地测量基站信号场强，送到 CPU 处理，据此算出手机与基站的距离，产生功率控制数据，经 D/A 变换器变为功率等级控制信号，通过功率控制模块，控制功放发射功率的大小。

对于功率等级控制，是先将功率等级控制数据写入到手机的存储器码片内，称为功率控制 PC 表。CPU 根据手机测量基站场强的结果，调用功控 PC 数据来控制功放的发射功率。

2.2.2 振荡器

1. 振荡器的组成

振荡器广泛地用于电子设备中，它的主要技术指标是频率的准确度、稳定度和振幅的稳定度。振荡器需要直流电源为之提供能量，从这个意义上看，振荡器也同放大器一样，是将直流电源转换为交流振荡能量的装置。

在手机中，一般用晶体振荡器来产生基准频率或时钟信号，它一般由集成电路与晶体组成。晶体振荡器工作频率较低，且固定不变，频率稳定度高。在射频部分，如载波振荡、一本振等电路中，一般采用三点式振荡器。

为什么振荡器在没有输入的情况下仍能产生输出呢？这是因为振荡器满足了振荡条件：振幅条件和相位条件。振幅条件容易满足，相位条件是正反馈。因此，只要满足正反馈，电路就容易起振，输出某一频率的信号，如正弦波、方波等。

下面以反馈式振荡器为例来说明振荡器的组成。反馈式振荡器由以下三个部分组成：

(1) 有功率增益的有源器件。为了保证对外输出功率和自激振荡功率，反馈式振荡器必须有功率增益器件。

(2) 决定频率的网络。通过本电路使得自激振荡器工作在某一指定的固定频率上。

(3) 一个限幅和稳定的机构。自激振荡器必须能自行起振，即在接通电源后振荡器能从初态起振并过渡到最后的稳态，并保持输出的幅度和波形。

图 2-4 是一个反馈式振荡器的组成框图，在框图中包括了具有功率增益的放大器，决定频率的网络以及正反馈网络。

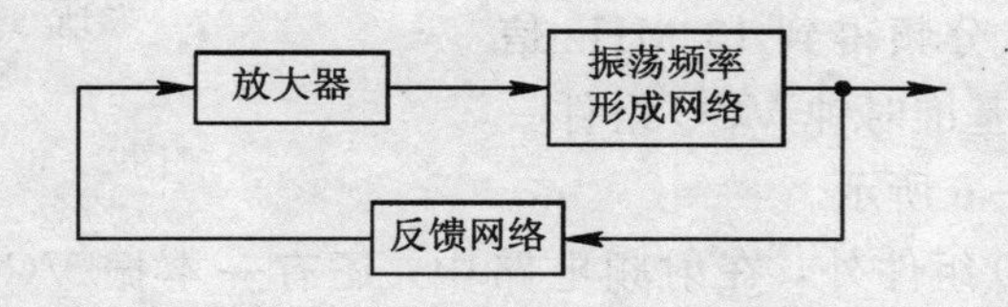

图 2-4　反馈式振荡器组成框图

三点式振荡器又分成电容三点式、电感三点式和改进电容三点式。前两者工作频率可达 100 MHz，而改进电容三点式工作频率可达 1000 MHz 以上，又称为克拉泼振荡器。克拉泼振荡器由于其工作频率高，通常用三极管构成。

在移动通信中，要求手机能自动搜索信道。例如在守候状态进入公用信道，在通话时进入空闲的话音信道，这种情况可看成自动改频入网，这就要求振荡器的频率能自动改变。如何做到这一点呢？办法是在振荡频率形成网络中加入变容二极管。

若改变加在变容二极管两端的反偏压 V_D，使变容二极管的结电容变化，就可以改变振荡频率。由于是用电压 V_D 来控制频率的变化，从这个意义上讲，这样的振荡器称为压控振荡器(VCO)，即电压控制的振荡器。

2. 压控振荡器 VCO

压控振荡器简称为 VCO，是一个“电压—频率”转换装置，它将电压信号的变化转换成频率的变化。这个转换过程中电压控制功能的完成是通过一个特殊器件——变容二极管来实现的，控制电压实际是加在变容二极管两端的。

压控振荡器中，变容二极管是决定振荡频率的主要器件之一。这种电路是通过改变变容二极管的反偏压来使变容二极管的结电容发生变化，从而改变振荡频率，如图 2－5 所示。

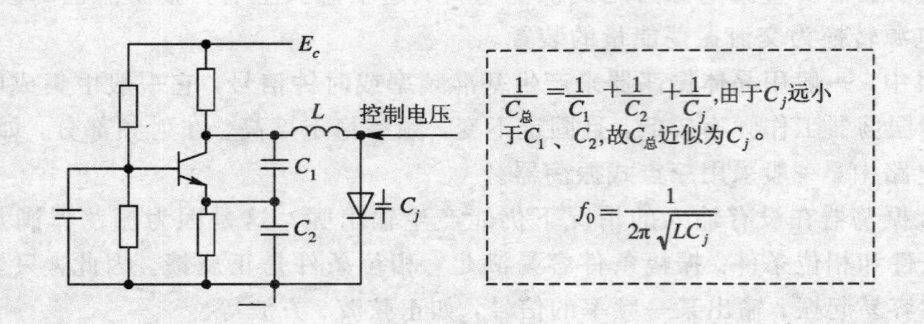

图 2－5　压控振荡器 VCO

在移动通信中，手机的基准时钟一般为 13 MHz，它主要有两种电路：

(1) 专用的 13 MHz VCO 组件。它将 13 MHz 的晶体及变容二极管、三极管、电阻、电容等构成的振荡电路封装在一个屏蔽盒内，组件本身就是一个完整的晶体振荡电路，可以直接输出 13 MHz 时钟信号。现在的一些新机型(NOKIA3310、8210、8850)使用的基准时钟 VCO 组件是 26 MHz，26 MHz VCO 产生的信号需要经过二分频得到 13 MHz 信号来供其它电路使用。基准时钟 VCO 组件一般有 4 个端口，如图 2－6 所示。

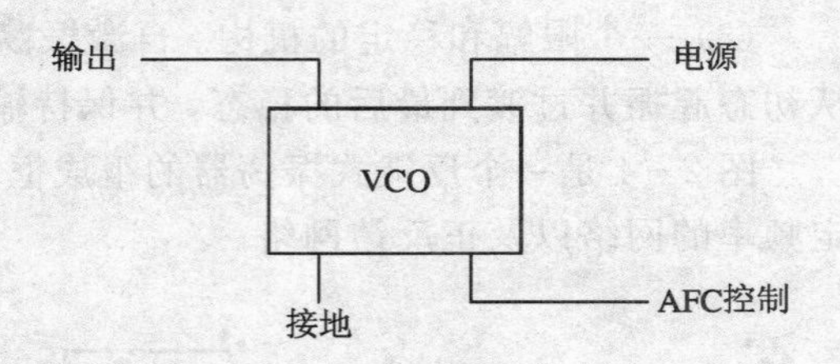

图 2－6　VCO 组件

除了 13 MHz VCO 组件外，在射频电路中，还有一本振 VCO、二本振 VCO、发射 VCO 等，它们各采用一个组件，内部包含变容二极管、三极管、电阻、电容等，仍有 4 个端口。

(2) 分立元件组成的晶体振荡电路由 13 MHz 的晶体、集成电路和外围元件等构成。单独的石英晶体是不能产生振荡的。

2.2.3　混频器

对于超外差式接收机和直接变频接收机，接收时需要对高频信号变频一次，对于双超外差式接收机需要变频二次，这项工作由混频电路来完成。

混频是在无线电通信中广泛应用的一种技术，混频器包括非线性器件和滤波器两个部分，任何一种形式的模拟相乘器，后面接入适当的带通滤波器，都可以作为混频器来使用。混频器的电路模型如图 2－7 所示。

图 2－7 中，混频器有两个输入，一个输出。一般我们感兴趣的是两个输入的差频。若混频器所接的带通滤波器调谐在差频上，则能取出此差频，差频便被定义为中频。

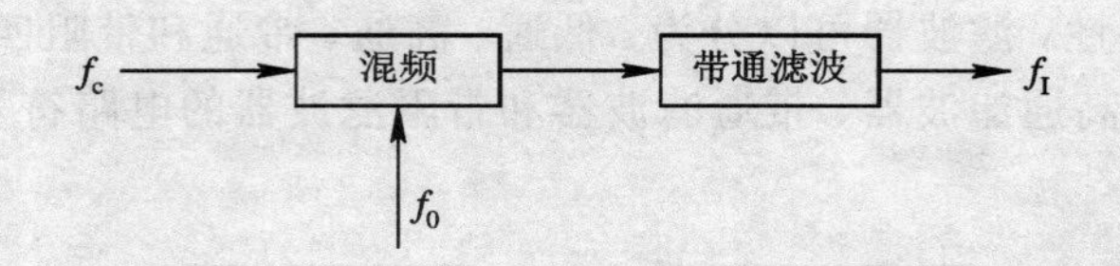

图 2-7　混频器电路模型

常见的混频电路包括：晶体三极管混频电路、双栅场效应管混频电路和二极管双平衡混频电路等。晶体三极管混频器动态范围较小，频谱不纯，但是电路结构简单，应用较多。双栅场效应管的混频电路，噪声电平低、动态范围大、易于集成，是比较理想的混频器。

手机混频器的作用是将手机天线接收下来的射频信号与手机的本振信号混频后得到频率较低的中频信号。

实际应用中，常用三极管混频器，两个输入信号分别加到基极，从集电极输出，经滤波器取出中频。现在手机多采用二次下变频方式，因此一般都包含两个混频器电路。通常一混频电路在接收机的前级，它对接收机的灵敏度和非线性指标影响较大，应选用较好的器件；二混频电路的要求相应较低，实际电路也比较简单。

在手机中，有的机型的二次升频发射电路采用和频混频，即一本振和发射中频相加，得到发射载波。第一混频器和第二混频器经常被分别集成在射频模块和中频模块中。

2.2.4　电子开关电路

电子开关中的三极管工作于饱和、截止两种状态，控制用的电信号是由逻辑电路提供的。实现电子开关的电路器件可以是三极管、场效应管、集成电路等。电子开关的电路模型如图 2-8 所示。

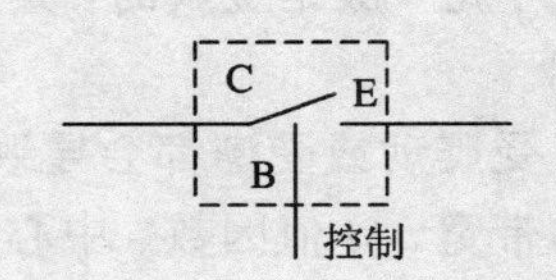

图 2-8　电子开关电路模型

以三极管为例，它的集电极 C、发射极 E 之间相当于跨接的开关，基极 B 为控制端，利用管子的饱和与截止的特性来实现“通”与“断”。场效应管则以源极 S、漏极 D 为开关，栅极 G 为控制端。

手机中有许多电子开关，如供电开关，天线开关等。

特别指出的是，摩托罗拉系列手机经常采用 8 个引脚的集成块作为电子开关，又称为模拟开关，如图 2-9 所示。图 2-9 中 1＃—3＃和 5＃—8＃之间跨接电子开关，4＃为控制端，低电平有效。该集成电路通常用于手机的各部分供电电路。

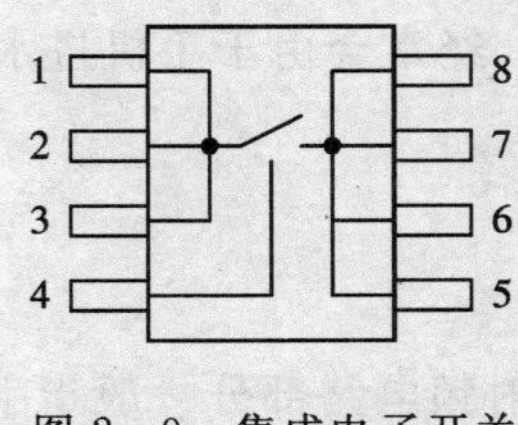

图 2-9　集成电子开关

2.2.5　滤波器

滤波器是一种让某一频带内信号通过，同时又阻止这一频带以外信号通过的电路。

1. 滤波器的作用

滤波器的作用主要有：

(1) 筛选有用信号，抑制干扰，这是信号分离作用。

(2) 实现阻抗匹配，以获得较大的传输功率，这是阻抗变换作用。

根据信号滤波特性，滤波器可以分为：低通、高通、带通和带阻四种。图 2－10 给出了常用的低通滤波器、高通滤波器、带通滤波器和带阻滤波器的电路符号。

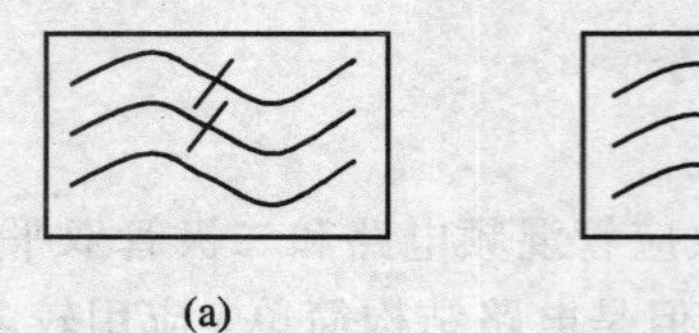
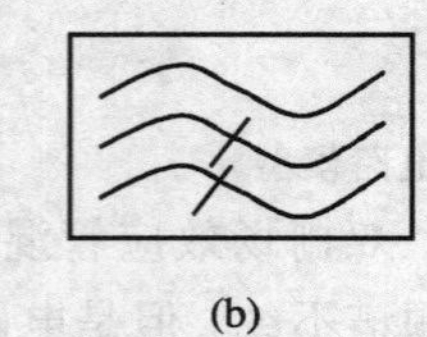
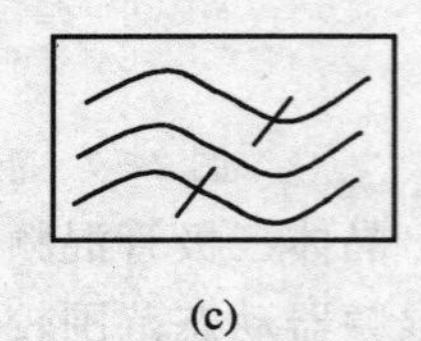
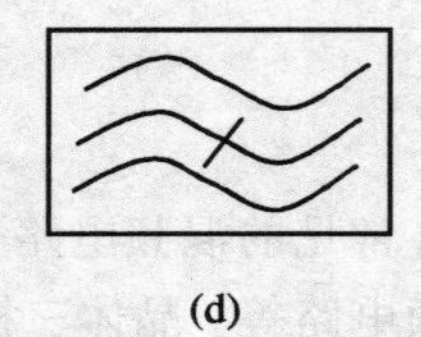

(a) (b) (c) (d)

图 2－10 滤波器电路符号

(a) 低通滤波器；(b) 高通滤波器；(c) 带通滤波器；(d) 带阻滤波器

2. 滤波器的识别与检测

手机采用了各种滤波器，如射频滤波、本振滤波、中频滤波、低通滤波等。

根据器件材料不同，又分为 LC 滤波器、陶瓷滤波器、声表面滤波器和晶体滤波器。由于手机信道数目多，信道间隔小，因此在手机中，往往需要衰减特性很陡的带通滤波器。

晶体滤波器、陶瓷滤波器和声表面滤波器容易集成和小型化，频率固定，不需调谐。常见于手机的本振滤波器、射频滤波器、中频滤波器等。实际中，它们多数都采用扁平封装，外壳一般是金属的，其主要引脚是输入、输出和接地。滤波器是无源器件，所以没有供电端。

受震动或受潮都会导致滤波器损坏或损耗增加。可以用频率特性测试仪准确检测滤波器的带宽、Q 值因数、中心频点等参数。

滤波器无法用万用表检验，在实际修理中可简单地用跨接电容的方法判断其好坏，也可用元件代换法鉴别。

由于滤波器一般采用贴片封装，而且个体较大，容易虚焊，并会因此造成不入网、信号弱等故障，维修过程中，可以用热风枪加焊来解决此类故障。而陶瓷滤波器由于材质的原因，经常会由于手机进水和受潮而产生故障，导致不入网和信号弱。

2.3 接收与发射电路

射频电路部分一般指手机电路的模拟射频、中频处理部分，包括天线系统、发送通路、接收通路、模拟调制解调以及进行 GSM 信道调谐用的频率合成器。它的主要任务有两个：一是完成接收信号的下变频，得到模拟基带信号；二是完成发射模拟基带信号的上变频，得到发射高频信号。按照电路结构划分，射频电路部分又可以分为接收部分、发射部分与频率合成器。对于双频手机，一般采用射频接收和发射双通道(或局部采用双通道)的方式来实现双频功能。

2.3.1 接收电路部分

接收电路部分一般包括天线、天线开关、高频滤波、高频放大、变频、滤波、放大、解调电路等。它将 935～960 MHz(GSM900 频段)或 1805～1880 MHz(DCS1800 频段)的射频信号进行下变频，最后得到 67.768 kHz 的模拟基带信号(RXI、RXQ)，如图 2－11 所示。

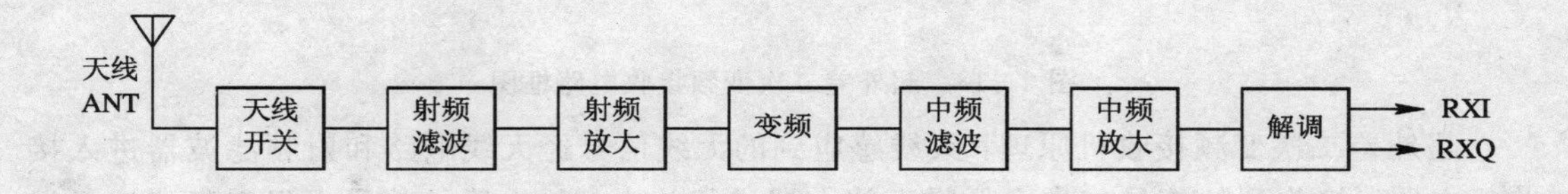

图 2－11 手机接收电路框图

解调大都在中频处理集成电路(IC)内完成，解调后得到频率为 100 kHz 以内的模拟的同相/正交信号，然后进入逻辑/音频处理部分进行后级的处理。

手机接收机一般有三种基本的电路结构：超外差一次变频接收电路，超外差二次变频接收电路以及直接变频线性接收电路。

1. 超外差一次变频接收电路

超外差一次变频接收机原理：天线感应到的无线信号经天线电路和射频滤波器进入接收机电路。接收到的信号首先由低噪声放大器进行放大，放大后的信号再经射频滤波器滤波后，被送到混频器。在混频器中，射频信号与接收 VCO 信号进行混频，得到接收中频信号。中频信号经中频放大后，在中频处理模块内进行 RXI/Q 解调，得到 67.768 kHz 的 RXI/Q 信号。解调所用的参考信号来自接收中频 VCO。RXI/Q 信号在逻辑音频电路中经 GMSK 解调、去交织、解密、信道解码、PCM 解码等处理，还原出模拟的话音信号，推动受话器发声。MOTOROLA 手机大多采用这种结构，如图 2－12 所示。

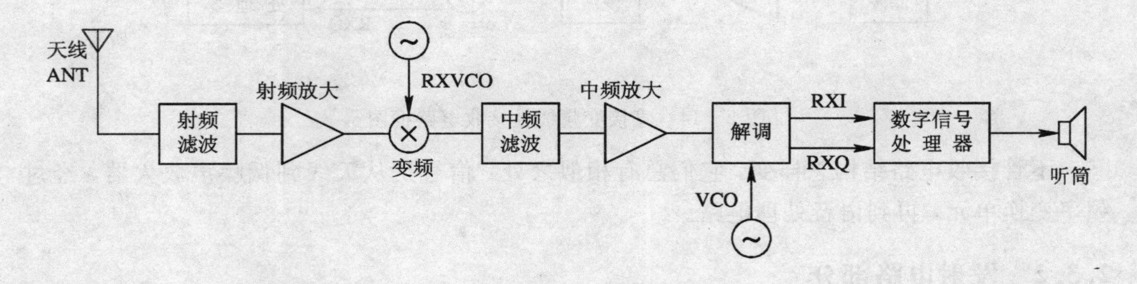

图 2－12 超外差一次变频接收电路框图

2. 超外差二次变频接收电路

与一次变频接收机相比，二次变频接收机多了一个混频器和一个 VCO，这个 VCO 在一些电路中被叫做 IFVCO 或 VHFVCO。诺基亚、爱立信、三星、松下和西门子等手机的接收机电路大多数属于这种电路结构，如图 2－13 所示。

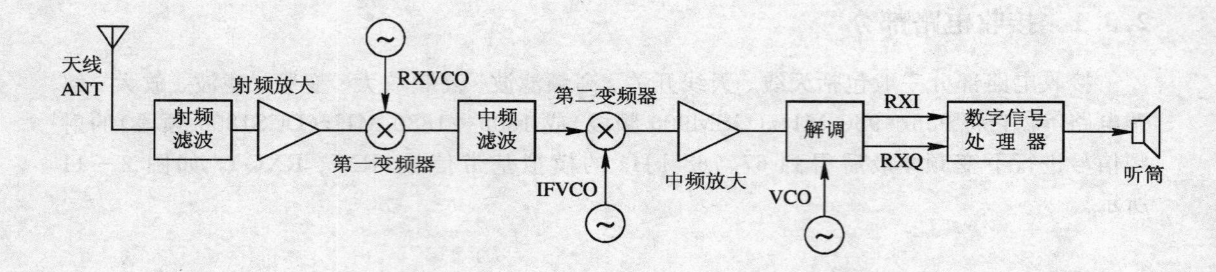

图 2-13　超外差二次变频接收电路框图

超外差二次变频接收机原理：天线感应到的无线信号经天线电路和射频滤波器进入接收机电路。接收到的信号首先由低噪声放大器进行放大，放大后的信号再经射频滤波后被送到第一混频器。在第一混频器中，射频信号与接收 VCO 信号进行混频，得到接收第一中频信号。第一中频信号与接收第二本机振荡信号混频，得到接收第二中频。接收第二本机振荡来自 VHFVCO 电路。接收第二中频信号经中频放大后，在中频处理模块内进行 RXI/RXQ 解调，得到 67.768 kHz 的 RXI/RXQ 信号。解调所用的参考信号来自接收中频 VCO。RXI/RXQ 信号在逻辑音频电路中经 GMSK 解调、去交织、解密、信道解码、PCM 解码等处理，还原出模拟的话音信号，推动受话器发出声音。

3. 直接变频线性接收电路

从前面的一次变频接收机和二次变频接收机的方框图可以看到，RXI/RXQ 信号都是从解调电路输出的，但在直接变频线性接收机中，混频器输出的直接就是 RXI/RXQ 信号了。直接变频线性接收电路框图如图 2-14 所示。

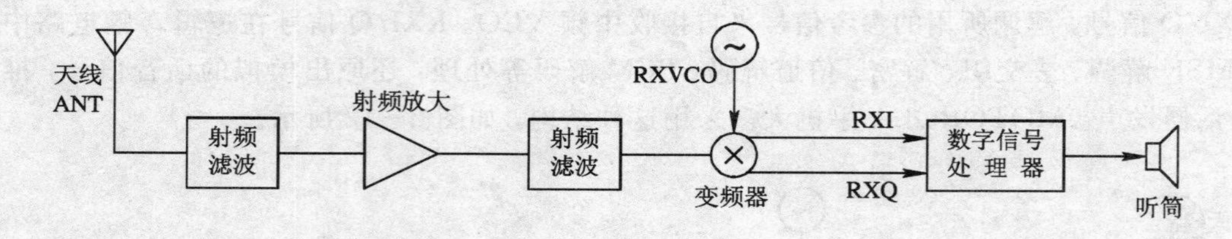

图 2-14　直接变频线性接收电路框图

不管接收电路结构怎样变，它们总有相似之处：信号是从天线到低噪声放大器，经过频率变换单元，再到语音处理电路。

2.3.2　发射电路部分

发射电路部分一般包括带通滤波、调制器、射频功率放大器、天线开关等。以 I/Q（同相/正交）信号被调制为更高的频率模块为起始点，发射电路将 67.768 kHz 的模拟基带信号上变频为 890～915 MHz（GSM900 频段）或 1710～1785 MHz（DCS1800 频段）的发射信号，并且进行功率放大，使信号从天线发射出去，如图 2-15 所示。

GSM 手机的发射机一般有三种电路结构：带发射变频模块的发射电路、带发射上变频器的发射电路、直接变频发射电路。

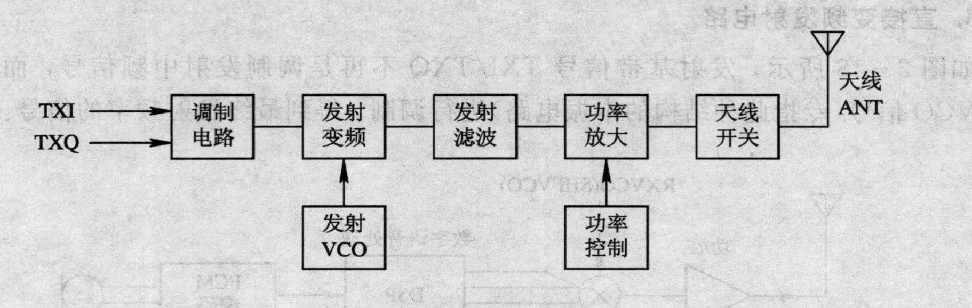

图 2-15　手机发射电路框图

1. 带发射变频模块的发射电路

在图 2-16 所示的发射机结构图中，其发射流程如下：送话器将话音信号转化为模拟的话音电信号，转化后的信号经 PCM 编码模块将其变为数字语音信号，然后在逻辑电路中进行数字语音处理，如信道编码、均衡、加密以及 TXI/TXQ 分离等，分离后的 TXI/TXQ 信号到发射机中频电路完成 I/Q 调制，该信号再在发射变换模块里与发射参考中频(RXVCO 与 TXVCO 的差频)进行比较，得到一个包含发送数据的脉动直流信号，由该信号去控制 VCO 的工作(调制 TXVCO 信号)，得到最终发射信号经功率放大器放大后，由天线发送出去。

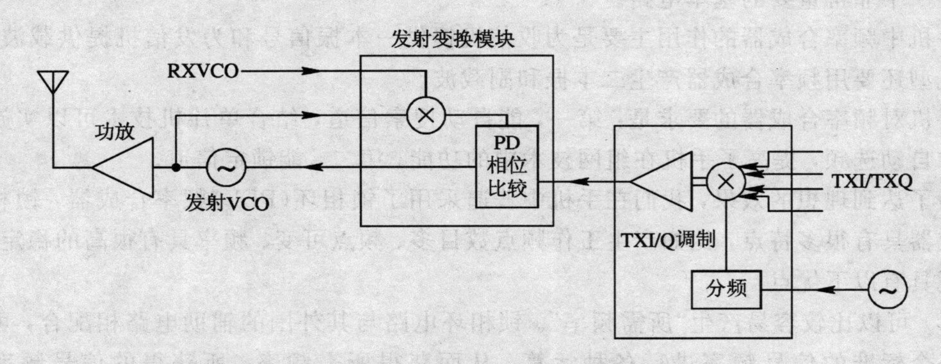

图 2-16　带发射变频模块的发射电路框图

2. 带发射上变频器的发射电路

图 2-17 所示的发射机在 TXI/TXQ 调制之前与图 2-16 是一样的，其不同之处在于 TXI/TXQ 调制后的发射已调信号在一个发射混频器中与 RXVCO(或 UHFVCO、RFVCO)混频，得到最终发射信号。

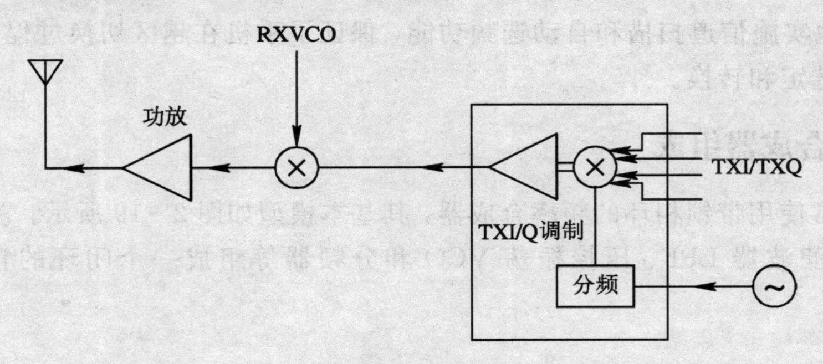

图 2-17　带发射上变频器的发射电路框图

3. 直接变频发射电路

如图 2－18 所示，发射基带信号 TXI/TXQ 不再是调制发射中频信号，而是直接对 SHFVCO 信号(专指此种结构的本振电路)进行调制，得到最终发射频率的信号。

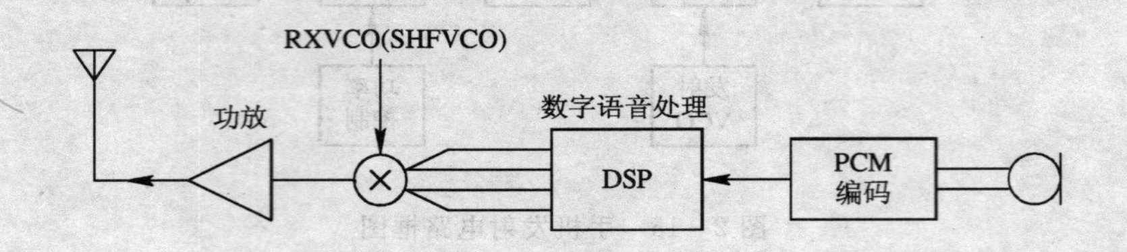

图 2－18　直接变频发射电路框图

2.4　频 率 合 成 器

在现代移动通信中，常要求系统能够提供足够的信道，手机也需要根据系统的控制变换自己的工作频率。这就需要提供多个信道的频率信号，但同时使用多个振荡器是不现实的。在实际中，通常使用频率合成器来提供有足够精度和稳定度高的频率。频率合成器是手机中一个非常重要的基本电路。

手机中频率合成器的作用主要是为收信机提供一本振信号和为发信机提供载波信号，有些机型还要用频率合成器产生二本振和副载波。

手机对频率合成器的要求是：第一，能自动搜索信道，结合单片机技术可以实施信道扫描和自动选频，提高了手机在组网技术中的功能；第二，能锁定信道。

为了达到理想的效果，我们在手机中普遍采用了锁相环(PLL)频率合成器，锁相环频率合成器具有很多特点，比如产生工作频点数目多、频点可变、频率具有很高的稳定度等，同时还具有以下优点：

(1) 可以比较容易产生“所需频率”。锁相环电路与其外围的辅助电路相配合，可以完成对一个标准的信号频率进行各种运算，从而获得所需频率。所获得的信号频率非常稳定。

(2) 锁相环具有良好的窄带跟踪特性，在选频的同时可以完成滤波，将不需要的频率成分及噪声抑制掉，同时通过具有较高频率跟踪特性的 VCO，可以使锁相式频率合成器输出具有较高频率稳定度和较高频谱纯度的信号。

(3) 利用锁相环路的同步跟踪特性，能方便地变换频道。在手机中微处理器的协助之下，可以自动地实施信道扫描和自动选频功能，保证了手机在越区切换过程中能自动快速地完成频道的选定和转换。

2.4.1　频率合成器组成

手机中通常使用带锁相环的频率合成器，其基本模型如图 2－19 所示。它由基准频率、鉴相 PD、环路滤波器 LPF、压控振荡 VCO 和分频器等组成一个闭环的自动频率控制系统。

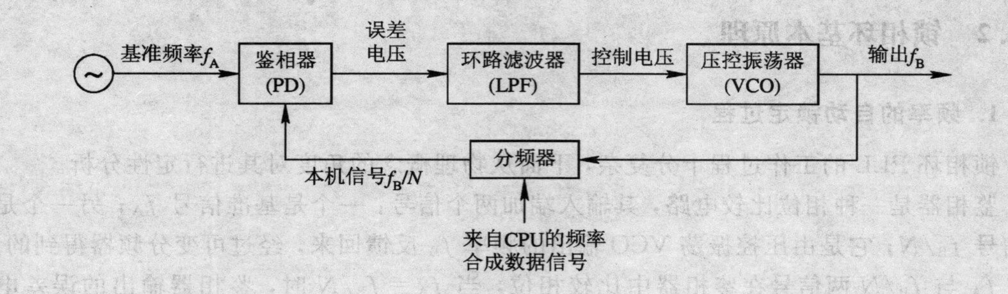

图 2-19　频率合成器的基本模型

实际中，基准频率 f_A 就是 13 MHz 基准时钟振荡电路，由 VCO 组件或分立的晶体振荡电路产生。该 13 MHz 信号，一方面为手机逻辑电路提供了必要的条件，另一方面为频率合成器提供基准时钟。

鉴相器是一个相位比较器，它将输入的基准时钟信号与压控振荡器 VCO 的振荡信号进行相位比较，并将 VCO 振荡信号的相位变化变换为电压的变化，其输出是一个脉动的直流信号。这个脉动的直流信号经环路滤波器滤除高频成分后去控制压控振荡器。

为了作精确的相位比较，鉴相器是在低频状态工作的。

环路滤波器实为一低通滤波器，实际电路中，它是一个 *RC* 电路，如图 2-20 所示。通过对 *RC* 进行适当的参数设置，使高频成分被滤除，以防止高频谐波对压控振荡器 VCO 造成干扰。

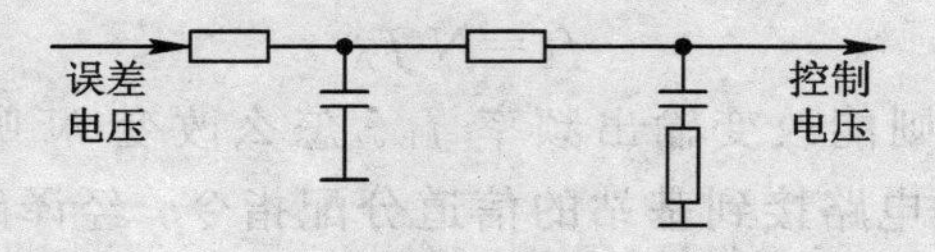

图 2-20　环路滤波器

压控振荡器简称 VCO，是一个“电压—频率”转换装置，它将鉴相器输出的相差电压信号的变化转换成频率的变化，也是频率合成器的核心电路。这个转换过程中电压控制功能的完成是通过一个特殊器件——变容二极管来实现的，控制电压实际上是加在变容二极管两端的。

在频率合成器中，鉴相器是将压控振荡器 VCO 的振荡信号与基准时钟信号进行比较，为了提高控制精度，鉴相器是在低频状态下工作的。而 VCO 输出频率是比较高的，为了提高整个环路的控制精度，就离不开分频器。

手机电路中频率合成环路多，不同的频率合成器使用的分频器不同：

接收电路的第一本机振荡（RXVCO、UHFVCO、RFVCO）信号是随信道的变化而变化的，该频率合成器中的分频器是一个程控分频器，其分频比受控于来自 CPU 的频率合成数据信号（SYNDAT、SYNCLK、SYNSTR），如图 2-19 所示。

中频 VCO 信号是固定的，该频率合成器中的分频比也是固定的。

2.4.2 锁相环基本原理

1. 频率的自动锁定过程

锁相环 PLL 的工作过程十分复杂，下面从物理概念的角度对其进行定性分析。

鉴相器是一种相位比较电路，其输入端加两个信号：一个是基准信号 f_A；另一个是本机信号 f_B/N，它是由压控振荡 VCO 输出的频率 f_B 反馈回来，经过可变分频器得到的。

f_A 与 f_B/N 两信号在鉴相器中比较相位，当 $f_A = f_B/N$ 时，鉴相器输出的误差电压 ΔU 近似为零，此电压加到压控振荡器 VCO 的变容二极管上，由于 ΔU 近似为零，故 VCO 的输出频率 f_B 不变，称为锁定状态；当 $f_A \neq f_B/N$ 时，环路失锁，鉴相器输出的 ΔU 使变容管的结电容变化，用以纠正 VCO 的频率 f_B，直到 $f_A = f_B/N$，达到新的锁定状态，ΔU 再度近似为零。这个过程是频率的自动锁定过程，因此锁相环又称为自动频率控制(AFC)系统。

2. 频率的自动搜索过程

前已述及，手机入网、通话均要进入相应信道，至于进入哪个信道，完全听命于基站的指令，这就要求手机的收信、发信频率不断地发生变化，也就是 PLL 要具有自动搜索信道的能力，也称扫描信道。自动搜索过程是：在锁定状态下，PLL 满足关系式

$$f_A = \frac{f_B}{N}$$

即

$$f_B = N f_A$$

若能改变分频比 N，则能改变输出频率 f_B。怎么改变 N 呢？手机中的中央处理器 CPU 能通过移动台的高频电路接到基站的信道分配指令，经译码分析后输出编程数据加到可变分频器，从而改变分频比 N，使输出 f_B 变化，手机就进入了基站指定的信道进行通信。

2.5 逻辑/音频电路与 I/O 接口

逻辑/音频部分主要功能是以中央处理器为中心，完成对话音等数字信号的处理、传输以及对整机工作的管理和控制，它包括音频信号处理(也称基带电路)和系统逻辑控制两个部分。它是手机系统的心脏。

2.5.1 系统逻辑控制部分

系统逻辑控制对整个手机的工作进行控制和管理，包括开机操作、定时控制、数字系统控制、射频部分控制以及外部接口、键盘、显示器控制等。

在手机中，以中央处理器 CPU 为核心的控制电路称为逻辑电路，其基本组成如图 2-21 所示。

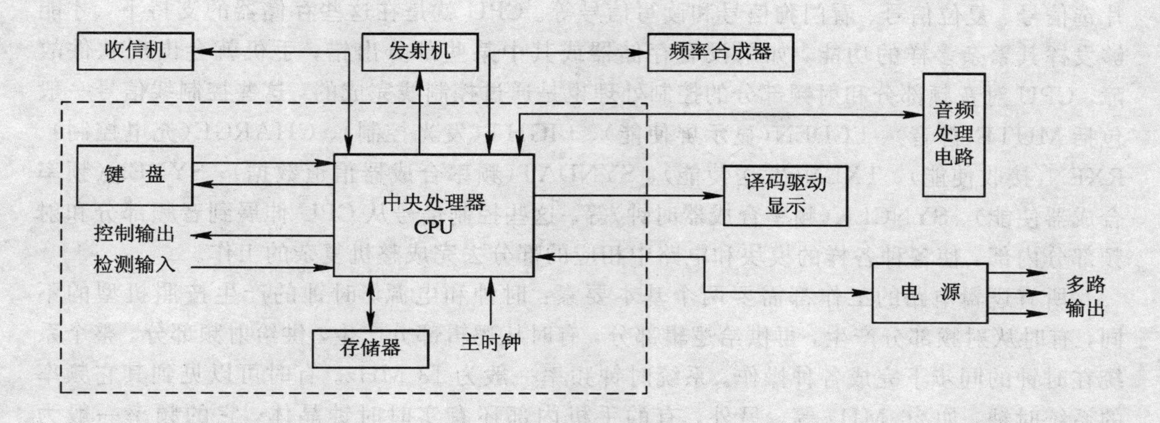

图 2-21 逻辑控制电路简单组成

逻辑控制部分是由中央处理器、存储器组和总线等组成。存储器组一般包括两种不同类型的存储器：数据存储器和程序存储器。数据存储器即 SRAM——静态随机存储器，又称暂存器；手机的程序存储器多数由两部分组成，包括 EEPROM——电可擦写只读存储器(俗称码片) 和 FLASHROM——闪速只读存储器(俗称字库或版本)。

SRAM 作为数据缓冲区，存放手机当前运行程序时产生的中间数据，如果关机，则内容全部消失，这一点和我们在计算机中常讲的内存的功能是一致的。FLASHROM 的功能是以代码的形式存放手机的基本程序和各种功能程序，即存储手机出厂设置的整机运行系统软件控制指令程序，如开机和关机程序、LCD 字符调出程序与系统网络通信控制及检测程序等。它存储的是手机工作的主程序。一般 FLASH 的容量是最大的，它也存放字库信息等固定的大容量数据。EEPROM 容量较小，它存储手机出厂设置的系统控制指令等原始数据，但其数据会通过本机工作运行时自动更新，也可让用户通过本机键盘进行修改，手机设置的使用菜单程序均在本存储器中完成擦写，即 EEPROM 主要记录一些可修改的程序参数。另外，EEPROM 内部还存放电话号码簿、IMEI 码、锁机码、用户设定值等用户个人信息或手机内部信息等数据。也有少数手机的程序存储器就是一片集成电路，也有部分手机将 FLASH ROM 和 SRAM 合二为一，这时在手机中看不到 SRAM。

手机的程序存储器是只读存储器。也就是说，手机在工作时，只能读取其中的数据资料，不能往存储器内写入资料，但只读存储器并不是真正的“只读”。在特定的条件下也能向只读存储器内写入资料，各种各样的软件维修仪都是通过向存储器重新写入资料来达到修复手机的目的。

手机工作对软件的运行要求非常严格，CPU 通过从存储器中读取资料来指挥整机工作，这就要求存储器中的软件资料正确。即使同一款手机，由于生产时间和产地等不同，其软件资料也有差异，因此对手机软件维修时要注意 EEPROM 和 FLASHROM 资料的一致性。手机的软件故障主要表现为程序存储器数据丢失或者表现为逻辑混乱。表现出来的特征如锁机、显示“见销售商”等等。各种类型的手机所采用的字库(版本)和码片很多，但不管怎样变化，其功能却是基本一致的。

CPU 与存储器组之间通过总线和控制线相连接。所谓总线，是由 4～20 条功能性质一样的数据传输线组成的。所谓控制线就是指 CPU 操作存储器进行各项指令的通道，例如，片选信号、复位信号、看门狗信号和读写信号等。CPU 就是在这些存储器的支持下，才能够发挥其繁杂多样的功能，如果没有存储器或其中某些部分出错，手机就会出现软件故障。CPU 对音频部分和射频部分的控制处理也是通过控制线完成的，这些控制线信号一般包括 MUTE(静音)、LCDEN(显示屏使能)、LIGHT(发光控制)、CHARGE(充电控制)、RXEN(接收使能)、TXEN(发送使能)、SYNDAT(频率合成器信道数据)、SYNEN(频率合成器使能)、SYNCLK(频率合成器时钟)等。这些控制信号从 CPU 伸展到音频部分和射频部分内部，使各种各样的模块和电路中相应的部分去完成整机复杂的工作。

所有逻辑电路的工作都需要两个基本要素：时钟和电源。时钟的产生按照机型的不同，有时从射频部分产生，再供给逻辑部分，有时从逻辑部分产生，供给射频部分。整个系统在时钟的同步下完成各种操作。系统时钟频率一般为 13 MHz。有时可以见到其它频率的系统时钟，如 26 MHz 等。另外，有的手机内部还有实时时钟晶体，它的频率一般为 32.768 kHz，用于为显示屏提供正确的时间显示。没有实时时钟晶体的机型当然也就没有时间显示功能。

2.5.2 音频信号处理部分

音频信号处理分为接收音频信号处理和发送音频信号处理，一般包括数字信号处理器 DSP(或调制解调器、语音编解码器、PCM 编解码器)和中央处理器等。

1. 接收音频信号处理

接收时，对射频部分发送来的模拟基带信号进行 GMSK 解调(模数转换)、在 DSP(数字信号处理器)中解密等，接着进行信道解码(一般在 CPU 内)，得到 13 kb/s 的数据流，经过语音解码后，得到 64 kb/s 的数字信号，最后进行 PCM 解码，产生模拟语音信号，驱动听筒发声。图 2-22 为接收信号处理变化示意图。

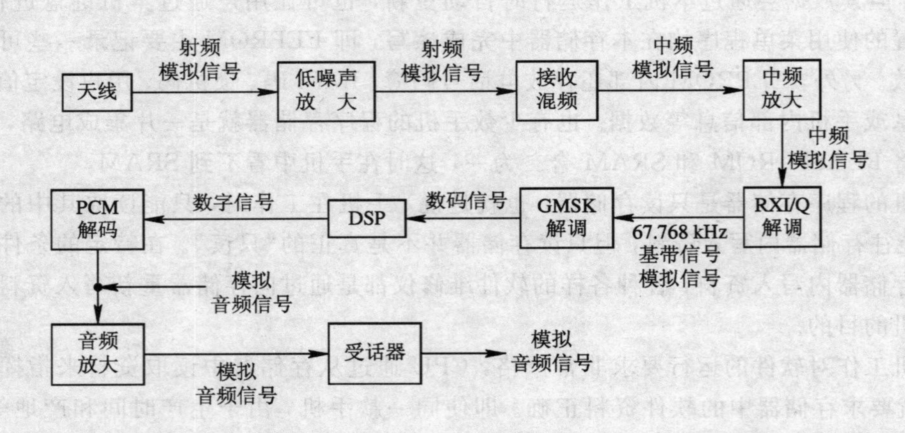

图 2-22　接收信号处理变化示意图

应注意图中 DSP 前后的数码信号和数字信号。GMSK 解调输出的数码信号是包含加密信息、抗干扰和纠错的冗余码及语音信息等，而 DSP 输出的数字信号则是去掉冗余码信息后的数字语音信息。

2. 发送音频信号处理

发送时，话筒送来的模拟语音信号在音频部分进行 PCM 编码，得到 64 kb/s 的数字信号，该信号先后进行语音编码、信道编码、加密、交织、GMSK 调制，最后得到 67.768 kHz 的模拟基带信号，送到射频部分的调制电路进行变频处理。

图 2－23 为发送音频信号处理变化流程示意图，图中：

信号 1 是送话器拾取的模拟语音信号。

信号 2 是 PCM 编码后的数字话音信号。

信号 3 是数码信号。

信号 4 是经逻辑电路一系列处理后，分离输出的 TXI/TXQ 波形。

信号 5 是已调中频发射信号。

信号 6 是最终发射信号。

信号 7 是功率放大后的最终发射信号。

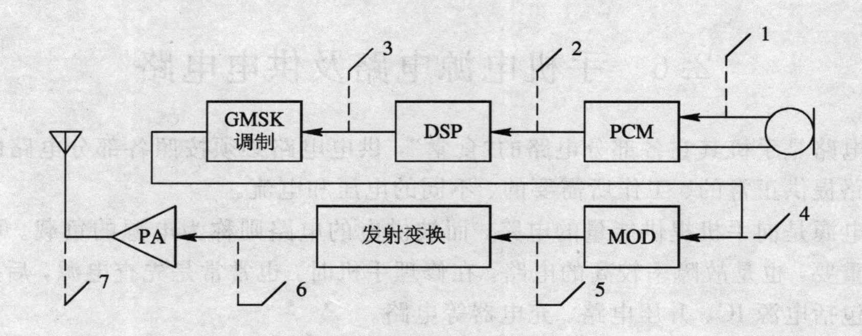

图 2－23　发送音频信号处理变化流程示意图

对于基带信号和模拟音频信号的处理，是由数字信号处理器（或调制解调器、PCM 编解码器、语音编码器）和中央处理器分工完成的，每个机型的具体情况不同，这是读图中值得注意的地方。

逻辑/音频部分的电路由众多元件和专用集成电路（ASIC）构成，对它们的功能分析不是那么简单的，但从其最基本的功能作用的角度去分析就会知道逻辑/音频部分电路是一种计算机（单片机）系统。

2.5.3　I/O 接口

输入输出（I/O）接口部分包括模拟接口、数字接口以及人机接口三部分。话音模拟接口包括 A/D、D/A 变换等。数字接口主要是数字终端适配器。人机接口有键盘输入、功能翻盖开关输入、话筒输入、液晶显示屏（LCD）输出、听筒输出、振铃输出、手机状态指示灯输出和用户识别卡（SIM）等。

从广义上讲，射频部分的接收通路（RX）和发送通路（TX）是手机与基站进行无线通信的桥梁，是手机与基站间的 I/O 接口，如图 2－24 所示。

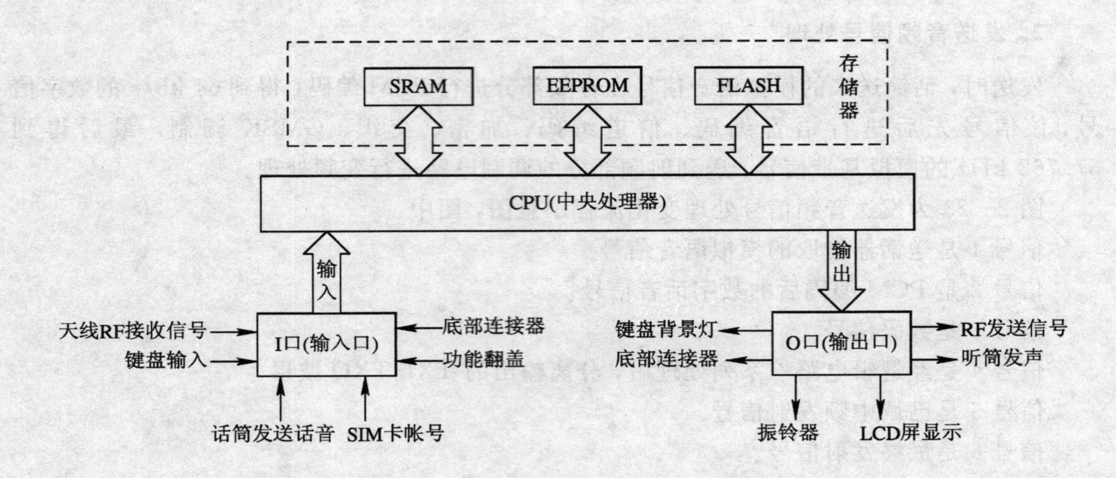

图 2-24　从计算机的角度看手机

2.6　手机电源电路及供电电路

电源电路是手机其它各部分电路的“食堂”，供电电路必须按照各部分电路的要求，给各部分电路提供正常的、工作所需要的、不同的电压和电流。

整机电源是向手机提供能量的电路，而被供电的电路则称为电源的负载。可见，电源电路非常重要，也是故障率较高的电路。在修理手机时，也常常是先查电源，后查负载。手机的电源包括电源 IC、升压电路、充电器等电路。

2.6.1　电源 IC

手机采用电池供电，电池电压是手机供电的总输入端，通常称为 B+或 BATT。

B+是一个不稳定电压，需将它转化为稳定的电压输出，而且要输出多路(组)不同的电压，为整机各个电路(负载)供电，这个电路称为直流稳压电源，简称电源。大多数手机的电源采用集成电路实现，称为电源 IC。

例如摩托罗拉系列手机的电源 IC-U900，可产生多路稳压输出，分别是逻辑 5 V 和 2.75 V，射频 4.75 V 和 2.75 V。电源 IC 的基本模型如图 2-25 所示。

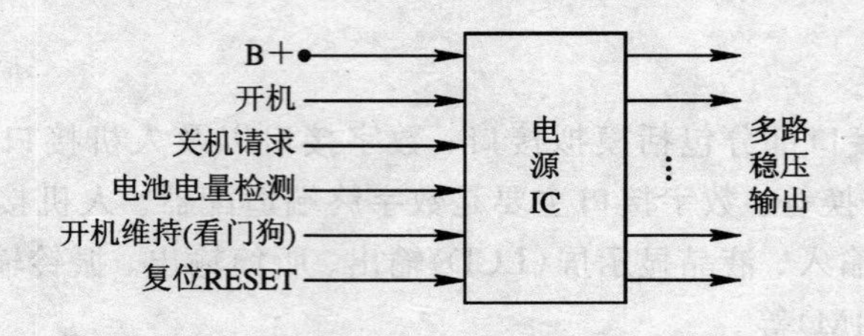

图 2-25　电源 IC 模型

手机电源是受控的，控制信号比较多，如开关机控制、开机维持控制。这些控制都是由控制电平实现。有的电源 IC 还能检测电池电量，在欠压的情况下自动关机。

2.6.2 手机电源电路的基本工作过程

手机电源电路包括射频部分电源和逻辑部分电源，两者各自独立，但同是手机电池提供。手机的工作电压一般先由手机电池供给，电池电压在手机内部一般需要转换为多路不同电压值的电压供给手机的不同部分，例如，功放模块需要的电压比较高，有时还需要负压，SIM 卡一般需要 1.8～5.0 V 电压。而对于射频部分的电源要求是噪声小，电压值并不一定很高，所以，在给射频电路供电时，电压一般需要进行多次滤波，分路供应，以降低彼此间的噪声干扰。常因手机机型不同，手机电源设计也不完全相同，多数机型常把电源集成为一片电源集成块来供电，如三星 A188，爱立信 T28 等；或者电源与音频电路集成在一起，如摩托罗拉系列；有些机型还把电源分解成若干个小电源块，如爱立信 788/768，三星 SGH600/800 等。

无论是分散的还是集成的电源都有如下共同的特点：都有电源切换电路，既可使用主电，也可使用备电；都能待机充电；都能提供各种供逻辑、射频、屏显和 SIM 卡等各种供电电压；都能产生开机、关机信号；接受微处理器复位(RST)、开机维持(WDOG)信号等。

手机内部电压产生与否，是由手机键盘的开关机键控制。手机电源开机过程如图 2-26 所示。手机的开机过程如下：当开机键按下后，电源模块产生各路电压供给各部分，输出复位信号供 CPU 复位。同时，电源模块还输出 13 MHz 振荡电路的供电电压，使 13 MHz 振荡电路工作，产生的系统时钟输入到 CPU；CPU 在具备供电、时钟和复位(三要素)的情况下，从存储器内调出初始化程序，对整机的工作进行自检。这样的自检包括逻辑部分自检、显示屏开机画面显示、振铃器或振荡器自检以及背景灯自检等。如果自检正常，CPU 将会给出开机维持信号，送给电源模块，以代替开机键，维持手机的正常开机。在不同的机型中，这个维持信号的实现是不同的。例如在爱立信机型中，CPU 的某管脚从低电压跳变为高电压以维持整机的供电；而在摩托罗拉机型中，CPU 将看门狗信号置为高电压，供应给电源模块，使电源模块维持整机供电。不同机型的开机流程不尽相同。

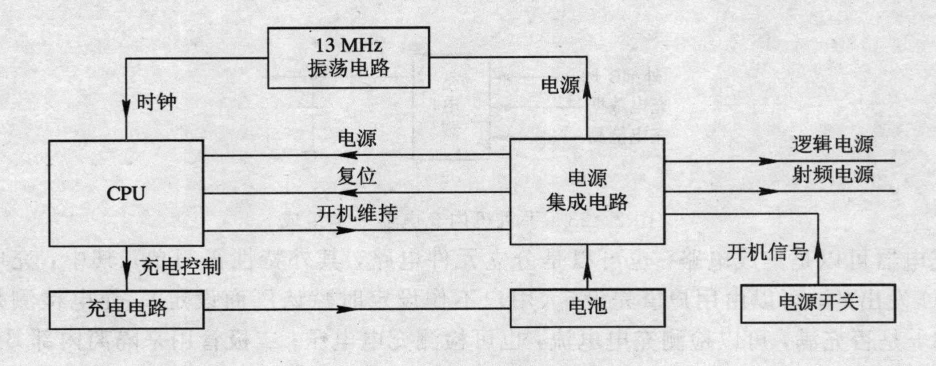

图 2-26　手机电源开机过程

2.6.3 升压电路和负压发生器

手机中经常用到升压电路和负压发生器，目前手机机型更新换代很快，一个明显的趋势是降低供电电压，例如 B+采用 3.6 V、2.4 V。手机中有时需要 4.8 V 为 SIM 卡供电，需要为显示屏、CPU 等提供较高电压，这就要用升压电路来产生超出 B+ 的电压。

负压也是由升压电路产生的，只不过极性为负而已。升压电路属于 DC - DC 变换器(即直流 - 直流变换)，常见的升压方式有电感升压和振荡升压两种。

1. 电感升压

电感升压是利用电感可以产生感应电动势这一特点实现的。电感是一个储存磁场能的元件，电感中的感应电动势总是反抗流过电感中电流的变化，并且与电流变化的快慢成正比。电感升压基本原理如图 2 - 27 所示。

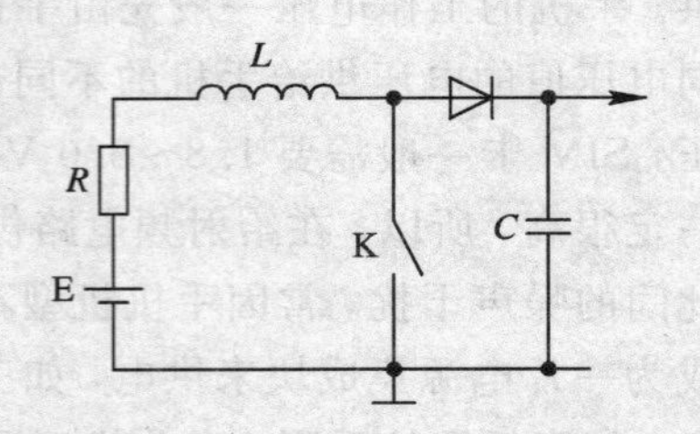

图 2 - 27　电感升压基本原理

当开关 K 闭合时，有一电流流过电感 L，这时电感中便储存了磁场能，但并没有产生感应电动势，当开关突然断开时，由于电流从某一值一下子跳变为零，电流的变化率很大，电感中便产生一个较强的感应电动势。这个感应电动势虽然持续时间较短，但电压峰值很大，可以是直流电源的几十倍、几百倍，也称为脉冲电压。若开关 K 是电子开关，用一个开关方波来控制开关的不断动作，产生的感应电动势便是一个连续的脉冲电压，再经整流滤波电路即可实现升压。

2. 振荡升压

振荡升压是利用一个振荡集成块外配振荡阻容元件实现的。振荡集成块又称升压 IC，一般有 8 个引脚。内部可以是间歇振荡器，外配振荡电容产生振荡；也可以是两级门电路，外配阻容元件构成正反馈而产生振荡。阻容元件能改变振荡频率，所以又称定时元件，振荡电路一般产生方波电压，此电压再经整流滤波器形成直流电压。

2.6.4　机内充电器

机内充电器又称为待机充电器。手机内的充电器是用外部 B+(EXT-B+)为内部 B+ 充电，同时为整机供电，其基本组成如图 2 - 28 所示。

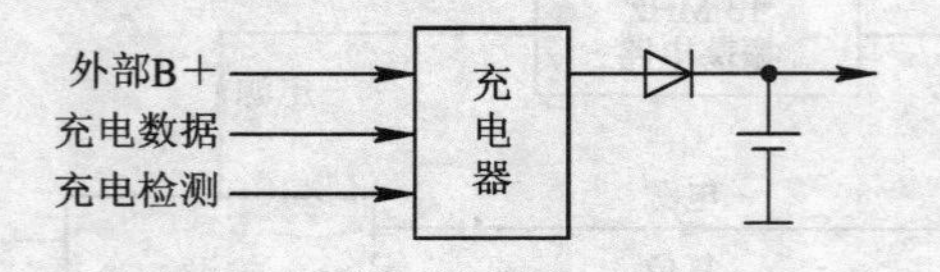

图 2 - 28　手机机内充电器基本组成

充电器可以是集成电路，也可以是分立元件电路，其外特性很简单。其中，充电数据是 CPU 发出的，可以由用户事先设定(用户不作设定时默认厂商设定)。充电检测是检测内部 B+ 是否充满，可以检测充电电流，也可检测充电电压；二极管用来隔离内部 B+ 与充电器的联系，防止内部 B+ 向充电器倒灌电流。

习　题　二

1. 画出 GSM 手机电路组成框图，并作简要说明。

2. GSM 手机开机初始工作流程是怎样的?

3. 说明振荡器组成原理。

4. 画图说明混频器电路模型。

5. 画图说明手机接收电路框图原理。

6. 简要说明二次超外差变频接收电路的组成。

7. 画图说明直接变频线性接收电路的组成原理。

8. 简述手机发射电路的组成。

9. GSM 手机的发射电路常见电路结构有哪些？

10. 简述频率合成器的基本原理。

11. 简述手机逻辑控制电路的组成。

12. 简述手机接收信号的处理变化过程。

13. 简述手机发送音频信号的处理变化过程。

14. 画图说明手机电源 IC 模型。

15. 简述手机电源的开机过程。

第 3 章　手机电路分析

3.1　诺基亚 8210/8850 型手机电路分析

诺基亚 8210/8850 型手机是由芬兰诺基亚公司推出的两款双频手机，这两款双频手机电路结构基本一样，而外观变化较大，其外形如图 3－1、3－2 所示。这两款双频手机的特点是采用了内置天线和电池，逻辑部分多处采用软封装 IC。

图 3－1　8210 型手机外形图

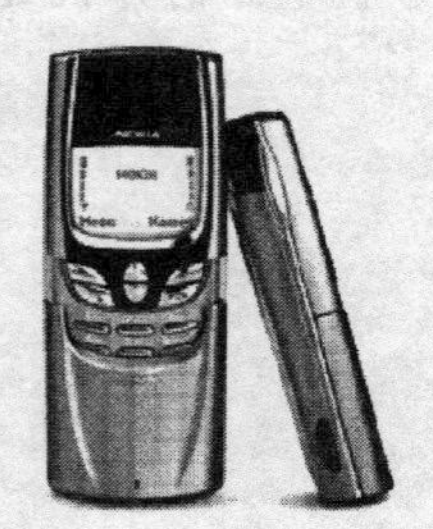

图 3－2　8850 型手机外形图

8210/8850 型 GSM 手机主要由射频接收部分、射频发射部分、逻辑控制/音频部分、电源部分以及其它辅助部分等组成。手机整机射频电路框图如图 3－3 所示，逻辑/音频电路框图如图 3－4 所示。

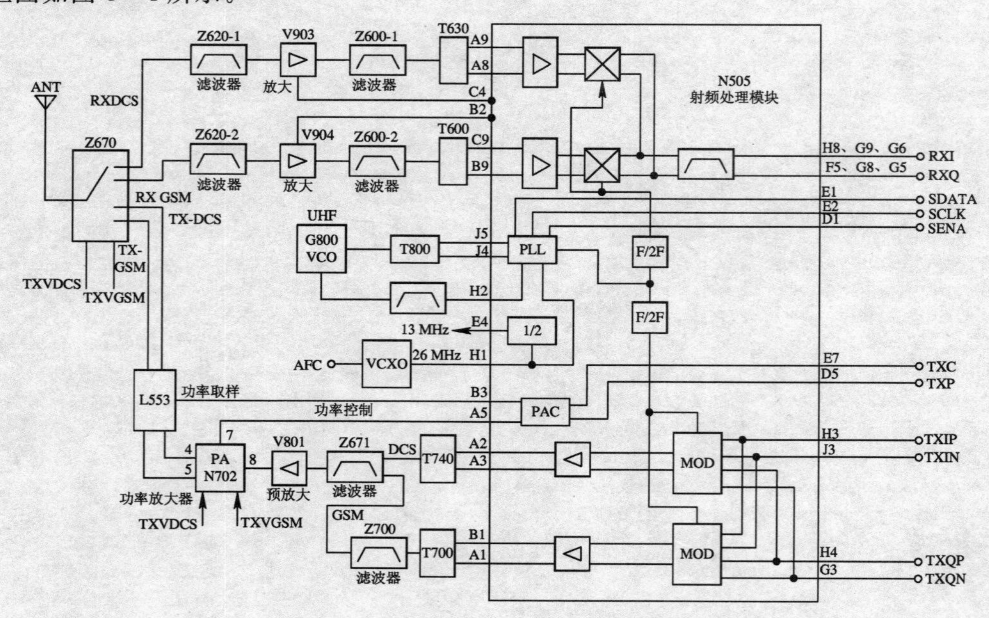

图 3－3　8210/8850 型手机整机射频电路框图

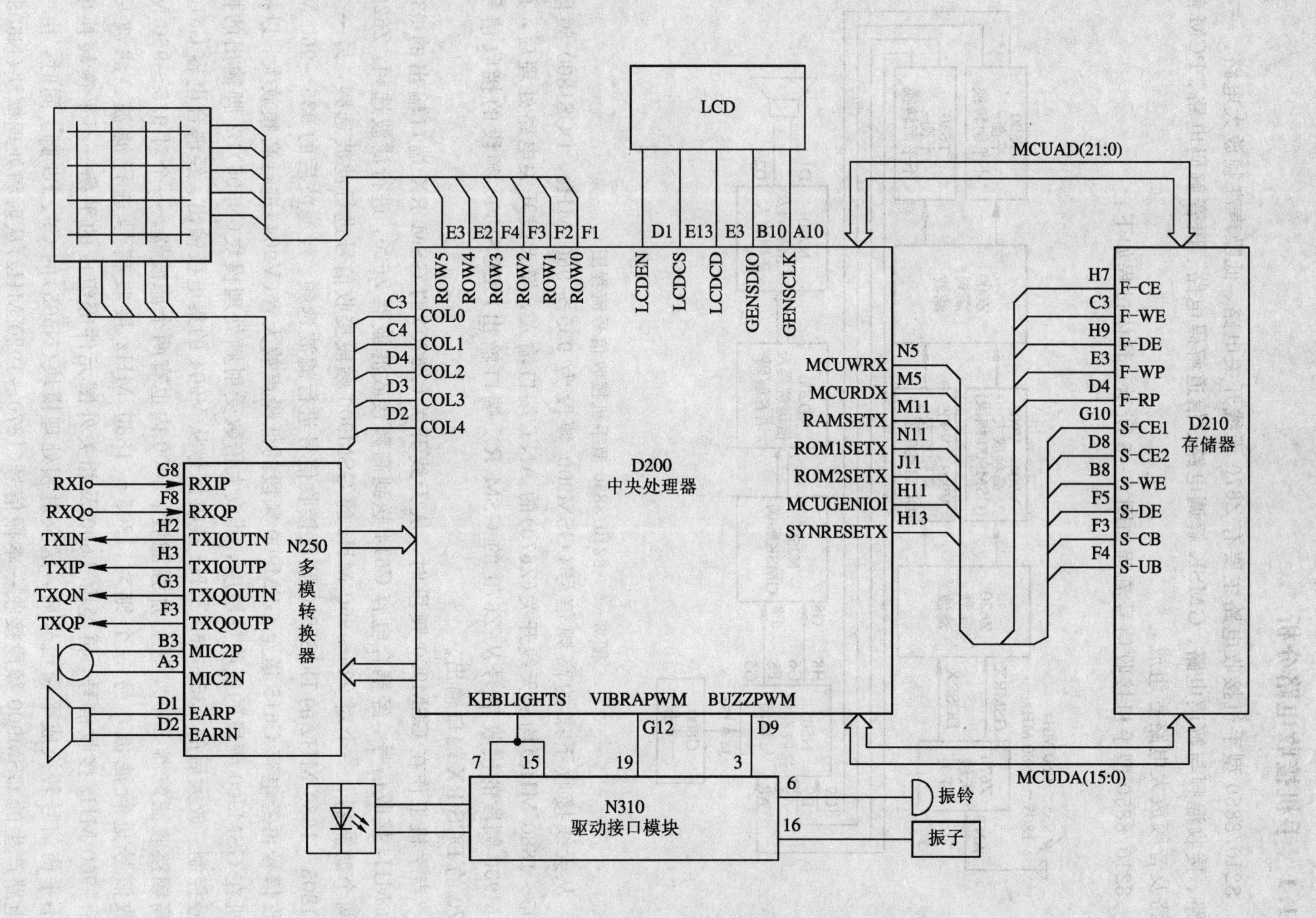

图 3-4 8210/8850 型手机整机逻辑/音频电路框图

3.1.1 手机接收电路分析

8210/8850 型手机接收电路主要有 Z670 天线开关电路、低噪声高频放大电路、一本振电路、接收混频与解调电路、GMSK 解调电路、信道解码电路、语音解码电路、PCM 解码电路及音频放大电路等组成。

8210/8850 型手机接收信号流程如图 3-5 所示，具体过程如下：

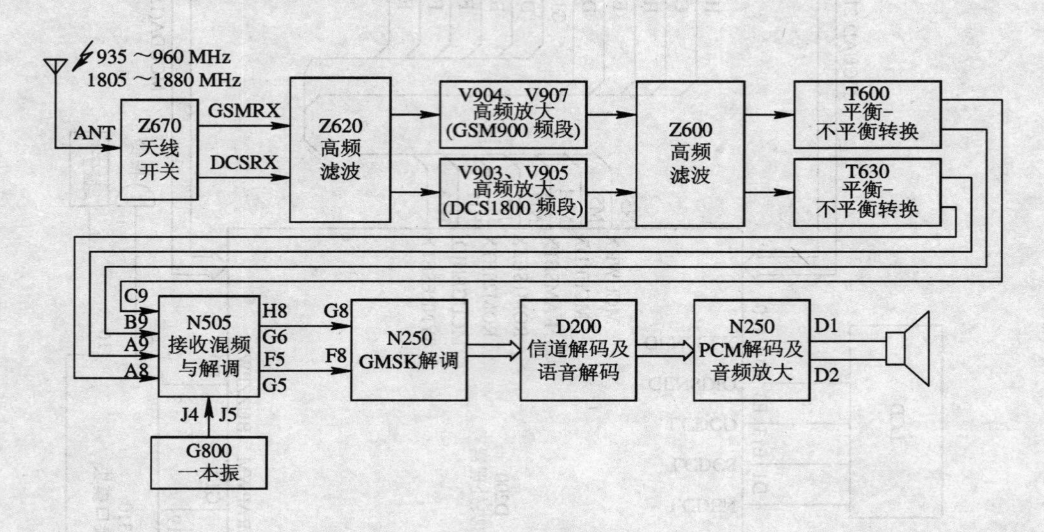

图 3-5　8210/8850 型手机接收信号流程图

从天线接收下来的高频信号(GSM900 频段为 935～960 MHz，DCS1800 频段为 1805～1880 MHz)均从天线开关(Z670)的 ANT 端口输入，经天线开关电路处理后，其中 GSM900 频段的接收信号从 Z670 的 GSM RX 端口输出，DCS1800 频段的接收信号由 Z670 的 DCS RX 端口输出。

当手机工作在 GSM900 频段时，从天线开关(Z670)的 GSM RX 端口输出的 935～960 MHz 接收信号，经耦合电容 C614 送到高频接收滤波器 Z620，进行滤波选频。Z620 内有两个滤波器，一个对 935～960 MHz 的 GSM900 频段接收信号进行滤波选频，另一个则对 1805～1880 MHz 的 DCS1800 频段接收信号进行滤波选频。经滤波后的 935～960 MHz 接收信号再经电容 C615 送至 GSM900 频段的低噪声放大管(V904)进行高频放大，以提高手机在 GSM900 频段的接收灵敏度，其放大倍数受射频处理模块(N505)B2 脚输出的控制信号控制。放大后的 935～960 MHz 接收信号从 V904 的集电极输出，经耦合电容 C610 送到高频接收滤波器 Z600，进行加强滤波。Z600 内也有两个滤波器，一个对 935～960 MHz 接收信号进行滤波，另一个则对 1805～1880 MHz 接收信号进行滤波。滤波后的 935～960 MHz 接收信号，再经由 T600 及相关外围元件等组成的平衡—不平衡转换电路由不平衡信号转换成平衡信号后，送至射频处理模块(N505)的 C9、B9 脚。同时，由一本振电路产生的 GSM900 频段接收一本振信号(1870～1920 MHz)从射频处理模块(N505)的 J4、J5 脚输入，经 N505 内部分频器二分频后再与从 C9、B9 脚输入的 935～960 MHz 接收信号进行混频，形成零中频的接收 I/Q 信号，此信号再经 N505 内部放大、滤波等处理后，从其 H8、G6、P5、C5 等脚输出。

当手机工作在 DCS1800 频段时，从天线开关(Z670)的 DCS RX 端口输出的 1805～1880 MHz 接收信号，经耦合电容 C645 送到高频接收滤波器 Z620，进行滤波选频。滤波后的 1805～1880 MHz 接收信号，再经电容 C644 耦合至 DCS1800 频段的低噪声放大管(V903)进行高频放大，以提高手机在 DCS1800 频段的接收灵敏度，其放大倍数受射频处理模块(N505)的 C4 脚输出的控制信号控制。放大后的 1805～1880 MHz 接收信号从 V903 的集电极输出，经耦合电容 C640 送到高频接收滤波器 Z600，进行加强滤波，滤波后的 1805～1880 MHz 接收信号，再经由 T630 及相关外围元件等组成的平衡—不平衡转换电路由不平衡转换成平衡信号后，送至射频处理模块(N505)的 A9、A8 脚。同时，由一本振电路产生的 DCS1800 频段接收一本振信号(1805～1880 MHz)从射频处理模块(N505)的 J4、J5 脚输入，经 N505 内部放大处理后，再与从 A9、A8 脚输入的 1805～1880 MHz 接收信号进行混频，形成零中频的接收 I/Q 信号，此信号再经 N505 内部放大、滤波等处理后，从其 H8、G6、F5、G5 等脚输出。

从射频处理模块(N505)的 H8、G6、F5、G5 等脚输出的接收 I/Q 信号，合并为两路后，经双电阻 R530 送至多模转换器(N250)的 G8、F8 脚。在 N505 内部完成 GMSK 解调、解密及 A/D 转换后，形成的 270.833 kb/s 数据流从其 A6、B6 脚输出，送至中央处理器(D200)的 C7、D7 脚。在 D200 内部首先对输入的 270.833 kb/s 数据流进行信道解码，去掉纠错码元及取出控制信号，形成 13 kb/s 的语音数据流，然后再对该语音数据流进行 RPE-LTP 混合解码，形成 64 kb/s 的语音数字信号。该语音数字信号再通过数据线送回多模转换器(N250)内进行 PCM 解码，完成语音信号的 D/A 转换，并将恢复的模拟音频信号进行音频功率放大。放大后的音频信号分别从 N250 的 D1、D2 脚输出，推动听筒发出声音。

3.1.2 手机发射电路分析

8210/8850 型手机发射电路主要有语音输入电路、音频放大电路、PCM 编码电路、语音编码电路、信道编码电路、GMSK 调制电路、发射信号产生电路、预放电路、功率放大电路、功放控制电路及天线开关电路等组成。

8210/8850 型手机发射信号流程如图 3-6 所示，具体过程如下：

声音经话筒转换为模拟话音电信号后，经话筒接口(J261、J262)及输入耦合电容(C263、C262)送至多模转换器(N250)的 A3、B3 脚，在 N250 内部首先对其进行音频放大，然后再对放大后的模拟音频信号进行 PCM 取样、量化及编码，将模拟信号转换为数字信号，并通过 PCM 数据总线送至中央处理器(D200)进行处理。在 D200 内部先对输入的语音数字信号进行 RPE-LTP 语音混合编码，其编码规则是在保证话音质量的前提下，降低语音传输的速率，以提高频谱利用率，形成 13 kb/s 的数字信号。然后再对此信号进行信道编码，加上 9.8 kb/s 的纠错码元(以防止在传输过程中受到干扰而使话音失真)以及手机要传送给系统的控制指令，形成 270.833 kb/s 的比特流。该比特流再通过数据总线送回多模转换器(N250)进行 D/A 转换及 GMSK 调制，形成的发射 I/Q 信号(TXIP、TXIN、TXQN、TXQP)分别从多模转换器(N250)的 H3、H2、G3、F3 等脚输出，送至射频处理模块(N505)内进行处理。

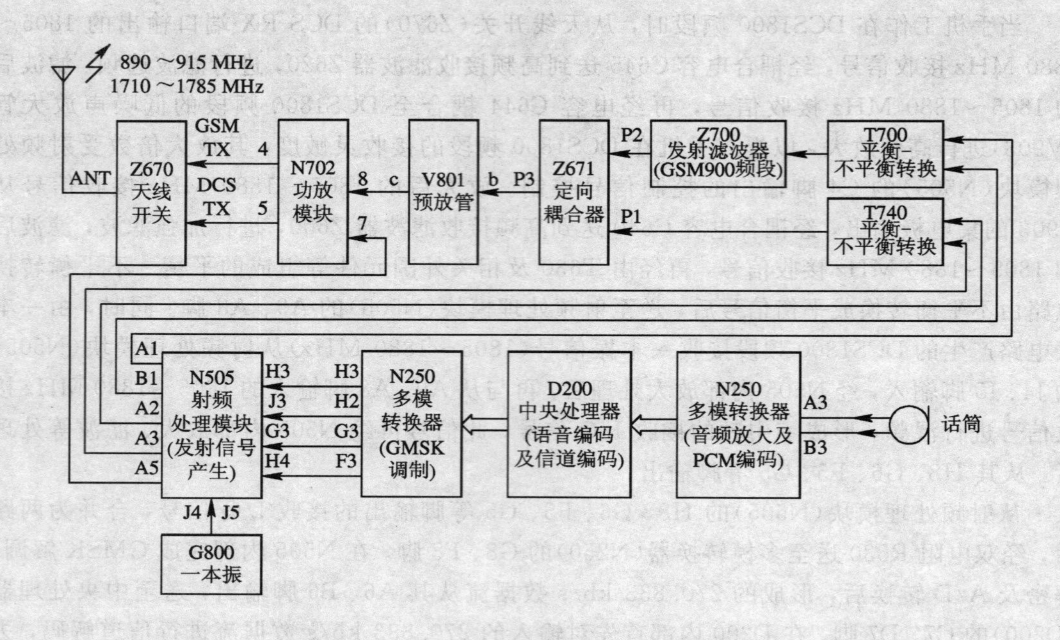

图 3-6　8210/8850 型手机发射信号流程图

当手机工作在 GSM900 频段时，由射频处理模块(N505)的 H3、J3、H4、G3 等脚输入的发射 I/Q 信号，在 N505 内部首先被进行放大，然后再与从射频处理模块(N505)的 J4、J5 脚输入的 1780—1830 MHz 一本振信号经内置分频器二分频后所获得的 890～915 MHz 载波信号进行调制，形成带发射 I/Q 信号调制的 890～915 MHz 载波信号即 GSM900 频段发射信号。此信号经 N505 内部放大后，从其 A1、B1 脚输出，经由 T700 及相关外围元件组成的平衡—不平衡转换电路把两路信号转换成一路信号后，再送至 GSM900 频段发射滤波器(Z700)进行滤波处理。滤波后的 890～915 MHz 发射信号再经 R710 送至定向耦合器(Z671)的 P2 端口，经 Z671 选频滤波后，从其 P3 端口输出，经 C863 送至预放管(V801)的基极。由 V801 及相关外围元件组成的预放电路放大后，从 V801 的集电极输出，经 R723 进行阻抗匹配后，再送至功放模块(N702)的第 8 脚。在 N702 内部再对其进行功率放大，放大后的 890～915 MHz 发射信号从 N702 的第 4 脚输出，通过互感器(L553)送至天线开关(Z670)的 GSM TX 端口，经 Z670 内部的 GSM TX 通道选频滤波后，从其 ANT 端口输出送至天线，最后通过天线发射出去。

当手机工作在 DCS1800 频段时，由射频处理模块(N505)的 H3、J3、G3、H4 等脚输入的发射 I/Q 信号，在 N505 内部进行放大后，直接与从射频处理模块(N505)的 J4、J5 脚输入的 1710～1785 MHz 一本振信号进行调制，形成被发射 I/Q 信号调制的 1710～1785 MHz 载波信号即 DCS1800 频段发射信号。此发射信号经 N505 内部放大后，从其 A2、A3 脚输出，经由 T740 及相关外围元件组成的平衡—不平衡转换电路把两路信号转换成一路信号后，再通过耦合电容 C741 送至定向耦合器(Z671)的 P1 端口，经 Z671 选频滤波后，从其 P3 端口输出，经耦合电容 C863 送至预放管(V801)的基极，经 V801 进行功率预置放大后，从其集电极输出，经 R723 进行阻抗匹配后，再送至功率模块(N702)的第 8 脚。在 N702 内部再对其进行功率放大，放大后的 1710～1785 MHz 发射信号从 N702 的第

5 脚输出，通过互感器(L553)送至天线开关(Z670)的 DCS TX 端口，经 Z670 内部的 DCS TX 通道选频滤波后，从其 ANT 端口输出至天线，最后通过天线发射出去。

不管手机工作在 GSM 900 频段还是 DCS 1800 频段，其发射功率取样信号均由互感器(L553)耦合得到，经检波二极管(V730)检波后，送至射频处理模块(N505)的 B3 脚，与逻辑控制电路送来的基准功率等级信号在 N505 内部的功率控制器中进行比较，产生的误差控制电压从射频处理模块(N505)的 A5 脚输出，送至功放模块(N702)的第 7 脚(功率放大器控制信号输入端)，通过 N702 的第 7 脚电位，来改变 N702 内部放大器的放大量，从而使发射信号的发射功率满足手机与基站的通信要求。

3.1.3 手机逻辑控制部分分析

8210/8850 型手机逻辑控制部分主要由 D200、D210 及其相关外围元件等组成，其主要作用是根据从射频收、发电路检测到的数据，按 GSM 或 DCS 规范监测和控制收、发电路的运作；同时，接收收、发电路送来的数据及信号，并将用户所需要发送至基站的信息，经数字信号处理电路处理后送至发送电路，从而实现手机与移动电话系统的电话交换机建立话音通话及数据信息交换。由于 8210/8850 型手机为双频手机，因此，逻辑控制电路还担负着识别 GSM900 或 DCS1800 工作模式的任务，并控制相应的 GSM900 频段或 DCS1800 频段收、发电路的工作。

D200 为中央处理器，也称 CPU，其主要作用是执行程序，完成基本的收、发处理及其它特殊功能处理。它与存储器(D210)之间是通过数据线[MCUDA(20：0)]、地址线[MCUAD(15：0)]及控制线[MEMC(9：0)]相连接的。其中数据线、地址线是它们之间交换数据的通道，控制线则是中央处理器(D200)操作存储器(D210)进行各项指令的通道。另外，中央处理器(D200)对手机接收部分、发射部分、电源部分以及其它辅助部分的控制处理也是通过控制线完成的，这些控制线包括 HAGAR RESETX(射频处理模块 N505 复位)、COBBA RFSETX(多模转换器 N250 复位)、TXP(发射功率控制)、SDATA(频率合成器数据)、SCLK(频率合成器时钟)、SEN(频率合成器使能)、TXPWR(发射机电源控制)、VCXOPWR(时钟电源控制)、SYNTHP－WR(频率合成器电源控制)、SIMPWR(SIM 卡电源控制)、CARDDET(SIM 卡检测)及 BUZZER(振铃控制)等。中央处理器(D200)就是通过这些控制信号去控制各相关电路的工作状态，从而实现对整机的控制处理。

D210 为存储器，它集成了 FLASH、EEPROM 与 SRAM 的功能。其内部存储了手机出厂设置的整机运行系统数据及原始值数据，如开机及关机程序数据 LCD 字符调出程序数据以及与系统网络通信控制和监测程序有关的数据等。菜单功能的原始值数据可通过本机键盘进行擦写，也可通过本机运行时改变其数值。另外，D210 还具有存储话音的功能。它的 D9、D10 脚为 V_{BB}(2.8 V)电压输入端，E4 脚为 V_{PP}(编程电压)输入端，H6、G9、G8、G7、H5、H4、G6、G5、B4、B6、B5、A9、A8、A4、A6、A5、B3、G4、G3、E5 等脚构成地址线，F9、F10、E9、E10、C9、C10、C8、B10、F8、F7、E8、E6、D7、C7、B9、B7 等脚构成数据线，H7、C3、H9、E3、D4、G10、D8、B8、F5、F3、F4 等脚构成控制线。它与中央处理器(D200)之间是通过地址线和数据线进行数据交换的，所有指令则是通过控制线来完成的。

3.1.4 手机电源模块分析

图 3-7 所示为 8210/8850 型手机的电源模块。

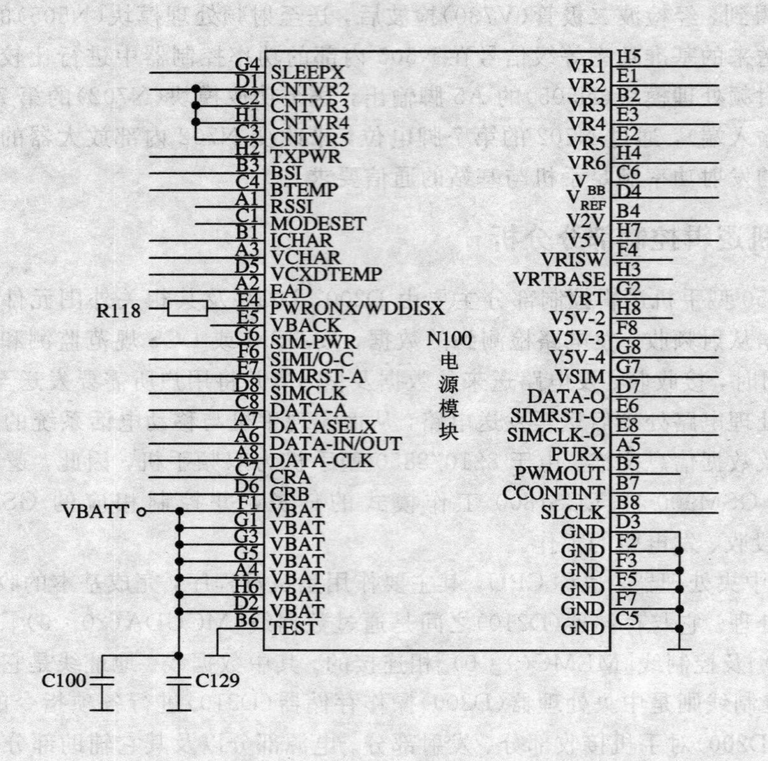

图 3-7 8210/8850 型手机的电源模块

8210/8550 型手机的电源模块主要由 N100 及相关外围元件等组成。其主要功能是为整机提供多种工作电压。图3-7为N100 电源模块，其型号为 NMP70467，它具有以下功能：

(1) 提供整机工作电压。如 VXO(2.8 V)、VRX(2.8 V)、VSYN-1(2.8 V)、VSYN-2(2.8 V)、VTX(2.8 V)、VCOBBA(2.8 V)、V_{BB}(2.8 V)、VCORE(2.0 V)及 V_{REF}(1.5 V)等。

(2) 具有充电控制功能。它与充电模块(N101)配合，对电池进行电量检测和充电。

(3) 具有复位功能。为中央处理器(D200)提供复位信号。

(4) 具有联络功能。作为 SIM 卡和中央处理器(D200)之间数据传输接口电路。

(5) 具有 D/A、A/D 转换功能。

N100 电源模块的 F1、G1、G3、G5、A4、H6、D2 等脚为电池电压(VBATIT)输入端，E4 脚为开机触发端，它通过电阻 R118 与电源开关(ON/OFF)相接。

当手机加电时，电池电压通过输入电路送至电源模块(N100)的 F1、G1、G3、G5、A4、H6、D2 等脚，经其内部电路转换后，从 N100 的 E4 脚输出 3 V 左右的触发电压，使触发端保持高电平。当按下电源开关键(ON/OFF)，给电源模块(N100)的触发端输入一低电平触发信号时，电源模块(N100)开始工作，并分别从下列各脚输出相应的电压给手机各电路供电：

(1) 从 N100 的 H5 脚输出 VXO(2.8 V)电压，给主时钟电路供电。

(2) 从 N100 的 E1 脚输出 VRX(2.8 V)电压，给射频处理模块(N505)等供电。

(3) 从 N100 的 B2 脚输出 VSYN-1(2.8 V)电压，给射频处理模块(N505)及低噪声高频放大电路等供电。

(4) 从 N100 的 E3 脚输出 VSYN-2(2.8 V)电压，给射频处理模块(N505)等供电。

(5) 从 N100 的 E2 脚输出 VTX(2.8 V)电压，给射频处理模块(N505)等供电。

(6) 从 N100 的 H4 脚输出 VCOBBA(2.8 V)电压，给多模转换器(N250)等供电。

(7) 从 N100 的 C6 脚输出 V_{BB}(2.8 V)电压，给多模转换器(N250)、中央处理器(D200)、存储器(D210)及驱动接口模块(N310)等供电。

(8) 从 N100 的 D4 脚输出 V_{REF}(1.5 V)电压，给射频处理模块(N505)、多模转换器(N250)等供电。

(9) 从 N100 的 B4 脚输出 VCORE(2.0 V)电压，给中央处理器(D200)等供电。

(10) 从 N100 的 H7 脚输出 VCP(5.0 V)电压，给稳压模块(N600)等供电。

(11) 从 N100 的 A5 脚输出 PURX(2.8 V)电压，给中央处理器(D200)等进行复位。

注意，电源模块 N100 的工作同时也受软件控制。

3.1.5 手机开关机流程分析

诺基亚 8210/8850 型手机开关机流程图如图 3-8 所示。

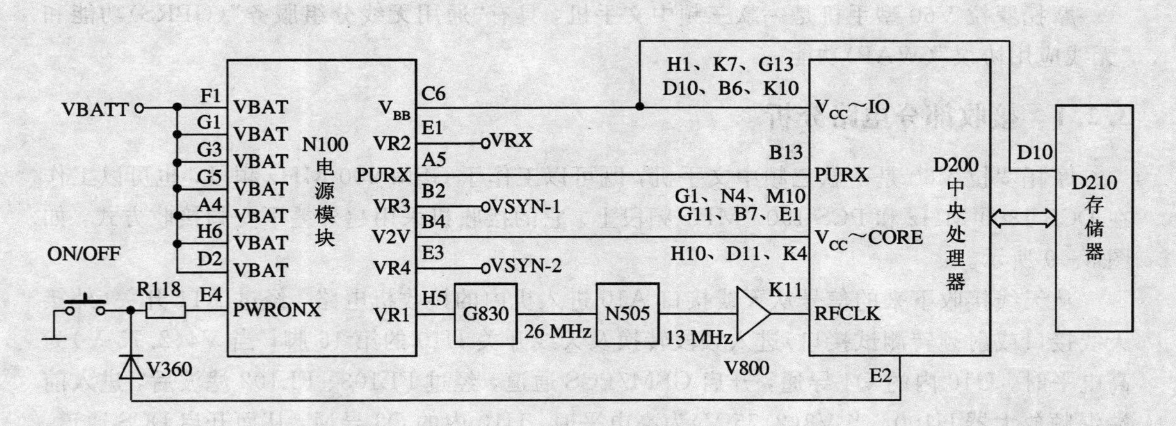

图 3-8 诺基亚 8210/8850 型手机开关机流程图

当手机加电时，电池电压通过输入电路送至电源模块(N100)的 F1、G1、G3、G5、A4、H6、D2 等脚，经其内部电路转换后从 E4 脚(触发端)输出 3 V 左右的触发电压，令触发端保持高电平。此时，电源模块(N100)并不开始工作，但手机已进入开机准备状态。

当按下电源开关(ON/OFF)键，给电源模块(N100)的 E4 脚(触发端)输入一低电平触发信号时，电源模块(N100)便开始工作。从其 C6 脚输出 2.8 V 电压给逻辑控制部分电路供电，即给中央处理器(D200)及存储器(D210)等供电；从其 H5 脚输出 2.8 V 电压给主时钟电路供电，令 26 MHz 振荡模块(G830)启振，产生的 26 MHz 时钟信号经射频处理模块(N505)内部二分频后，获得 13 MHz 的时钟信号。此信号经放大管(V800)放大后，作为系统时钟送至中央处理器(D200)的K11脚；从其A5脚输出2.8 V电压，作为复位电压送至中央处理器(D200)的B13脚，令逻辑运行条件成立。同时，从中央处理器(D200)的E2脚输出的高电平检测信号也马上被开关机二极管(V360)及电源开关(ON/OFF)拉为低电平。此信号令中央处理器(D200)检测到符合整机运行的程序数据后，调出存储器内的开机程序数据，送至电源模块(N100)内，经D/A转换器转换成模拟控制信号，令电源模块(N100)维持各项电压输出，从而达到维持开机的目的。

松开电源开关(ON/OFF)键后，中央处理器(D200)的E2脚又恢复为高电平，用以检测手机是否有关机或挂机请求信号输入。同时，电源模块(N100)的E4脚也上升为3 V左右的电压，令开关机二极管(V360)截止，以防止误关机。

当再次按下电源开关(ON/OFF)键时，开关机二极管(V360)又导通，将中央处理器(D200)的E2脚拉为低电平。当中央处理器(D200)检测到其E2脚电平变低时，将会根据其持续时间的长短来确定进行关机或挂机操作。当D200的22脚的低电平持续时间大于2 s时，中央处理器(D200)则调出关机程序数据送至电源模块(N100)内，经D/A转换器转换成模拟控制信号，关断电源模块(N100)的各项输出电压，实现手机关机；而当D200的E2脚的低电平持续时间少于2 s时，中央处理器(D200)则运行挂机软件，作挂机或退出处理。

3.2 摩托罗拉V60型手机电路分析

摩托罗拉V60型手机是一款三频中文手机，具有“通用无线分组服务”(GPRS)功能和“无线应用协议”(WAP)功能。

3.2.1 接收部分电路分析

摩托罗拉V60是一款三频中文手机，既可以工作于GSM 900 MHz频段，也可以工作在DCS 1800 MHz和PCS 1900 MHz频段上。它的接收机采用超外差下变频接收方式，如图3-9所示。

从天线接收下来的信号从天线接口A10进入机内的接收机电路，经过A11开关(外接天线接口或射频转测试接口)进入频段转换及天线开关U10的第16脚，当V4(2.75 V)为高电平时，U10内的Q4导通，开启GSM/PCS通道，经过FL103、FL102滤波后，进入前端混频放大器U100。当V3(2.75 V)为高电平时，U10内的Q3导通，从而开启DCS通道，经过FL101滤波后进入前端混频放大器U100。

GSM、DCS、PCS不能同时工作，它们的转换由三频切换电路控制。

当手机工作在GSM时，高频的935.2～959.8 MHz信号在U100内经多级低噪声放大器进行增益放大后和来自RXVCO U300的本振频率混频，产生400 MHz的差频频率后送中频电路进一步处理。

当手机工作在DCS时，高频的1805.2～1884.8 MHz信号在U100内经多级低噪声放大器增益放大后和来自RXVCO U300的本振频率混频，产生400 MHz的差频频率后和GSM共用后级电路。

当手机工作在PCS时，高频的1930.2～1989.2 MHz信号在U100内经过多级低噪声放大后和来自 RXVCO U300 的本振频率混频，产生 400 MHz 的差频频率后也和 GSM、DCS 使用同一中频及音频等电路。

V60 的中频电路主要由 FL104（中心频率为 400 MHz）的滤波器、Q151 中放管、U201 中频 IC 以及二本振电路组成。当 400 MHz 的中频信号经 FL104 和 Q151 进入 U201 内，先进行放大，放大量由 U201 内部 AGC 电路调节，主要依据为此接收信号的强度。接收信号强，放大量降低；接收信号弱，放大量增加。对 RF 信号的解调是利用 RXVCO 二本振电路在 U201 内部完成，获得的 RXI、RXQ 信号通过数据总线传输给 CPU U700，U700 对其进行解密、去交织、信道解码等数字处理后，送到 U900 再进行解码、放大等，还原出模拟语音信号，一路推动听筒发声，一路供振铃，还有一路供振子。

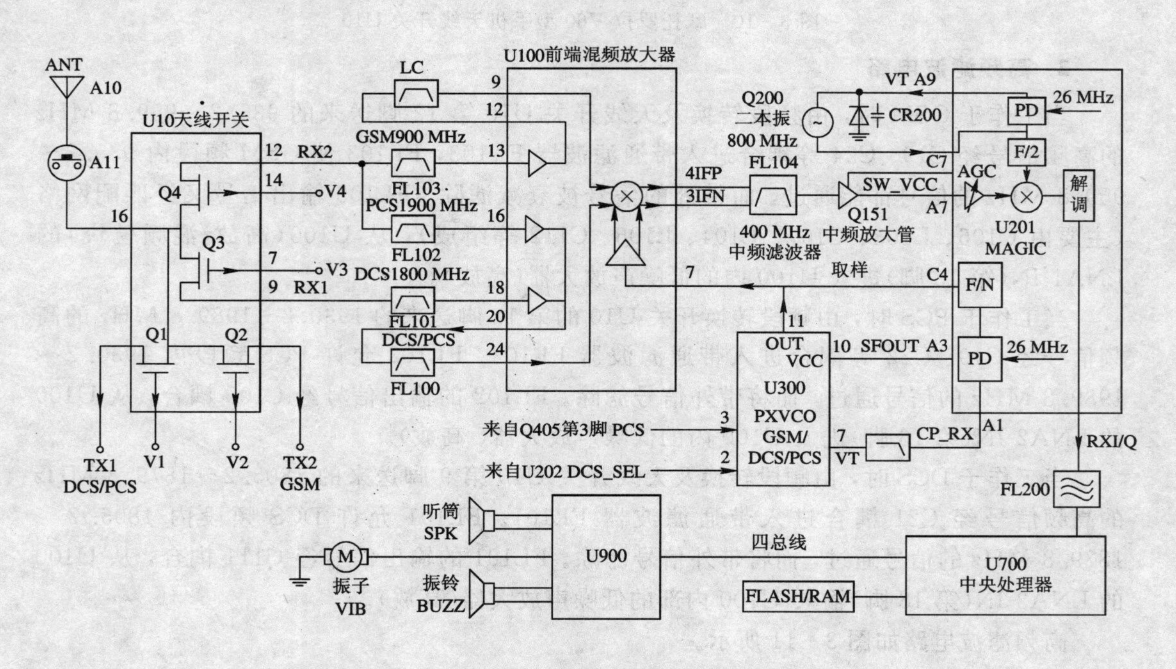

图 3-9　摩托罗拉 V60 型手机接收部分电路

1. 频段转换及天线开关 U10

V60 是一款三频手机，U10 将收发和频段间转换集成到了一起，它的内部是由四个场效应管组成的，如图 3-10 所示。四个场效应管分别由栅极 V1、V2、V3、V4 来控制它们的开启或关闭，当它们栅极控制电压为高电平时导通对应的通路。四个场效应管中，V1 控制 U10 内的场效管 Q1；V2 控制 U10 内的场效管 Q2；V3 控制 U10 内场效应管 Q3；V4 控制 U10 内的场效管 Q4。而 Q1 的开启相当于允许 TX1（DSC 1800 MHz 或 PCS 1900 MHz）发射信号经过 U10 后送到天线发射；Q2 的开启相当于允许 TX2（GSM 900 MHz）发射信号经 U10 后送到天线发射；Q3 的开启相当于允许天线接收到的 RX1（DCS 1800 MHz）信号送下一级接收电路；Q4 的开启相当于允许天线接收到的 RX2（GSM 900 MHz 或 PCS 1900 MHz）信号送下一级接收电路。

为了省电以及抗干扰，V1、V2、V3、V4 均为跳变电压，V1、V2 为 0～5 V 脉冲电压，V3、V4 为 0～2.75 V 脉冲电压。

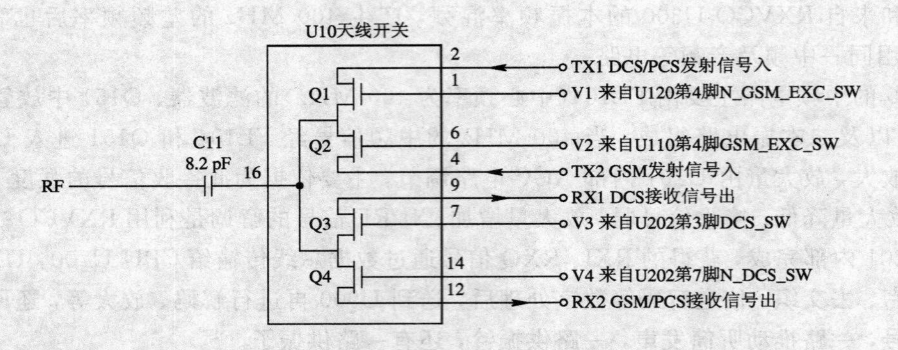

图 3-10　摩托罗拉 V60 型手机天线开关 U10

2. 高频滤波电路

当工作于 GSM 时，由频段转换及天线开关 U10 第 12 脚送来的 935.2～959.8 MHz 的高频信号经 C19、C24 等耦合进入带通滤波器 FL103，FL103 使 GSM 频段内 935.2～959.8 MHz 的信号都能通过，而带外的信号被衰减滤除。FL103 输出信号又经匹配网络(主要由 C106、L103、C107、L104、L106、C112 等组成)，从 U100(高放/混频模块)的 LNA1 IN(第 13 脚)进入 U100 内的低噪声放大器(高放)。

当工作于 PCS 时，由频段转换开关 U10 的第 12 脚送来的 1930.2～1989.8 MHz 的高频信号经 C19、C22 等耦合进入带通滤波器 FL102。FL102 允许 PCS 频段内 1930.2～1989.8 MHz 的信号通过，而将带外信号滤除。FL102 的输出信号经 C109 耦合，从 U100 的 LNA2 IN(第 16 脚)进入 U100 内的低噪声放大器(高放)。

当工作于 DCS 时，由频段转换及天线开关 U10 第 9 脚送来的 1805.2～1879.8 MHz 的高频信号经 C21 耦合进入带通滤波器 FL101。FL101 允许 DCS 频段内 1805.2～1879.8 MHz 的信号通过，而将带外信号滤除。FL101 的输出信号经 C111 耦合，从 U100 的 LNA3 IN(第 18 脚)输入 U100 内部的低噪声放大器(高放)。

高频滤波电路如图 3-11 所示。

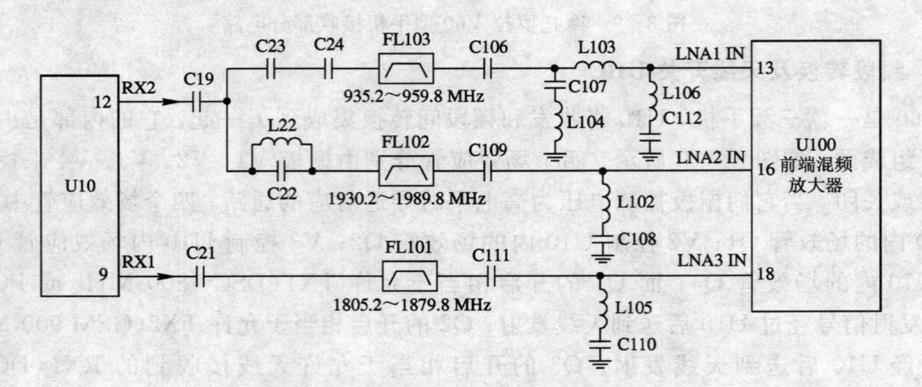

图 3-11　摩托罗拉 V60 型手机接收高频滤波电路

3. 高放/混频模块 U100 及中频选频电路

V60 机型一改以往机型前端电路采用分立元件的做法，把高频放大器和混频器集成在一起，这显然是借鉴了其它机型的优点。U100 支持三个频段的低噪声放大和混频，U100

的电源为 RF_V2，其电路原理如图 3－12 所示。

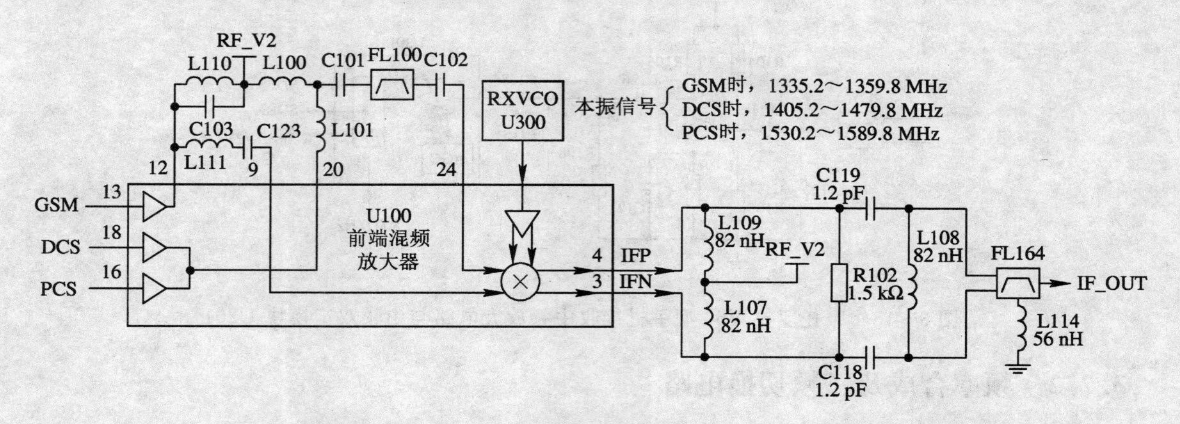

图 3－12　摩托罗拉 V60 型手机接收高放/混频模块 U100 及中频选频电路

GSM 时，由 U100 的第 13 脚输入为 935.2～959.8 MHz 的信号，经 U100 内部的多级低噪声放大器放大后，从第 12 脚输出，经过 L111、C123 谐振，又从第 9 脚返回 U100。该信号与来自 RXVCO U300 的一本振频率(1335.2～1359.8 MHz)进行混频。

PCS 和 DCS 时，分别由 U100 的第 16、18 脚输入 1930.2～1989.8 MHz 的信号和 1805.2～1879.8 MHz 的信号，经 U100 内部的多级低噪声放大器分别放大后走同一路径，从第 20 脚输出，经 FL100 等元件选频、滤波后，从第 24 脚返回 U100。PCS 信号与来自 RXVCO U300 产生的一本振频率 1530.2～1589.8 MHz 进行混频；DCS 信号与来自 RXVCO U300 产生的一本振频率 1405.2～1479.8 MHz 进行混频。

从 GSM、DCS 或 PCS 通道送来的 RF 信号，分别从 U100 的第 9 脚和第 20 脚进入 U100 内部混频器与一本振混频，产生一对相位差为 180° 的 IFP、IFN 中频信号(400 MHz)，双平衡输出进入平衡不平衡变换电路，经中心频率为 400 MHz 中频滤波器 FL104 转变为一路不平衡信号。前边的双平衡输出的目的为了消除不必要的 RF 和本振寄生信号，后边转变为不平衡是为了方便中放管的工作。

4. 中频放大电路与中频双工模块 U201

中频放大器是为了隔离混频器输出(FL104)与中频双工模块 U201，同时提供部分增益，以获得很好的接收特性。Q151 是 V60 手机中频放大器的核心，是典型的共射极放大电路，Q151 的偏置电压 SW_VCC 来自 U201，由 RF_V2 在 U201 内部转换产生，R104 是 Q151 的上偏置电阻，用来开启 Q151 的直流通道，R105 是下偏置电阻，用来调节 Q151 的基极电流，C124 和 C126 是允许交流性质的 IF 400 MHz 通过，隔绝 SW_VCC 电压进入 U201 和 FL104 的。如图 3－13 所示。

FL104 输出的中频信号经 C124 耦合到 Q151(b 极)，放大后由 C126、C128 耦合到 U201 的 PRE IN(A7 脚)。400 MHz 的中频信号在 U201 内进行适当的增益，增益量由 AGC 电路根据接收信号的强弱来决定。接收信号越弱，所需增益量就越大；接收信号越强，所需增益量也就越小。再经过与接收二本振产生的 800 MHz 信号进行混频，实现对 RX 信号的解调，获得 RXI、RXQ 信号通过串行数据总线传输给音频逻辑部分进行数字信号处理。

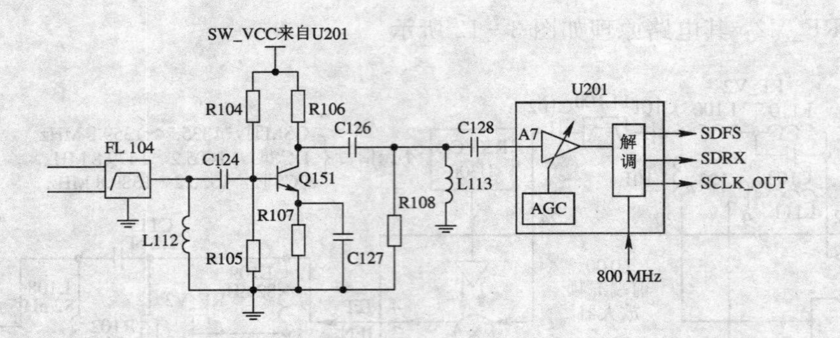

图 3-13　摩托罗拉 V60 型手机接收中频放大电路与中频双工模块 U201

3.2.2　频率合成及三频切换电路

1. 频率合成器

V60 的频率合成器专为话机提供高精度的频率，它采用锁相环 PLL 技术，主要由接收一本振、接收二本振和发射 TXVCO 等组成。其电路原理如图 3-14 所示。

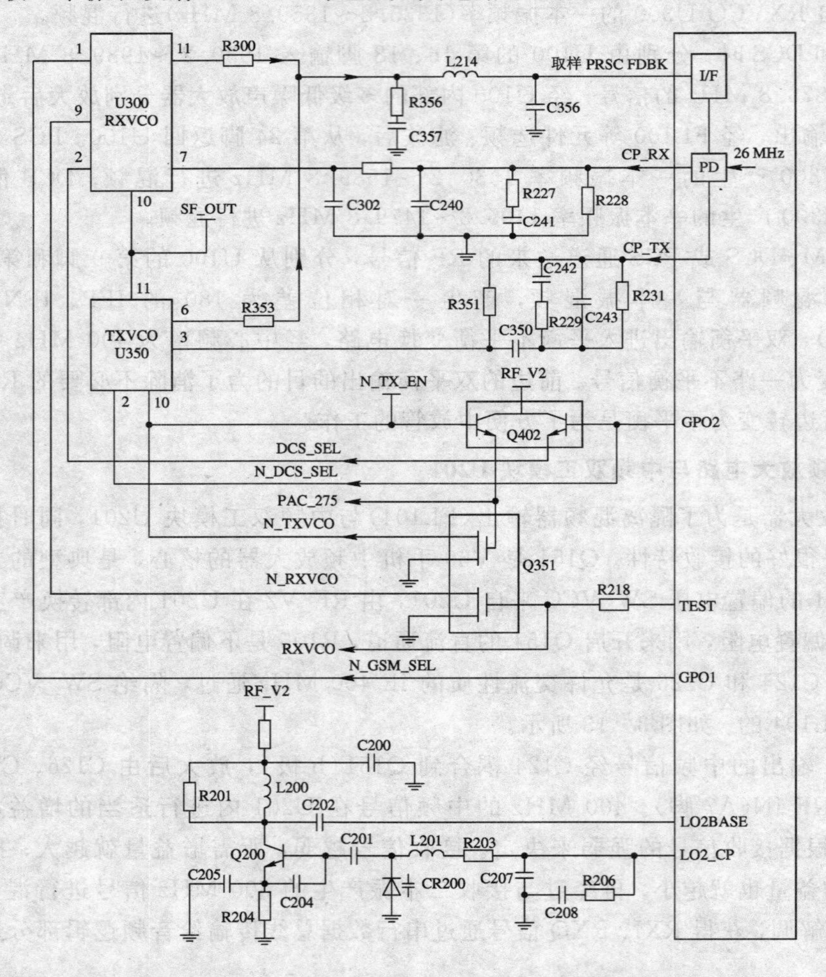

图 3-14　摩托罗拉 V60 型手机频率合成器电路图

1）接收一本振 RXVCO U300 与发射 TXVCO U350

由于 V60 手机的接收一本振 RXVCO 和发射 TXVCO 环路共用 U201 内部的一组鉴相器和反馈回路，即 VCO 输出频率取样和压控输出使用同一锁相环系统，所以使 V60 手机的频率合成器显得更简化。

V60 手机一本振电路是一个锁相频率合成器，RXVCO(U300)输出的本振信号从第 11 脚经过 L214、C214 等进入中频 IC(U201)内部，经过内部分频后与 26 MHz 参考频率源在鉴相器 PD 中进行鉴相，输出误差电压经充电泵 Charge_Pump 后从 CP_RX 脚输出，控制 RXVCO 的振荡频率。该压控电路 CP_RX 越高，RXVCO(U300)的振荡产生频率越高，反之越低。其电路原理如图 3－15 所示。

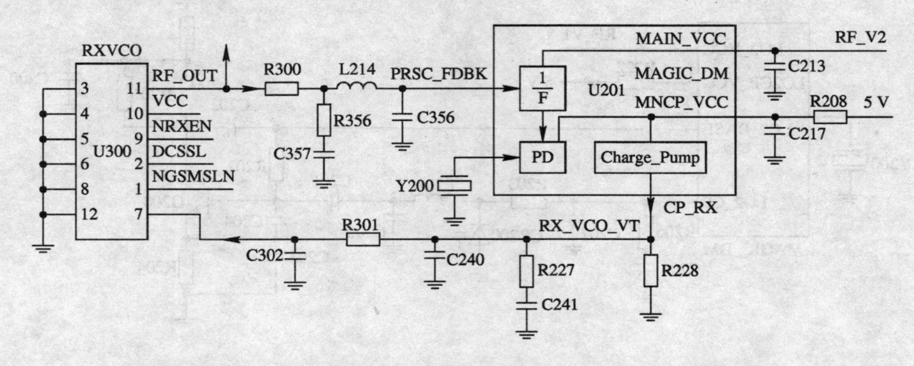

图 3－15　摩托罗拉 V60 型手机接收一本振电路原理图

发射 TXVCO U350 的第 3 脚 VT 为内部压控振荡器的控制脚，该脚电压越高，第 6 脚产生的 TX_OUT 的频率也相应越高，反之越低。当由于温度或其它原因导致 TX_OUT 变化时，V60 通过 R353 把该改变反应给 U201 内部。首先经过分频，然后与已经经过基站校准的基准频率 26 MHz 进行鉴相，把鉴相后误差的结果由 U201 的 B1 脚输出来（即 CP_TX），再对 TXVCO 第 3 脚进行调整，进而调整了 TXVCO U350 的输出射频信号，使之符合基站的要求。其电路原理如图 3－16 所示。

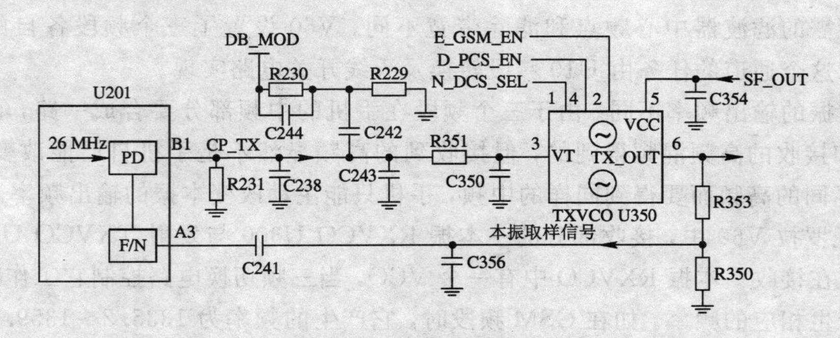

图 3－16　摩托罗拉 V60 型手机发射 TXVCO 电路原理图

U201 内部分频器的工作电源是 RF_V2，鉴相器、充电泵的工作电压是 5 V；RXVCO U300 与发射 TXVCO U350 的工作电源是 SF_OUT，它们的控制信号来自 Q402、Q351 和 U201。

2）接收二本振电路

V60 手机的 800 MHz 频率二本振产生电路是以 Q200 为中心的经过改进的考比兹振

荡器(三点式)，R206、C208 和 C207 则构成环路滤波器。分频鉴相是在 U201 内完成的，RF_V2 是 Q200 的工作电源，分频器和鉴相器的工作电源由 5 V 和 RF_V1 提供。

当振荡器满足启振的振幅、相位等条件时，Q200 产生振荡，并经 C204 取样反馈回 Q200 反复进行放大形成正反馈的系统，直至振荡管由线性过渡到非线性工作状态达到平衡后，由 C202 耦合至 U201 内部，其中一路经二分频去解调 IF 400 MHz 中频信号，另外一路与基准频率 26 MHz 鉴相后，U201 输出误差电压，经环路滤波器除去高频分量，通过改变变容二极管 CR200 的容量，来控制二本振产生精准的 800 MHz 频率供话机使用。其电路原理如图 3-17 所示。

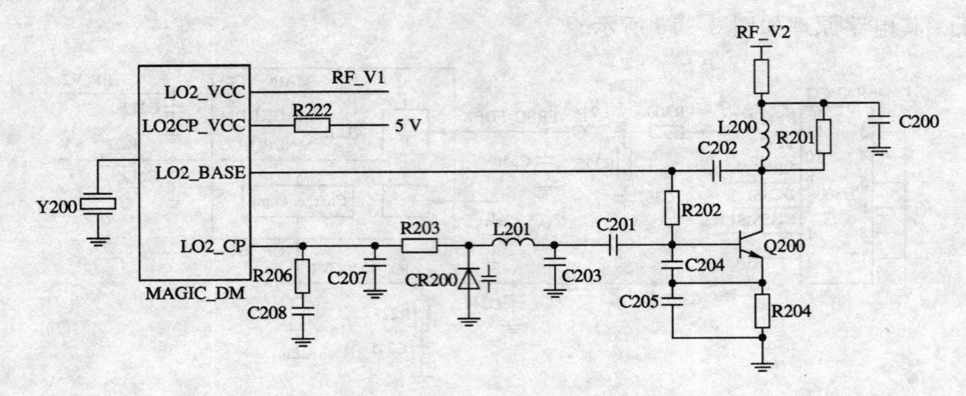

图 3-17　摩托罗拉 V60 型手机接收二本振电路原理图

2. 三频切换电路

摩托罗拉 V60 是一款三频手机，但它不能在工作时同时使用两个频段。也就是说，手机在同一时间只能在某一个频段工作，或者 GSM 900 MHz，或者 DCS 1800 MHz，或者 PCS 1900 MHz。若需切换频段，则需要操作菜单，然后由 CPU 做出修改，修改的重点是射频部分。

在射频部分中，GSM、DCS、PCS 三者最大的区别有如下两点：

(1) 所需的滤波器中心频点和滤除带宽不同。V60 设置了三个频段各自的滤波器通道，而开启这个通道的任务由 U10 频段转换及天线开关电路实现。

(2) 本振的输出频率不同。由于三个频段在手机的中频部分要合成一路，而中频频率是靠本振和接收的高频混频得到的，但接收到的高频显然不是手机自已能改变的。所以，为了适应不同的高频而要得到同样的中频，手机只能主动改变本振的输出频率。

在摩托罗拉 V60 中，接收部分的一本振 RXVCO U300 与发射 TXVCO U350 都做成组件形式。在接收一本振 RXVCO 中有一个 VCO，当三频切换电路控制它工作在某一频段时，它即产生相应的频率。如在 GSM 频段时，它产生的频率为 1335.2～1359.8 MHz；在 DCS 频段产生的频率为 1405.2～1479.8 MHz；在 PCS 频段产生的频率为 1530.2～1589.8 MHz；整个带宽为 1335.2～1589.8 MHz。单靠改变压控电压显然不够，那么在 U300 的第 1 脚、第 2 脚就有两个极其重要的控制位，该控制信号由 CPU(U700)发出，经过中间变换，由 U201 送过来。

当第 1、2 脚均为低电平时，RXVCO 自动工作在 GSM 频段；当第 2 脚为高电平，第 1 脚为低电平时，RXVCO 工作在 DCS 频段；当第 2 脚为低电平，第 1 脚为高电平时，该

RXVCO 工作于 PCS 频段，其电路原理参见图 3-15。当然，这么大的频率变化也需要多个混频器，因此 V60 使用 U100 前端混频放大器。

在 TXVCO 中，V60 的 TXVCO 有两个振荡器，这是因为振荡频带太宽的缘故(890.2～1909.8 MHz)。两个振荡器其中一个工作在低端，即 GSM 频段的 890.2～915.8 MHz，另一个工作于高端，即 DCS/PCS 的 1710.2～1909.8 MHz(DCS 频段的 1710.2～1784.8 MHz、PCS 频段的 1850.2～1909.8 MHz)。

从 TXVCO(U350)第 6 脚输出频率的高低由第 1、2、4 脚的三频切换控制信号和第 5 脚的压控信号来控制；当第 1 脚和第 2 脚为高电平，第 4 脚低电平时，TXVCO 工作在 GSM 频段；当第 1 脚和第 2 脚为低电平，第 4 脚为高电平时，TXVCO 工作在 DCS 频段；当第 1 脚和第 4 脚为高电平，第 2 脚为低电平时，TXVCO 工作于 PCS 频段，其电路原理参见图 3-16。

还有功放电路，也需三频切换电路来控制。V60 有两个功放，一个是 GSM 频段，一个是 DCS/PCS 频段的。

所有这些都由三频切换控制电路来完成，三频切换控制信号由 CPU(U700)发出，经过中间变换，主要由 U201 送到各个部位。控制信号采用 0～2.75 V 的脉冲方式，是为了省电和抗干扰。三频切换控制电路原理如图 3-18 所示。

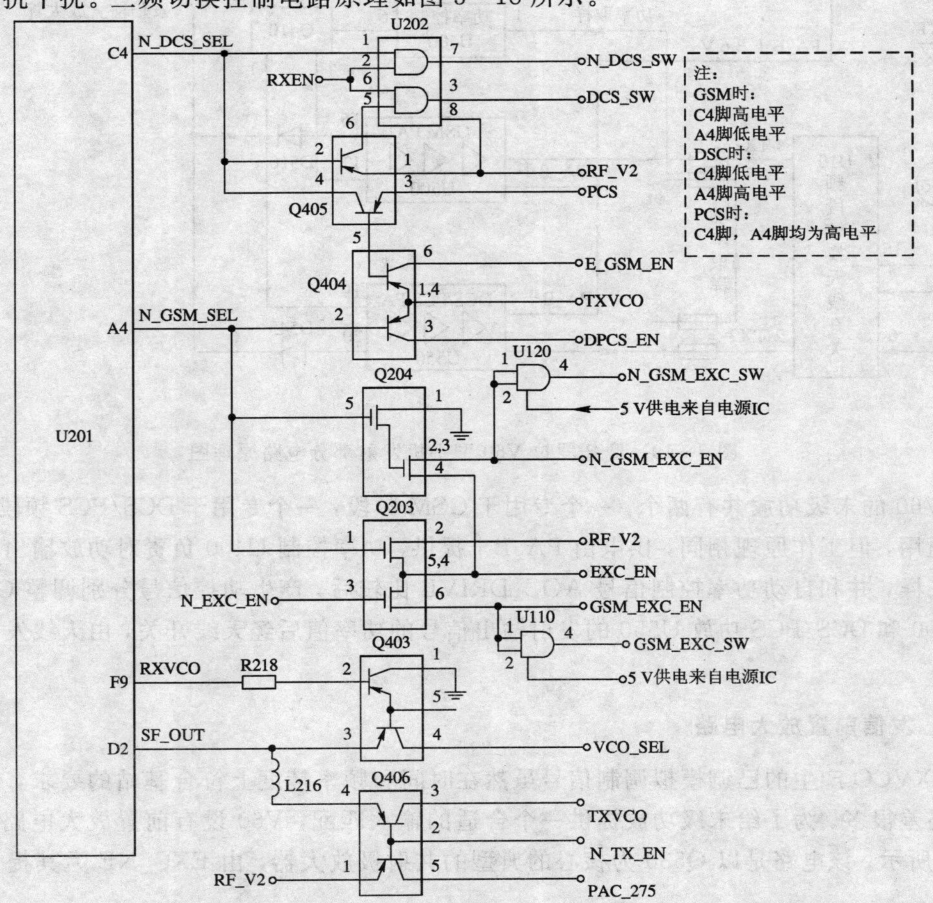

图 3-18　摩托罗拉 V60 型手机三频切换控制电路原理图

3.2.3 发射部分电路分析

发射的音频信号通过机内送话器或外部免提话筒，产生的模拟话音信号经 PCM 编码后，通过 CPU 形成 TXMOD 信号进入 U201 内部进行 GMSK 调制等，并经发射中频锁相环输出调谐电压(VT)去控制 TXVCO(U350)产生适合基站要求的带有用户信息的频率，又经过 Q530 发信前置放大管给功放提供相匹配的输入信号。发射部分电路原理方框图如图 3-19 所示。其中 U350 TXVCO 内部有两个振荡器，一个专用于 GSM 频段以产生 890.2～914.8 MHz 的频率；一个专用于 DCS/PCS 频段以产生 1710.2～1909.8 MHz。

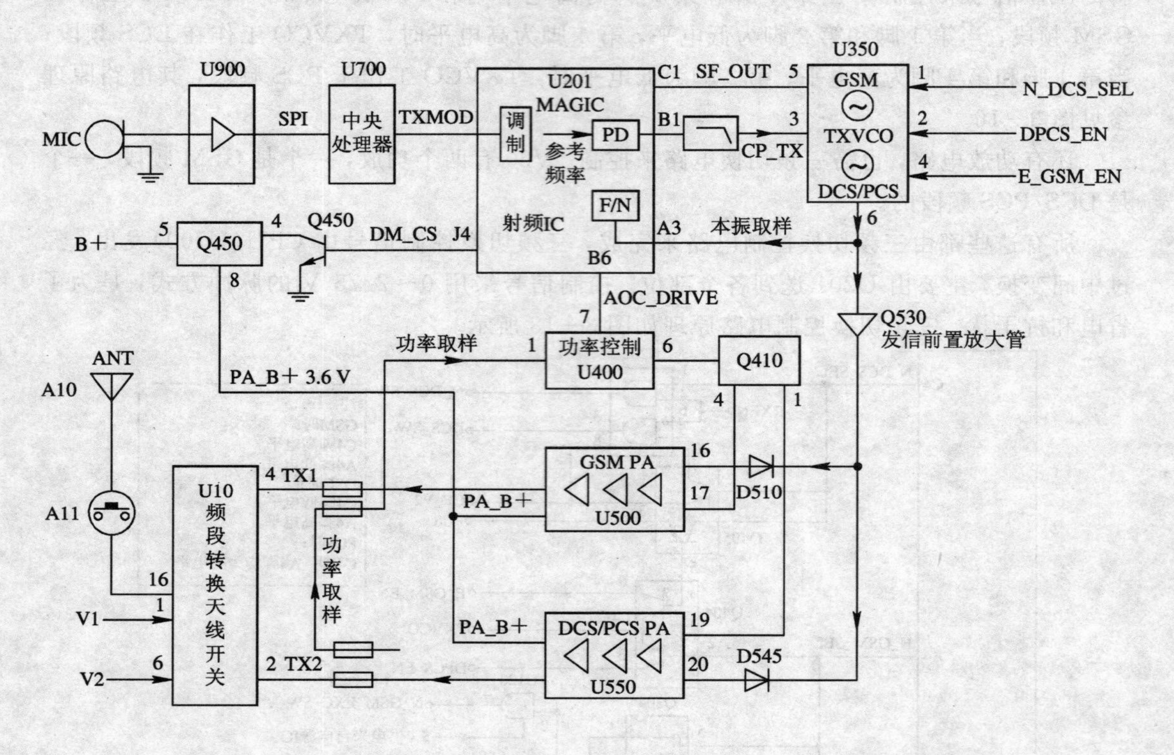

图 3-19 摩托罗拉 V60 型手机发射部分电路原理图

V60 的末级功放共有两个，一个专用于 GSM 频段，一个专用于 DCS/PCS 频段。它们不能通用，但工作原理相同，供电由 PA_B+提供，功率控制 U400 负责对功放输出的频率信号采样，并和自动功率控制信号 AOC_DRIVE 比较后，产生功控信号分别调整 GSM 功放 U500 和 DCS/PCS 功放 U550 的发射输出信号的功率值后经天线开关，由天线发射送至基站。

1. 发信前置放大电路

TXVCO 产生的已调模拟调制信号虽然在时间和频率精度上符合基站的要求，但发射功率还差很多。为了给末级功放提供一个合适的输入匹配，V60 设有前置放大电路。如图 3-20 所示。该电路是以 Q530 为核心的典型的共射极放大器，由 EXC_NE 为其提供偏置电压。

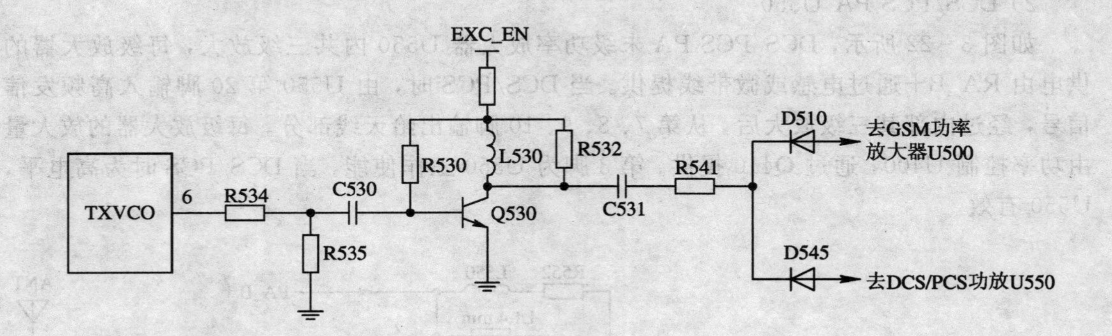

图 3－20　摩托罗拉 V60 型手机发信前置放大电路原理图

2. 末级功率放大器及功率控制电路

1) GSM PA U500

GSM PA 末级功率放大器内三级放大，由 PA_B＋分别通过电感式微带线给各级放大器提供偏置电压。当 GSM 时，由 U500 第 16 脚输入，通过三级放大后由第 6、7、8、9 脚送出，每级放大器的放大量由 U400 功率控制通过 Q410 提供，第 13 脚为 U500 工作使能信号(当 GSM 时为高电平)。其电路原理如图 3－21 所示。

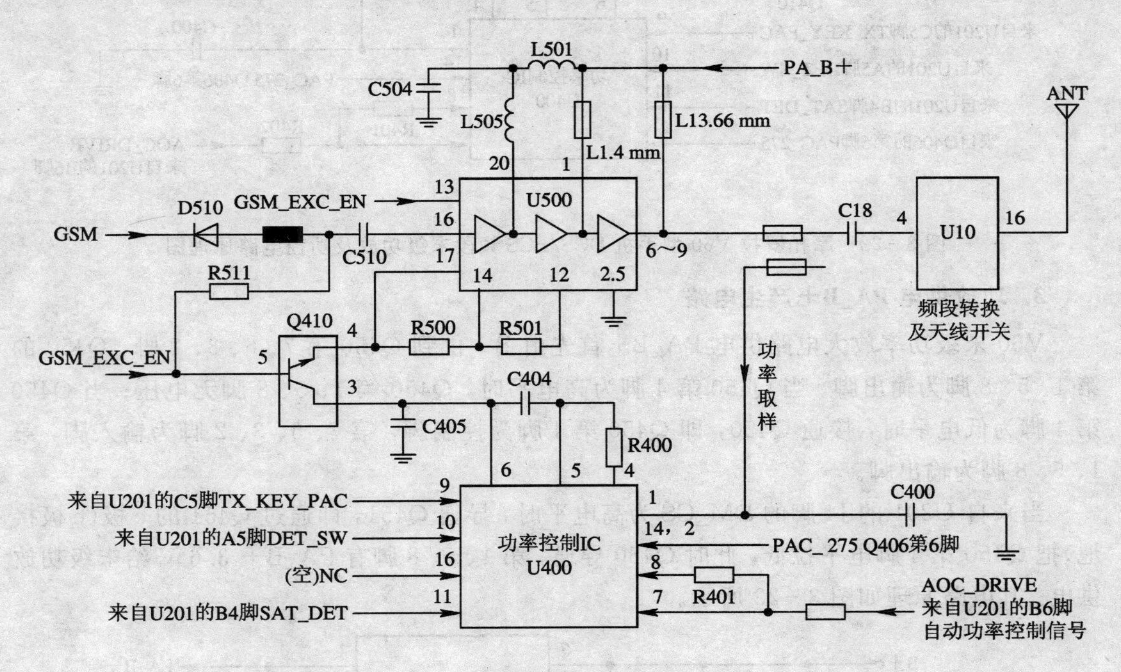

图 3－21　摩托罗拉 V60 型手机 GSM 频段末级功放及功控电路原理图

功控信号产生过程为：由微带互感线对末级功放输出信号取样后，输入给功率控制 IC U400，U400 通过对该取样信号的分析与来自 U201 的自动功率控制信号进行比较后，从第 6 脚输出功控信号，再经频段转换开关 Q410 给 GSM 或 DCS/PCS 末级功放送出功率控制。其中功率控制 U400 第 14 脚为其工作电源，第 9、10 脚为功控 IC 工作的使能信号。

2）DCS/PCS PA U550

如图 3－22 所示，DCS/PCS PA 末级功率放大器 U550 内共三级放大，每级放大器的供电由 RA_B＋通过电感或微带线提供。当 DCS/PCS 时，由 U550 第 20 脚输入高频发信信号，经过内部其三级放大后，从第 7、8、9、10 脚输出给天线部分。每级放大器的放大量由功率控制 U400，通过 Q410 提供。第 3 脚为 U550 工作使能，当 DCS/PCS 时为高电平，U550 有效。

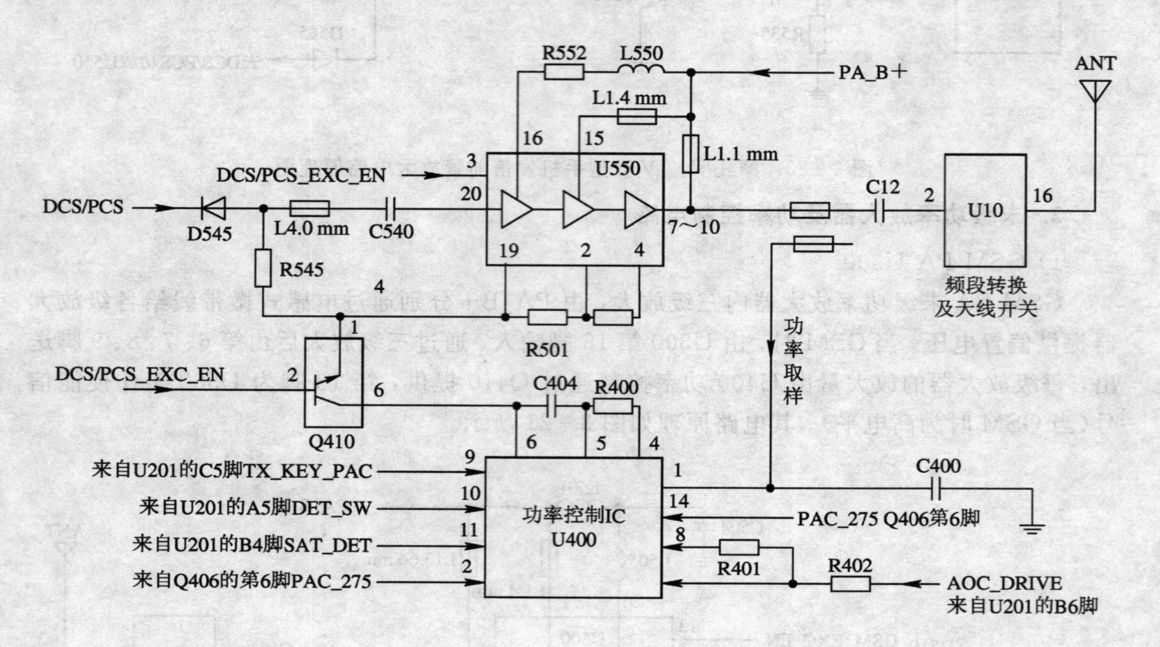

图 3－22　摩托罗拉 V60 型手机 DCS/PCS 频段末级功放及功控电路原理图

3. 功放供电 PA_B＋产生电路

V60 末级功率放大电路供电 PA_B＋首先由 B＋供到 Q450 第 7、6、3、2 脚，Q450 的第 1、5、8 脚为输出脚。当 Q450 第 4 脚为高电平时，Q450 第 1、5、8 脚无电压；当 Q450 第 4 脚为低电平时，接通 Q450，即 Q450 第 4 脚为控制脚，第 7、6、3、2 脚为输入脚，第 1、5、8 脚为输出脚。

当来自 U201 的 J4 脚的 DM_CS 为高电平时，导通 Q451，即通过 Q451 的 c 极（e 极接地）把 Q450 第 4 脚电平拉低，此时 Q450 导通，第 1、5、8 脚有 PA_B＋ 3.6 V 给末级功放供电。其电路原理如图 3－23 所示。

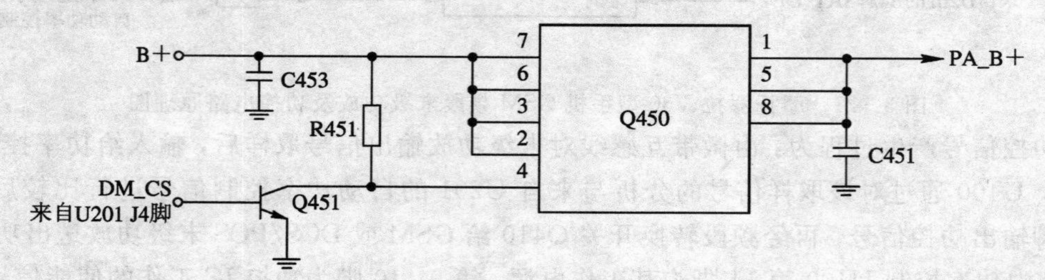

图 3－23　摩托罗拉 V60 型手机功放供电 PA_B＋产生电路原理图

3.2.4　电源部分电路分析

1. 直流稳压供电电路

直流稳压供电电路主要由 U900 等外围电路构成，由 B+送入电池电压在 U900 内经变换产生多组不同要求的稳定电压，分别供给不同的部分使用。如图 3-24 所示。

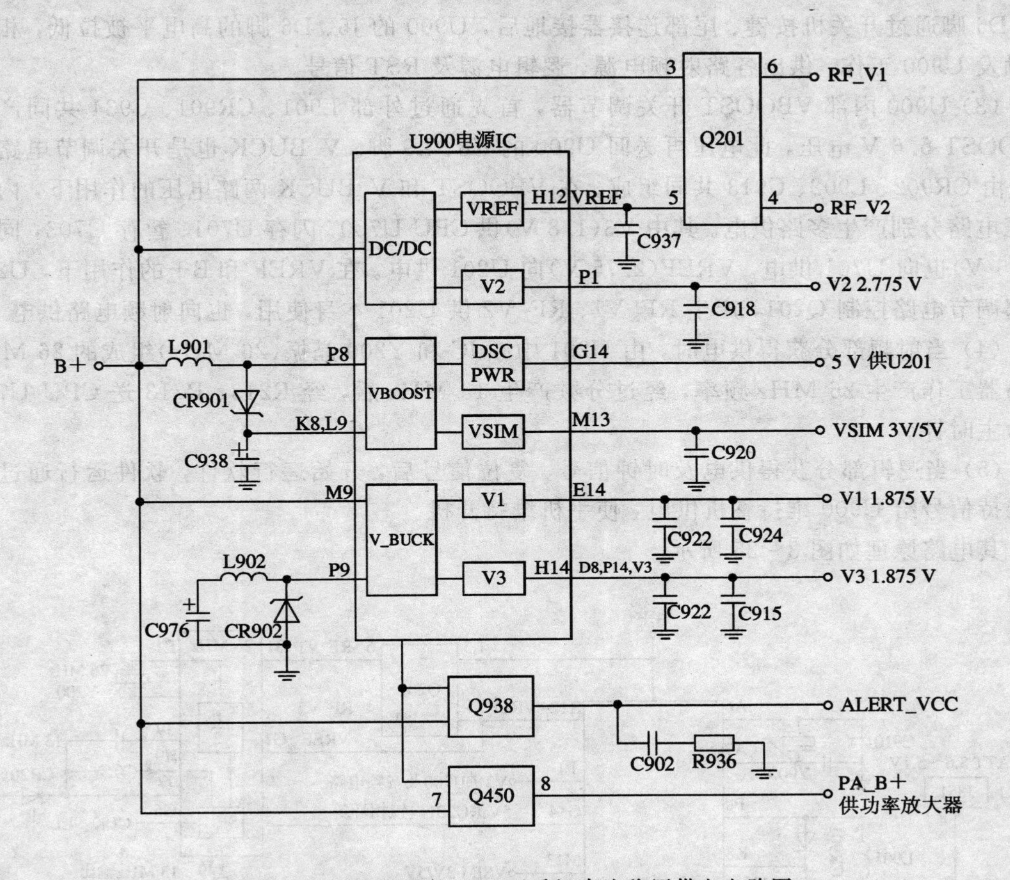

图 3-24　摩托罗拉 V60 型手机直流稳压供电电路图

直流稳压供电电路各部分供电情况如下：

(1) RF_V1、RF_V2 和 VREF 主要供中频 IC 及前端混频放大器使用；

(2) V1(1.875 V)由 V_BUCK 提供电源，主要供 Flash U701 使用；

(3) V2(2.775 V)由 B+提供电源，主要供 U700 CPU、音频电路、显示屏、键盘及红绿指示灯等其它电路使用；

(4) V3(1.875 V)由 V_BUCK 提供电源，主要供 U700、Flash U701 及两个 SRAM (U702、U703)等使用；

(5) VSIM(3 V/5 V) 由 VBOOST 为其提供电源，它为 SIM 卡供电；

(6) 5 V 由 VBOOST 提供电源，由 DSC PWR 输出，主要供 DSC 总线，13 MHz、800 MHz 二本振和 VCO 电路使用；

(7) PA_B+(3.6 V)供功放电路使用；

(8) ALERT VCC 为背景彩灯及振铃、振子供电。

2. 开机过程

(1) 手机加上电源后，由 Q942 送 B+电压给 U900，并给 J5、D6 脚，准备触发高电平。此触发高电平变低时，U900 被触发工作，供出各路供电电压。

(2) 当手机按下开关机按键或插入尾部连接器时，分别通过 R804 或 R865 把 U900 的 J5、D6 脚通过开关机按键、尾部连接器接地后，U900 的 J5、D6 脚的高电平被拉低，相当于触发 U900 工作，供出各路射频电源、逻辑电源及 RST 信号。

(3) U900 内部 VBOOST 开关调节器，首先通过外部 L901、CR901、C934 共同产生 VBOOST 5.6 V 电压，此电压再送回 U900 的 K8、L9 脚。V_BUCK 也是开关调节电路输出，由 CR902、L902、C913 共同组成。在 VBOOST 和 V_BUCK 两路电压的作用下，内部稳压电路分别产生多路供电。其中 V3(1.8 V)供 CPU U700、闪存 U701、暂存 U703，同时 V1(5 V)也向 U701 供电。VREF(2.75 V)向 U201 供电。在 VREF 和 B+的作用下，U201 内部调节电路控制 Q201，产生 RF_V1、RF_V2 供 U201 本身使用，也向射频电路供电。

(4) 当射频部分获得供电时，由 U201 中频 IC 和 Y200 晶振(26 MHz)组成的 26 MHz 振荡器工作产生 26 MHz 频率，经过分频产生 13 MHz 后，经 R213、R713 送 CPU U700 作为主时钟。

(5) 当逻辑部分获得供电及时钟信号、复位信号后，开始运行软件，软件运行通过后送维持信号给 U900 维持整机供电，使手机维持开机。

其电路原理如图 3-25 所示。

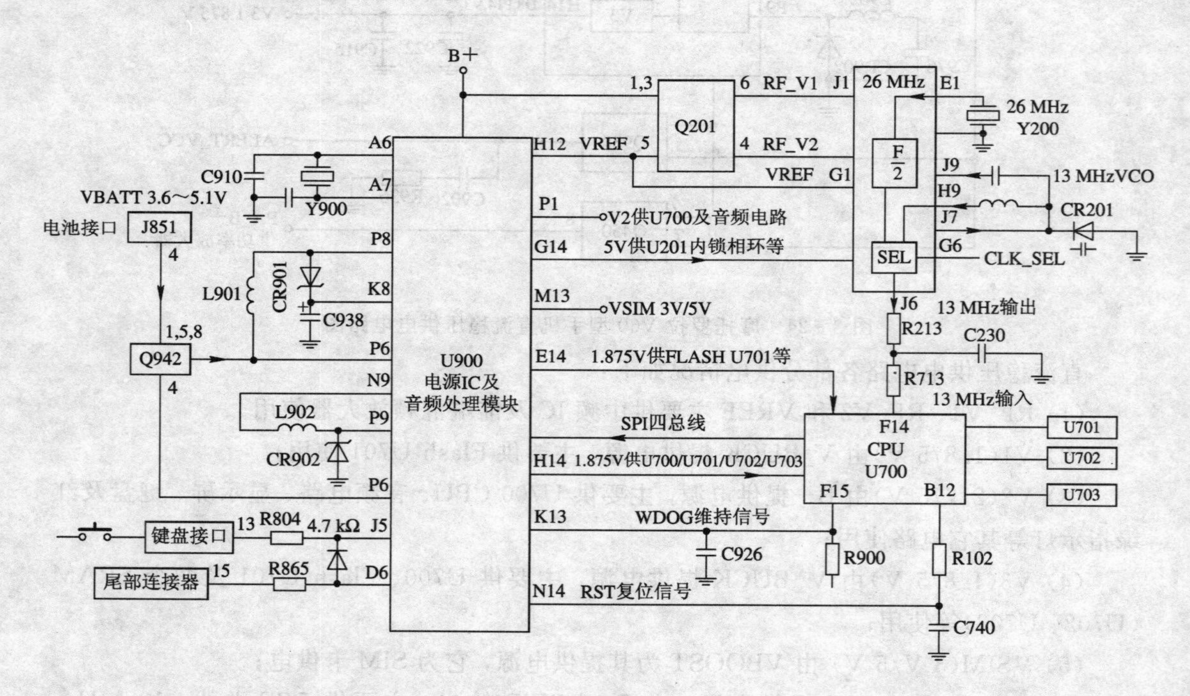

图 3-25 摩托罗拉 V60 型手机开机过程电路原理图

3. 电源转换及 B+产生电路

电源转换电路主要由 Q945 和 Q942 组成，作用是设置机内电池和话机底部接口的外接电源 EXT BATT 的使用状态，由电源转换电路确定供电的路径，当机内电池和外接电源同时存在时，外接电源供电路径优先，其电路原理如图 3-26 所示。

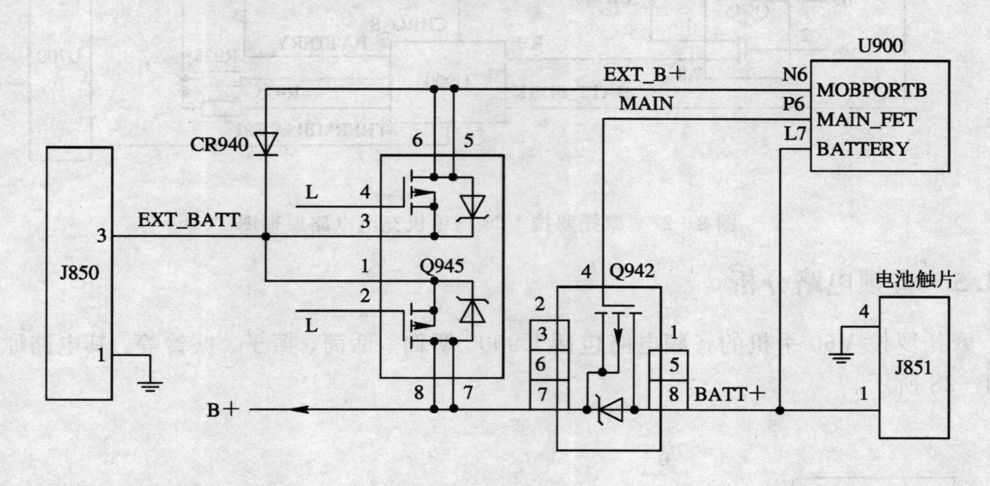

图 3-26 摩托罗拉 V60 型手机电源转换及 B+产生电路原理图

V60 由主电池 VBATT 或外接电源 EXT B+提供电源。

当话机使用机内电池供电而没有加上外接电源时，机内电池内 J851(电池触片)第 1 脚送入 Q942 的第 1、5、8 脚。由于 Q942 是一个 P 沟道的场效应管，第 4 脚为低电平时 Q942 导通，此时主电池给 Q942 的第 2、3、6、7 脚提供 B+电压。

当话机接上外接电源时由底部接口 J850 的第 3 脚送入 EXT_BATT(最大为 6.5 V)，输入到 Q945 的第 3 脚。Q945 是由两个 P 沟道的场效应管组成的，正常工作时，Q945 的第 4 脚为低电平，第 3 脚即与第 5、6 脚导通产生 EXT_B+，并经过 CR940 送回 Q945 的第 1 脚。由于 Q945 的第 2 脚为低电平，所以其第 1 脚便通过第 7、8 脚向话机供出 B+，同时，EXT_B+也供到 U900 电源 IC，并通过 U900 置高 Q942 的第 4 脚电平，使 Q942 截止，从而切断主电池向话机供电的路径。

4. 充电电路

V60 的充电电路主要由 Q932、U900 和 Q940 等组成。其电路原理如图 3-27 所示。

当 V60 型手机插入充电器后，尾部连接器 J850 由第 3 脚将 EXT_BATT 送到 Q945，从 Q945 经过充电限流电阻 R918 送到充电电子开关管 Q932，当手机判别为是充电器后，U700 通过 SPI 总线向 U900 发出充电指令，使 Q932 导通，并通过 CR932 向电池充电。此充电电压经 BATTERY 被取样回 U900 内部，由 U900 判别充电电压后从 BATT_FDBK 脚向充电器发出指令，使充电器 EXT_B+电压始终高于 BATTERY 1.4 V。电池第 2 脚接 U700，用来识别电池的类型。电池第 3 脚通过 R925 和热敏电阻 R928 分压后，提供给 U900，并通过 SPI 总线由 CPU 完成对电池温度的检测。

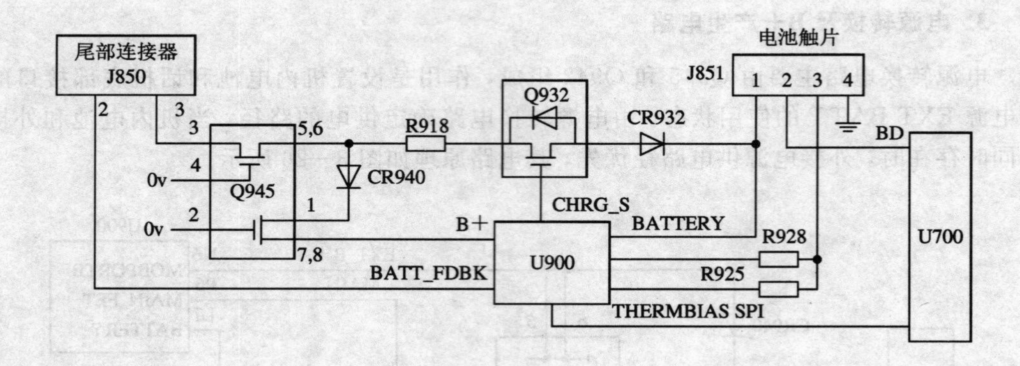

图 3-27　摩托罗拉 V60 型手机充电电路原理图

3.2.5　音频电路分析

摩托罗拉 V60 手机的音频电路包括 U900、听筒、话筒、振子、振铃等。其电路原理如图 3-28 所示。

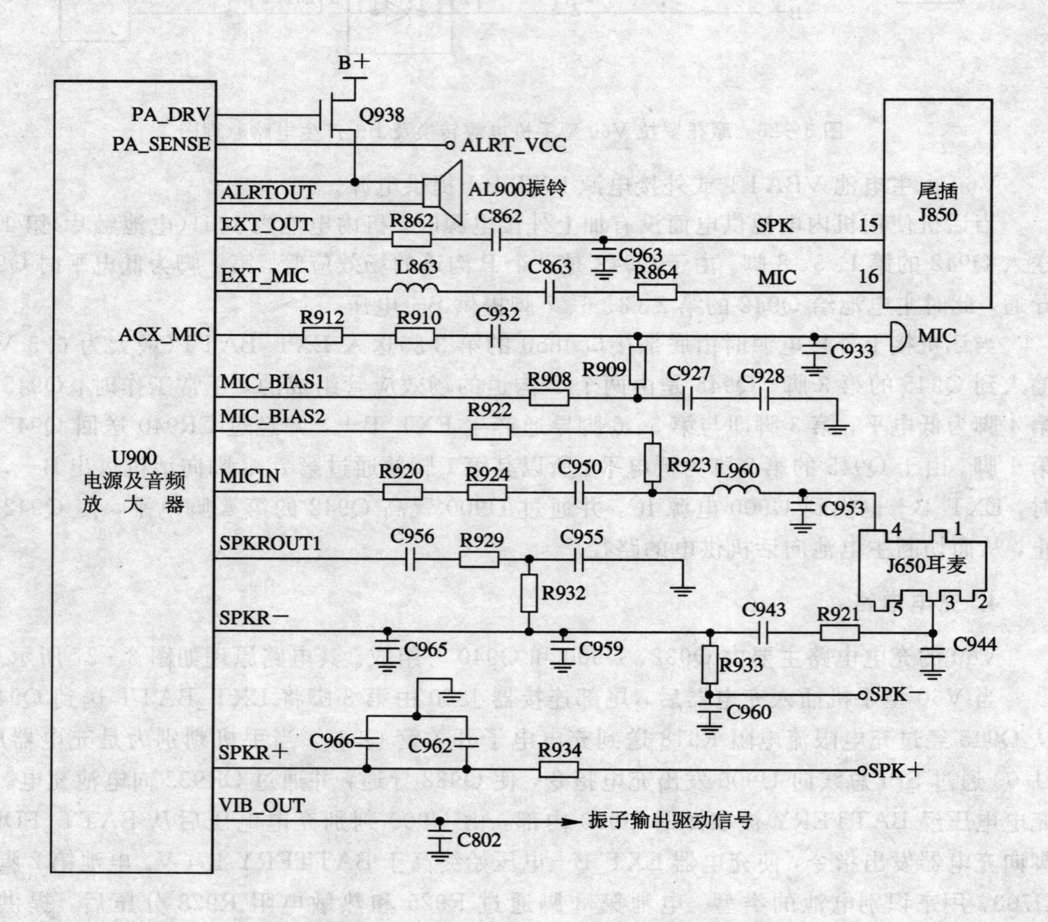

图 3-28　摩托罗拉 V60 型手机音频电路原理图

1. 听筒

V60 有三种模式可供用户选择。

当数字音频信号在 CPU 和 SPI 总线的控制下传输给 U900 时，经过 D/A 转换成模拟语音信号由内部语音放大，放大量则由 SPI 总线进行控制。

当用户使用机内听筒时由 SPK＋、SPK－接到听筒。

使用外接耳机时接到耳机座 J650 的＃3。

使用尾插时则由 EXT_OUT 经过 R862 和 C862 送尾插 J850 的＃15。

2. MIC 话筒

V60 同样支持用户使用机内话筒、耳机和尾插三种模式。由机内话筒或耳麦输入的音频信号在 U900 内放大后，在同一时刻有一路被选通，哪一路选通由 SPI 总线决定。MIC_BIAS1 和 MIC_BIAS2 提供偏置电压，同样，偏压的开启、关闭亦由 SPI 总线选择，而偏电压的存在与否也决定了哪一路被选通，被选通的信号经 U900 内部放大、编码(A/D)，通过四线串口送给 CPU 进一步数字化处理后，再送中频电路调制。

3. 振铃

振铃供电 ALRT_VCC 是在 U900 电源 IC 的控制下由 Q938 产生。Q938 是一个 P 沟道场效应晶体管，U900 通过控制 Q938 栅极电压来控制其导通状态，而 Q938 输出的电压 ALRT_VCC 通过 PA_SENSE 反馈回 U900，完成反馈的控制过程，从而使铃音更悦耳、动听。

4. 振子

在电源 IC 内部有一个振子电路，它的输入电压为 ALRT_VCC，从 VIB_OUT 输出 1.30 V 去驱动振子。

3.2.6 逻辑控制部分电路分析

逻辑单元主要由主微处理器 U700、系统版本程序贮存器 U701(FLASH)和两个暂存器 U702、U703 等组成，其电路结构如图 3－29 所示。

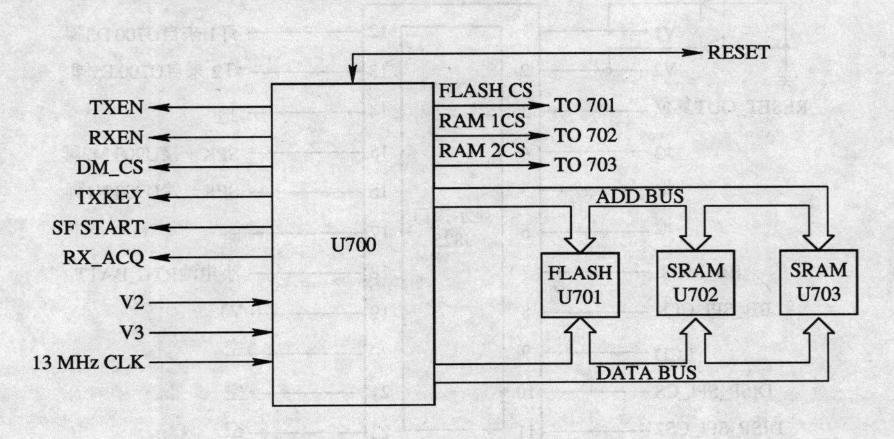

图 3－29　摩托罗拉 V60 型手机逻辑控制部分电路框图

V60 的中央处理器 U700 是一个功能强大的微处理器，除了与 U701、U702、U703 进行逻辑对话外，还负责整机电路的检测、运行监控及一些接口功能。

U701 为 V60 的 FLASH，它的内部装载了手机运行的主程序，型号一般为 28F320W18、28F640W18。

U702、U703 是 V60 的两个暂存器，在 CPU 的工作过程中，它用于存放数据操作的中间结果。掉电后，数据丢失。其中 U702 为 4 MB，U703 为 2 MB，由 CPU 来决定何时选通其中一个，与之完成运算、通信等功能。

3.2.7　输入/输出接口部分电路分析

1. 显示电路

V60 的显示电路使用了 BB_SPI 总线，BB_SPI_CLK 是它的时钟，SPI_D_C 和 DISP_SPI_CS 作为总线控制信号，显示数据从 BB_BOSI 传输，它们由连接器 J825 连接到翻盖的液晶驱动器。这类连接线由于所需传输线路少，主显示解码驱动电路集成在上盖内，这样，排线很少出问题。V2、V3 为翻盖板提供电源。如图 3-30 所示。

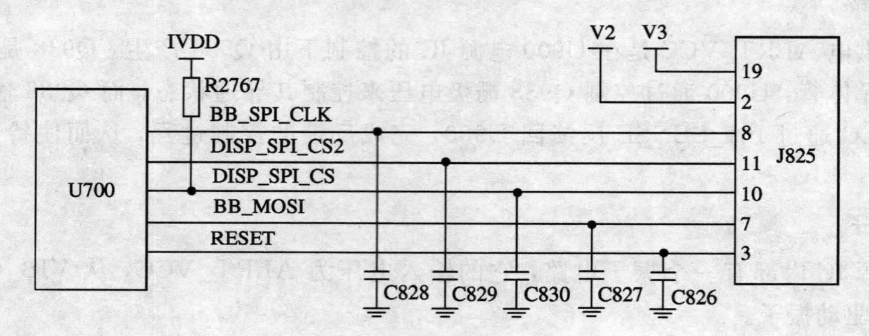

图 3-30　摩托罗拉 V60 型手机显示电路图

显示接口 J825 负责翻盖与主板的连接，共 22 个脚，其中包括显示、彩灯、听筒、备用电池等的连接，如图 3-31 所示。

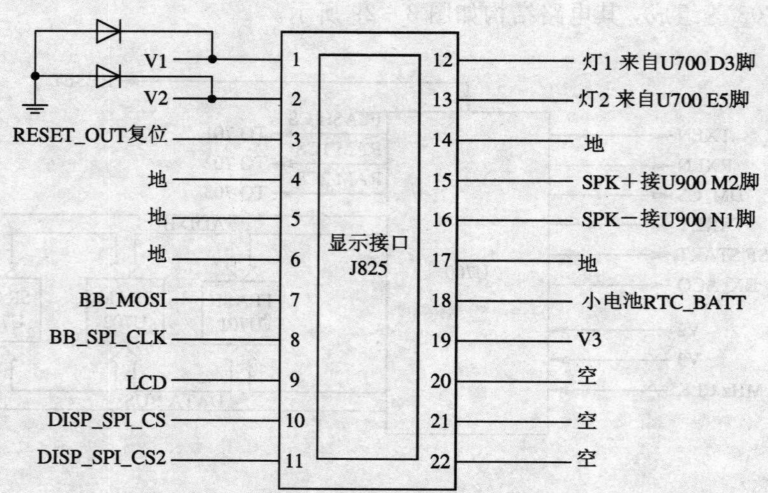

图 3-31　摩托罗拉 V60 型手机显示接口电路图

2. SIM 卡电路

VSIM 为 SIM 卡提供电源，VSIM_EN 是 SIM 卡的驱动使能信号，由 U700 发出，在 VSIM_EN 和 U900 内部逻辑的控制下，U900 内部场效应管将 V_BOOST 转化得到 VSIM，VSIM 的电压可以通过 SPI 总线编程设置为 3 V 或 5 V。SIM I/O 是 SIM 卡和 CPU U700 的通信数据输入/输出线，在 SIM_CLK 时钟的控制下，SIM I/O 通过 U900 与 CPU 通信。LS1_OUT_SIM_CLK 是 SIM 卡的时钟，它由 U900 将 U700 发出的 SIM_CLK 经过缓冲后得到；LS2_OUT_SIM_RST 作为 SIM 卡的 RESET 复位信号，它是 U900 将 U700 发出的 SIM_RST 缓冲后得到的。其电路原理如图 3-32 所示。

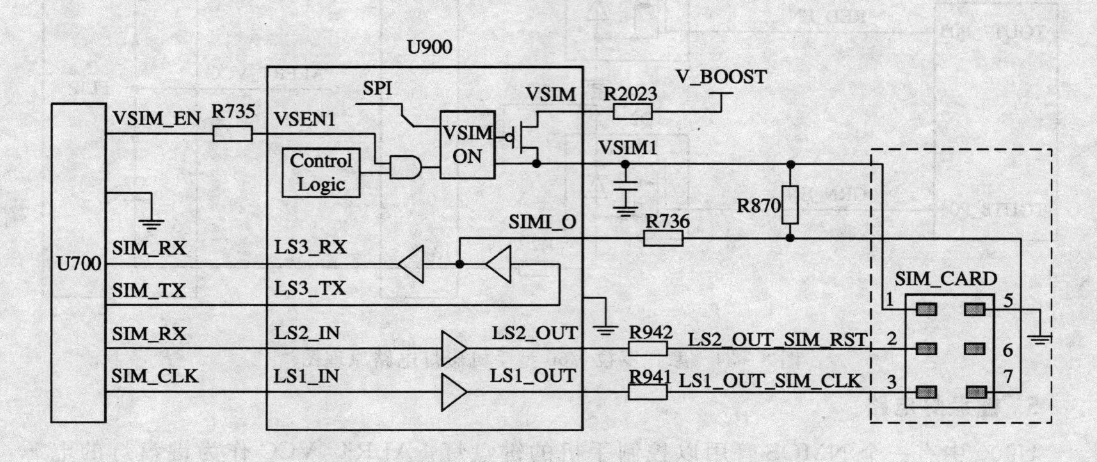

图 3-32　摩托罗拉 V60 型手机 SIM 卡电路原理图

3. 红绿指示灯电路

图 3-33 所示为摩托罗拉 V60 型手机红绿指示灯电路原理图。

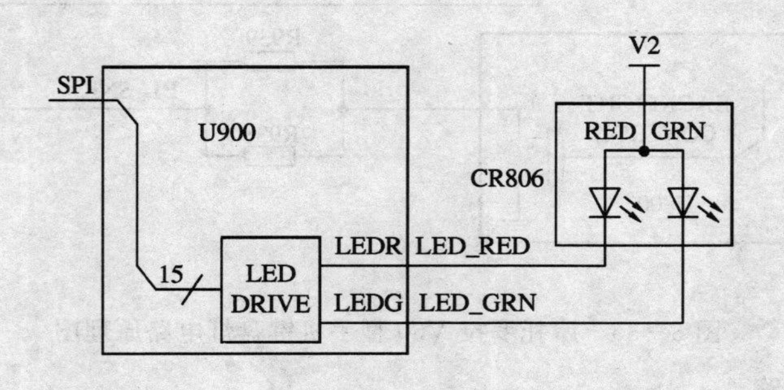

图 3-33　摩托罗拉 V60 型手机红绿指示灯电路原理图

指示灯的红色发光二极管和绿色发光二极管由 U900 的两个管脚分别控制，当需要开启时，U900 将控制脚电平拉低形成电流后，所对应的二极管发光工作。指示灯的使能位是 U900 的 LED_RED 和 LED_GRN，当 LED RED 电平拉低时，对应的 CR806 中 RED 导通，从而点亮红色指示灯。当 LED_GRN 拉低时，对应 CR806 中的 GRN 导通，从而点亮绿色指示灯。

4. 彩灯电路

V60 的彩灯设有两种颜色，它们由 ALERT_VCC 提供电源，Q1、Q2 为两个场效应管，分别控制红色和绿色彩灯，如图 3－34 所示。当 U700 发出 RED_EN 使 Q1 导通时，红色彩灯开启；当 U700 发出 GRN_EN 使 Q2 导通时，绿色彩灯开启。R1 和 R2 为限流电阻。

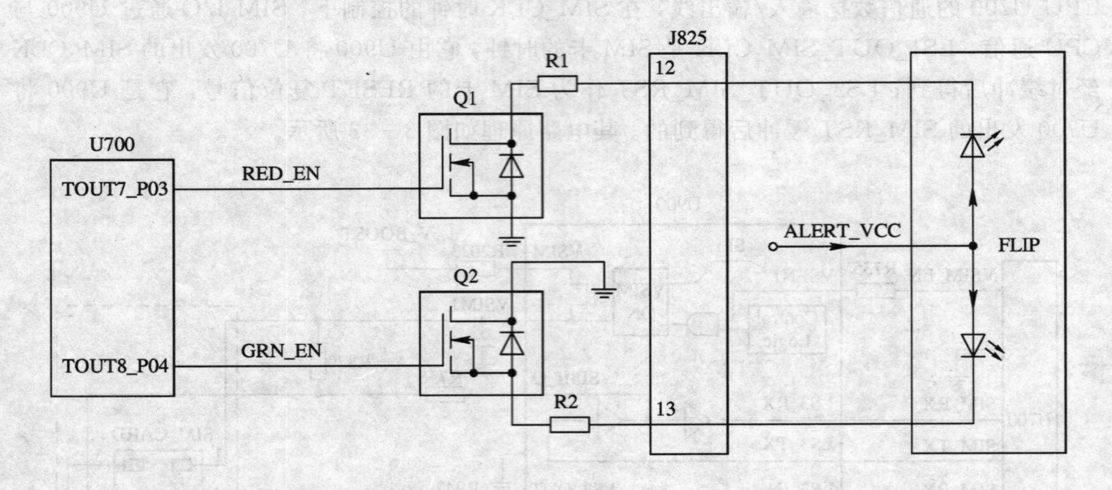

图 3－34　摩托罗拉 V60 型手机彩灯电路原理图

5. 键盘灯电路

U900 中有一个 NMOS 管用以控制手机的键盘灯，ALRT_VCC 作为键盘灯的电源，提供给键盘灯正极，并通过电阻 R939、R932 与 U900 内的 NMOS 管连接。NMOS 的栅极通过 SPI 总线由软件控制其导通与否。键盘灯电路原理如图 3－35 所示。

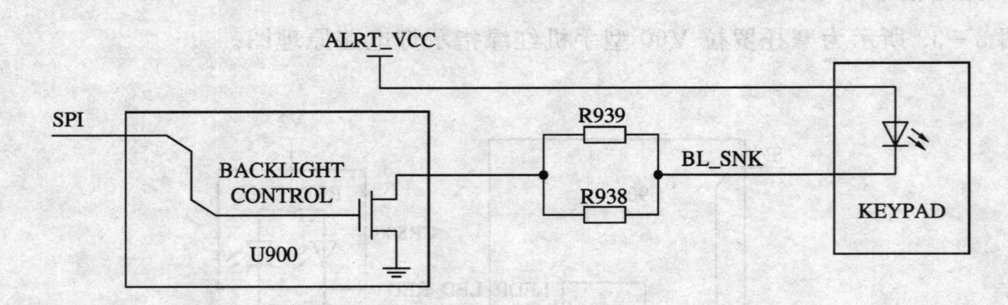

图 3－35　摩托罗拉 V60 型手机键盘灯电路原理图

6. 键盘接口电路

J800 负责连接键盘与主板，共有 14 脚。其第 11 脚接开关机按键，如图 3－36 所示。

(1) 第 1 脚接地；

(2) 第 2、4 脚为振铃供电；

(3) 第 3 脚为背景灯控制；

(4) 第 5 脚为磁控管；

(5) 第 6～12 脚为键盘线；

(6) 第 13 脚为开机线；

(7) 第 14 脚为 V2。

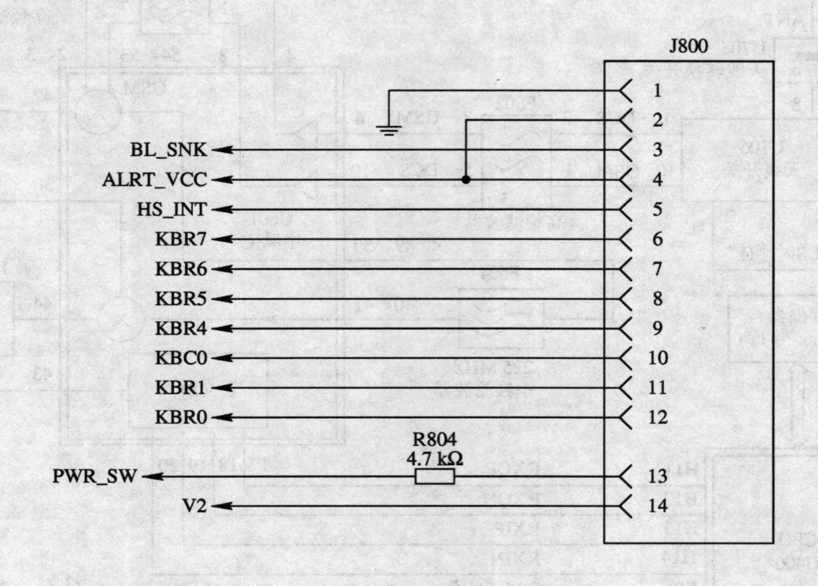

图 3-36　摩托罗拉 V60 型手机键盘接口电路原理图

3.3　三星 T108 型手机电路分析

三星 T108 型手机是一款双频中文手机，拥有“内、外双屏显示”、“和弦铃音”等功能。特别是内屏为超大屏幕彩显，推出伊始即受到广大用户的喜爱，不失为一款成功的机型。

3.3.1　三星 T108 型手机接收部分电路分析

三星 T108 是一款双频中文手机，既可以工作于 GSM 900 MHz 频段(包括扩展 EGSM 频段：925～935 MHz、880～890 MHz)，又可以工作在 DCS 1800 MHz 上。它的接收机采用超外差二次下变频接收方式，主要由接收高频处理部分、接收中频处理部分和接收音频处理部分组成，其电路原理框图如图 3-37 所示。

三星 T108 型手机接收过程如下：

由天线感应到的高频信号经外接插座 U708 后，至天线开关 U706 的第 8 脚。当话机工作于 900 MHz 时，高频信号经天线开关后从第 10 脚送出 925～960 MHz 的高频信号；当话机工作于 1800 MHz 时，高频信号经天线开关后从第 1 脚送出 1805～1880 MHz 的高频信号。VC1 和 VC2 是频段切换信号，在 RX 接收状态下均呈低电平，VC2 在 900 MHz 发射时为高电平，VC1 在 1800 MHz 发射时为高电平。接收高频信号经由天线开关送出，首先进入 F602 高频滤波器。其中第 1、7 脚间筛选出 925～960 MHz 的 GSM 900 MHz 高频信号，第 3、5 脚间筛选出 1805～1880 MHz 的 DCS 1800 MHz 高频信号。当话机工作于 GSM 900 MHz 时，接收的高频信号经 F602 滤波后，从 F602 第 7 脚送入中频 IC U601 的第 6 脚。经 U601 内部高频放大器放大后，由第 4 脚送高频滤波器 F601 的第 3 脚。从 F601

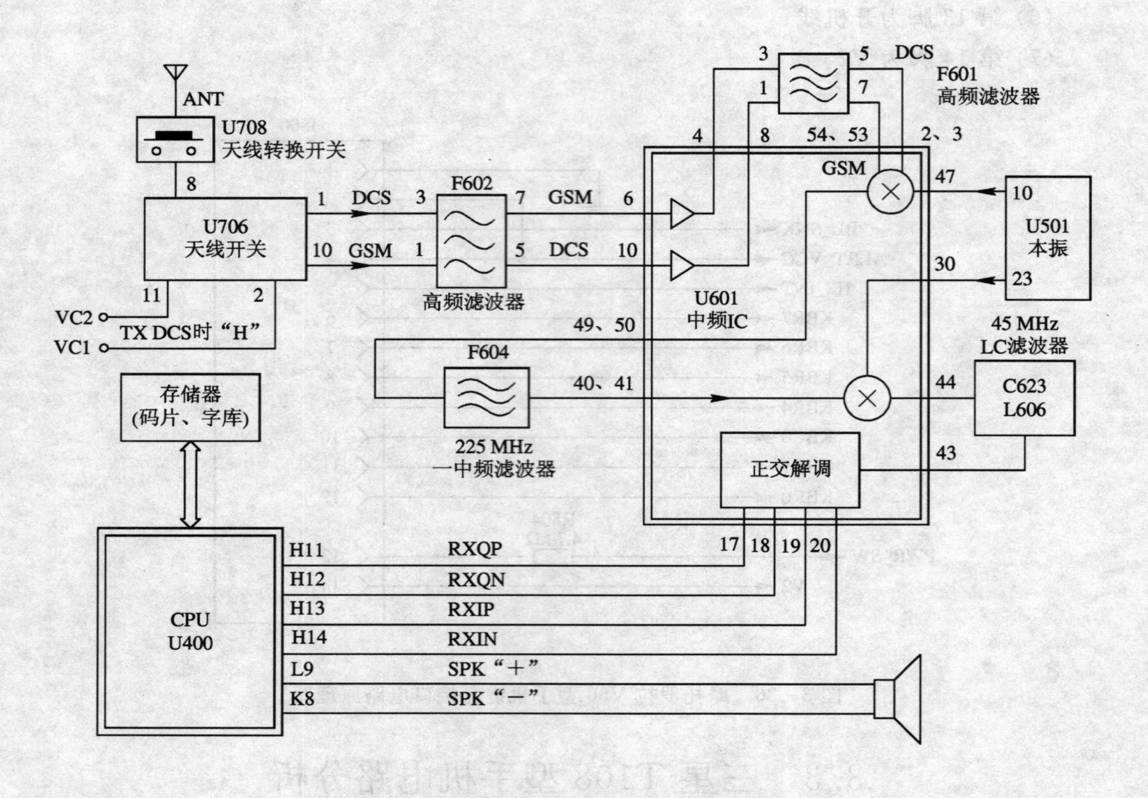

图 3-37　三星 T108 型手机接收流程图

第 7 脚送出滤波后的高频信号进入 U601 的第 53、54 脚，此高频信号与来自本振 IC 产生的 1150～1185 MHz 的本振信号进行混频，产生 225 MHz(1150～1185 MHz 减去 925～960 MHz)的一中频信号，此时 GSM 900 MHz 段高频信号处理过程结束。

当话机工作于 DCS 1800 MHz 时，接收的高频信号经 F602 滤波后，从 F602 第 5 脚送入中频 IC U601 的第 10 脚。经 U601 内部高频放大器放大后，由第 8 脚送 F601 的第 1 脚。从 F601 第 5 脚送出滤波后的高频信号进入 U601 的第 2、3 脚，此高频信号与来自本振 IC 产生的 1580～1655 MHz 的本振信号进行混频，产生 225 MHz 的一中频信号，此时 DCS 1800 MHz 段高频信号处理过程结束。

一中频信号是一个固定的中频，不像高频部分是一个范围。这要归功于本振 IC 能够不断随着高频的变化而变化。而高频部分之所以有许多频率，是因为有着如此之多的用户，系统不得不拿出一个范围内的频率来供选择。

中频处理部分主要由 U601 承担。一中频信号由 U601 的第 49、50 脚送一中频滤波器 F604 进行提纯，然后送回 U601 第 40、41 脚，此一中频信号与来自本振 IC 的二本振 IFLO 信号(1080 MHz)经过 4 分频(270 MHz)混频后，产生(270－225＝45 MHz)二中频信号。

二中频信号经 LC(由 C623、L606 组成，其中 C623 为 150PF、L606 为 82 mH)滤波后返回 U601 的第 43 脚，此信号经过进一步放大，在 U601 内进行正交解调，送出 RXI/Q 信号。此时中频处理过程结束。

在音频处理部分，三星 T108 型手机主要依赖于 CPU U400，CPU 负责将 RXI/Q 信号处理后输出 SPK“＋”、SPK“－”的话音模拟信号去推动听筒发声。有来电时的振铃信号则由 CPU 输出驱动信号，使 16 和弦音乐 IC U303 工作，使听筒发出悦耳的铃声。

注意：T108 的听筒与振铃是安装在上翻盖内。

3.3.2 三星 T108 型手机发射部分原理分析

三星 T108 手机的发射部分主要由发送音频处理部分、发射上变频及发射高频处理等部分组成，整个过程就是一个由音频上变频为高频的过程，如图 3-38 所示。

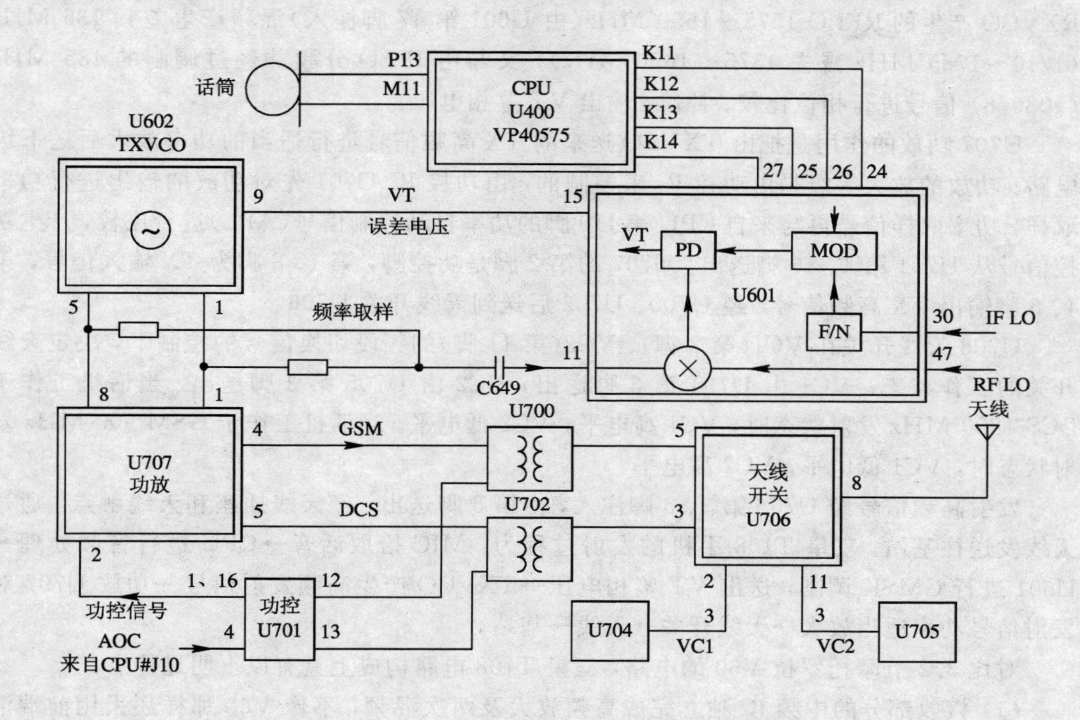

图 3-38 三星 T108 型手机发射流程图

三星 T108 型手机发射流程如下：

话筒(MIC)将拾取到的话音转变为模拟话音信号后，由第 P13、M11 脚注入 CPU U400。CPU 首先将其进行 PCM(编码)后，将数字话音信号进一步处理，直至形成基带信号，由 CPU U400 第 K11、K12、K13、K14 脚送出。

CPU 送来的 TXI/Q 信号进入 U601 中频 IC 的第 24、25、26、27 脚，由中频 IC 内部的带有 90°相位分离的 I/Q 调制器(MOD)完成调制。GSM 时调制在 270 MHz(IFLO 分频后获得：1080/4＝270 MHz)；DCS 1800 MHz 调制在 135 MHz(IFLO 分频后获得的 270 MHz，再分频 270/2＝135 MHz)。对此信号进行 90°的相移合成后，就具有了一个适合稳定的电平。

发射上变频部分主要依靠 TXVCO U602 来完成。由 TXVCO 直接振荡产生发射所需的高频频率(GSM 时 880～915 MHz，DCS 时 1710～1785 MHz)。

TXVCO 输出的发射高频信号，一路输出到功放进行功率放大，然后经天线发往基站。另一路经 C649 取样返回到 U601 进行鉴相，输出误差电压 VT 从 U601 的第 15 脚送到

TXVCO 的第 9 脚，以使 TXVCO 输出的频率更准确。

鉴相器输出的误差电压 VT 包含音频信号。此鉴相电压的产生过程为：GSM 900 MHz 时，由 TXVCO 产生的 880～915 MHz 的高频信号(取样得到)与 RXVCO U501 产生的 RFLO 1150～1185 MHz(由 U601 第 47 脚注入)混频产生差频 270 MHz (1150～1185 MHz 减去 880～915 MHz)，又与由 IFLO(RXVCO 产生的)分频后经过调制的 270 MHz(1080/4) 信号进行相位比较、补偿，从 U601 的第 15 脚输出 VT 鉴相电压；当话机工作于 DCS 1800 MHz 时，由 TXVCO 产生的 1710～1785 MHz 的高频信号(取样得到)与 RXVCO 产生的 RFLO 1575～1650 MHz(由 U601 第 47 脚注入)混频产生差频 135 MHz (1710～1785 MHz 减去 1575～1650 MHz)，又与由 IFLO 分频并经过调制的 135 MHz (1080/8) 信号进行相位比较、补偿，输出 VT 鉴相电压。

U707 功放的作用是把由 TXVCO 送来的 TX 高频信号进行适当的功率放大后送下级电路。功放的放大等级是由功控 IC 来控制的，由功控 IC U701 先对功放的输出进行功率取样，功率取样信号再与来自 CPU 第 J10 脚的功率自动控制信号(APC)进行比较，产生功控信号从 U701 第 1、16 脚送出。U707 的第 2 脚是功控脚，第 1、8 脚为 TX 输入信号，第 4、5 脚输出 TX 高频信号，经 U700、U702 后送到天线开关 U706。

U706 天线开关在 VC1(第 2 脚)、VC2(第 11 脚)的频段切换信号的控制下，决定天线开关的工作状态。VC1 由 U704 第 3 脚送出，VC2 由 U705 第 3 脚送出。当话机工作于 DCS 1800 MHz 发射状态时，VC1 高电平，VC2 低电平。当话机工作于 GSM 900 MHz 发射状态时，VC1 低电平，VC2 高电平。

发射高频信号经 U706 第 3、5 脚注入，由第 8 脚送出，经天线插座和天线触点，通过天线发送往基站。三星 T108 手机的发射过程为：MIC 拾取话音→CPU 进行音频处理→U601 进行 GMSK 调制，送出 VT 鉴相电压→TXVCO 产生高频发射信号→功放 U707 对发射信号功率适当放大→天线开关→天线→基站。

对比 3.2 节摩托罗拉 V60 的电路，三星 T108 电路构成上具有以下明显特点：

(1) 接收部分的中频 IC 独立完成高频放大及两次混频，不像 V60 那样还采用前端混频高放 IC，同时 T108 仅采用了一个接收本振 IC 就能提供 RFLO 和 IFLO，使得电路简化。

(2) 发射部分对两种频率信号的功率放大共用一个功放 IC。

(3) CPU U400 除了具有传统意义上 CPU 的功能外，同时还集成有 DSP 数字信号处理器、音频处理器、各种 I/O 接口、A/D 转换器等，无疑是芯片制造的进步。

(4) 直流稳压供电不采用集中方式，即逻辑稳压供电、射频稳压供电等分别采用几个六脚的稳压 IC。

(5) 拥有“内、外双屏显示”、“和弦铃音”等功能。特别是内屏为超大屏幕彩显，这是三星 T108 型手机的大卖点。

3.3.3 三星 T108 型手机 16 和弦 IC U303 工作原理

三星 T108 手机采用 16 和弦铃声，很受用户欢迎。相对于传统的手机振铃，16 和弦铃声采用了全新的电路结构。其电路原理如图 3-39 所示。

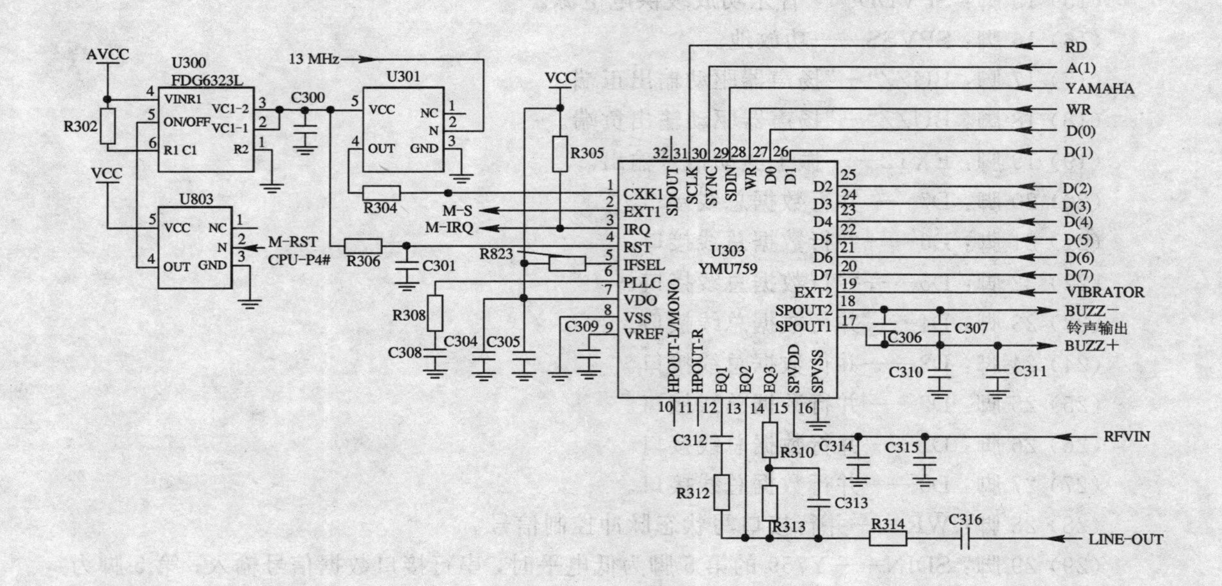

图 3-39　三星 T108 型手机 16 和弦铃声电路图

T108 的 16 和弦铃声电路采用的是 YAMAHA 的音乐 IC YMU759-QE2（下文简称 Y759），与三星 628 一样。Y759 内含存贮器，可通过传输线写入音乐程序，因此，当更换 Y759 以后，必需重新下载铃声。Y759 内有音频功放，可直接推动扬声器发出美妙的音乐。下面是 Y759 的各引脚功能：

（1）1 脚：CLK1——Y759 的主时钟信号输入，在 T108 手机中是 13 MHz。要求时钟频率在 2～20 MHz 之间。

（2）2 脚：EXT1——M-S 信号输出，去 CPU-5＃。

（3）3 脚：$\overline{\text{IRQ}}$——中断请求信号 M-IRQ 信号输出，连接 CPU-KI＃。

（4）4 脚：$\overline{\text{R ST}}$——Y759 复位信号输入。

（5）5 脚：IFSEL——CPU 接口通信方式选择，当 IFSEL 为低电平时，为串行接口通信；当 IFSEL 为高电平时，为并行接口通信。在 T108 手机中，IFSEL 为 3 V 高电平，因此，Y759 与 CPU 间采用 8 位并行口通信。

（6）6 脚：PLLC——外接阻容，产生电压信号对内置 PLL 进行控制。

（7）7 脚：VDD——Y759 数字电路部分供电输入，T108 手机中为 3 V 供电。

（8）8 脚：VSS——地。

（9）9 脚：VREF——模拟参考电压。

（10）10 脚：HPOUT-U/MONO——耳机左声道信号输出，在 T108 手机中它是个空脚。

（11）11 脚：HPOUT-R——耳机右声道信号输出，在 T108 手机中它是个空脚。

（12）12 脚：EQ1——内置均衡放大器的外部控制信号输入 1。

（13）13 脚：EQ2——内置均衡放大器的外部控制信号输入 2。

（14）14 脚：EQ3——内置均衡放大器的外部控制信号输入 3。

(15) 15 脚：SPVDD——音乐功放级供电电源。

(16) 16 脚：SPVSS——功放地。

(17) 17 脚：BUZZ“＋”扬声器驱动输出正端。

(18) 18 脚：BUZZ“－”扬声器驱动输出负端。

(19) 19 脚：EXT2——振子驱动信号输出。

(20) 20 脚：D7——并行数据总线接口。

(21) 21 脚：D6——并行数据总线接口。

(22) 22 脚：D5——并行数据总线接口。

(23) 23 脚：D4——并行数据总线接口。

(24) 24 脚：D3——并行数据总线接口。

(25) 25 脚：D2——并行数据总线接口。

(26) 26 脚：D1——并行数据总线接口。

(27) 27 脚：D0——并行数据总线接口。

(28) 28 脚：$\overline{WR}$——并行接口写状态脉冲控制信号。

(29) 29 脚：SDIN——Y759 的第 5 脚为低电平时，串行接口数据信号输入；第 5 脚为高电平时，并行接口片选信号。在 T108 手机中，它工作在片选状态。

(30) 30 脚：SYNC——Y759 的第 5 脚为低电平时，串行接口数据控制信号；第 5 脚为高电平时，并行接口地址信号。在 T108 手机中，它是地址线 A1。

(31) 31 脚：SCLK——Y759 的第 5 脚为低电平时，串行接口比特时钟信号输入；第 5 脚为高电平时，并行接口读状态脉冲控制信号。在 T108 手机中，它是读状态脉冲控制信号。

(32) 32 脚：SDOUT——串行接口数据输出信号，在 T108 手机中为空脚。

3.3.4 三星 T108 型手机显示屏的工作原理

三星 T108 型手机显示屏有两个，其电路原理如图 3－40 所示。其中主(内)显示屏为彩色显示，副(外)显示屏为传统的黑白显示。内屏参数为：4096 色彩色屏幕，128×160 像素，中文:9 行；外屏参数为：单色屏幕，96×64 像素，蓝色背景灯。

无论是彩色显示屏，还是黑白的显示屏，其工作原理类似。彩色显示屏的技术最早应用于笔记本电脑上，与传统的液晶黑白显示屏不同之处在于彩色的液晶显示屏在制作时要在普通液晶显示屏上加一个彩色的滤光片，并且将单色显示矩阵中的每一个像素分成三个子像素，分别通过彩色滤光片显示出红、绿、蓝三原色，再由 CPU 对显示驱动 IC 发出各种指令来调节出丰富多彩的颜色。目前三星公司已制造出 65 536 色的彩屏。

显示屏的工作依赖于 CPU 对其发出的指令，这些指令通过数据线(D0～D7)、地址线(A0)传递给 LCD，由于三星 T108 是双 LCD，为了省电，在翻盖合拢时只有小 LCD 显示，大的彩色 LCD 不显示，U202 的第 4、6 脚送出的即是大、小 LCD 的控制，由 CPU 第 H5 脚送出的 LCD_EN 和 E2 脚送出的 LCD_CS 进入 U202 中两个或门电路，送出该控制信号。

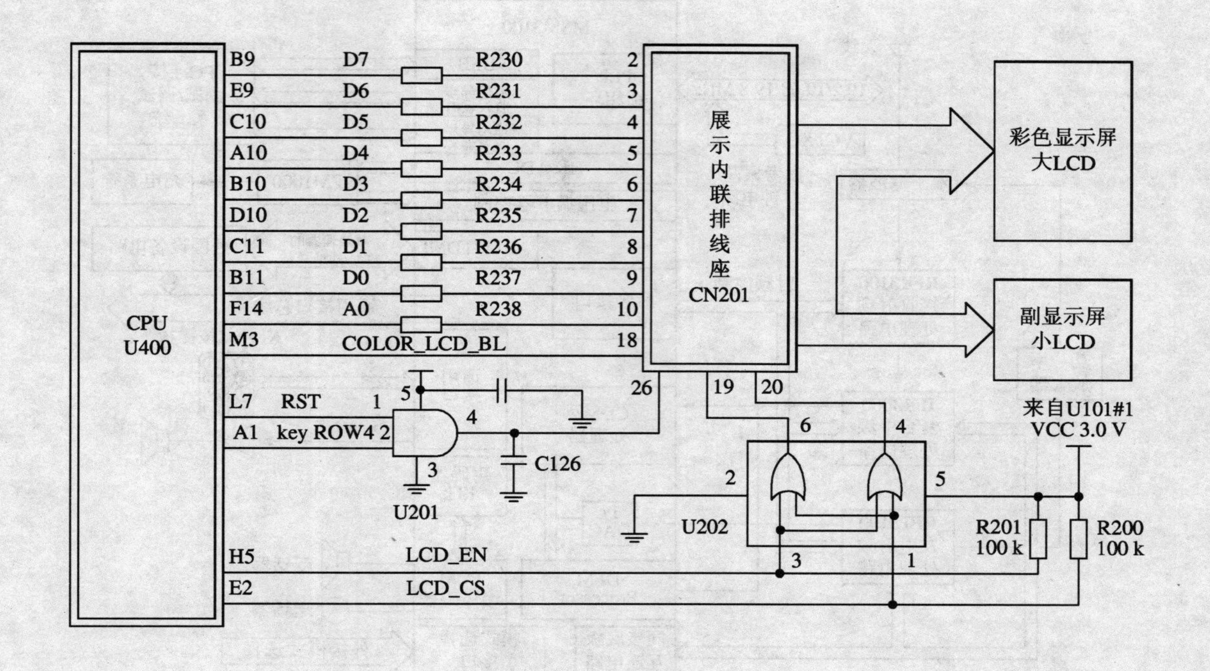

图 3－40　三星 T108 型手机显示屏工作原理图

3.4　CDMA 型手机芯片组合与系统简介

当前各厂商研制出来的 CDMA 手机基本上都是 CDMA 2000 1x 模式，且使用美国高通（QUALCOMM）公司开发出来的 CDMA 移动台芯片应用组合，主要有 MSM3100、MSM3300、MSM5100、MSM5105 等几个系列。如三星 A399、N299、A809 及波导 C58、浪潮 CU100、TCL1838 就是采用 MSM3100 芯片组为电路主要构成方式，三星 X199 应用芯片组为 MSM5100，TCL1828 应用芯片组为 MSM5105 等。应用相同芯片组的 CDMA 手机在电路结构上有一致性与相似性，原理也基本一样，但因界面设计的差异与接口功能的改变，芯片的外围分立元件与通用输入/输出接口的定义却有差别。

3.4.1　MSM3100 芯片组合分析

MSM3100 芯片组合，是高通公司开发出的第六代 CDMA 芯片组合和系统方案，该芯片组合主要包括 MSM3100、IFR3000、RFT3100、RFR3100 和电源管理模块 PM1000 五个芯片。图 3－41 是 MSM3100 芯片组合应用系统框图。

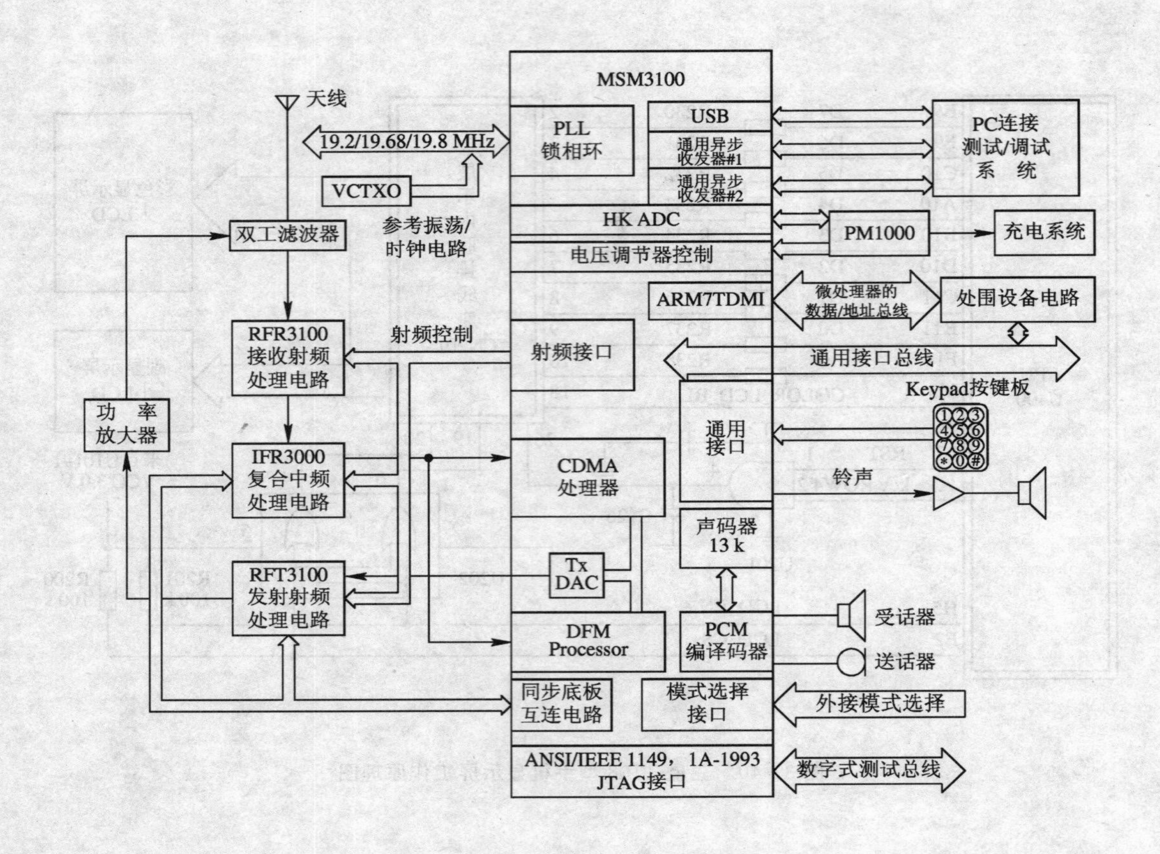

图 3-41　MSM3100 芯片组合应用系统框图

1. MSM3100 芯片简介

MSM3100 芯片是 3100 芯片组的核心，为 FBGA 封装，共有 208 脚。该芯片将数字和模拟功能集成在一个芯片上，功率低、成本低，且包括所有的 CDMA 基本组成部件。它包括 CDMA 处理器、数字信号处理器核心、多标准语音编解码器、锁相环、带耳机及麦克风放大器的集成 PCM 编解码器、通用模/数转换器(ADC)、ARM7 TDMI 微处理器以及存储器接口、通用串行总线(USB)和 RS-232 串行接口。另外设计有与 RF 电路相连的功率控制电路和低功率睡眠控制器。

MSM3100 芯片进行基带数字信号处理并可执行用户系统软件。它是用户终端的中心接口设备，能提供对射频和基带部分的接口及控制信号、对音频电路的控制以及内存接口和必需的用户接口。集成编解码器后，MSM3100 芯片可直接与麦克风和耳机连接，从而大大减少了与一些无源组件的音频接口。

MSM3100 芯片直接与 RFT3100 芯片连接，可完成模拟基带信号至发射射频信号的上变频；与 RFR3100 芯片连接，可完成接收射频信号至中频信号的下变频；与 IFR3000 芯片连接，可完成中频信号至基带信号的转换；与 PM1000 芯片连接，可完成整机电源管理。

MSM3100 芯片的微处理器对芯片组合的工作和各个芯片进行有效控制。

2. RFT3100 芯片简介

RFT3100 作为基带的射频处理器，提供了最先进的 CDMA 发射技术，执行所有发射信号的处理功能。RFT3100 芯片利用一个模拟基带接口，直接与 MSM3100 芯片相连，它处在数字基带和功放之间，在芯片中集成了以下功能：I/Q 调制器、从中频到射频的单边带上变频和供产生发射中频的可编程的锁相环、驱动放大器、发射功率控制器(ACC)等。

3. 芯片 RFR3100 简介

RFR3100 是工作在射频到中频接收的芯片，执行所有前端接收信号处理功能。RFR3100 芯片集成了双频带低噪声放大器和混频器，供射频到 CDMA 和调频中频的下变频。RFR3100 和 IFR3100 芯片一起提供了完整的射频到基带的芯片集技术，供接收路径。

RFR3100 芯片的 CDMA 低噪声放大器，在高电平干扰信号状态时提供增益控制，以增加动态范围，确保接收性能和电流损耗。该芯片的工作模式和频带选择受 MSM3100 芯片控制，包括电源关断模式，使电源管理得到优化，使待机时间得到延长。

4. 芯片 IFR3000 简介

在 IFR3000 芯片内的电路部件，包括接收自动增益控制放大器、中频混频器、CDMA/FM 低通滤波器(实现中频到模拟基带的下变频转换)和模拟到数字的转换器(实现 I/Q 模拟基带到数字基带的转换)。IFR3000 芯片还包括时钟发生器，它可以驱动话机的数字处理器和压控振荡器(VCO)，产生接收混频本振信号。

5. 芯片 PMl000 简介

PMl000 芯片是一个拥有完整电源管理系统的芯片，供 CDMA 手机应用。其基本功能是提供可编程电压，进行电池管理、充电控制和线性电压调整；供数字和射频/模拟电路。电池管理包括过压和过流保护及低电报警等。充电控制包括供锂电和镍氢电池充电模式的选择。电压调整包括供电的复位和控制。

电池充电系统控制电池充电电流和电压。在充电系统中有两个充电模式：快速充电系统和待机充电系统。PM1000 芯片可以通过感应装置，来实现使用一个单电池或使用一个双电池系统的自动转换和过压过流保护、一个支持两个电池的低电压告警、一个库仑计数器用于显示电池电量，这些功能被集成在 PM1000 芯片中，测试和完成电池的充电工作。同时，该芯片也支持两种类型的外部电源组的使用：恒流/恒压或只有恒压。

PM1000 芯片包含八个供电稳压管，以提供稳定的电压给 CDMA 手机的射频和数字逻辑部分。通过使用 QUALCOMM 的"三线"串行总线接口(SBI)，微处理器可单独地对每个调整器进行控制和编程，这可使微处理器对各系统进行开启和关闭、调控各供电管的输出电压。在手机的开启状态，通过 PM1000 可控制各电路供电的次序。

此外，对于电源管理以外的功能，PM1000 也包含了各种间接支持的功能，如数字到模拟的转换器(ADC)、实时时钟(RTC)、键盘及背景灯驱动器、显示屏(LCD)背景灯驱动器、振铃驱动器和一个振子驱动器。

PM1000 芯片所有的工作模式和功能，都可以经"三线"串行总线接口(SBI)，由 MSM3100 芯片的微处理器控制。

目前大多数 CDMA 手机厂商都是只使用了 MSM3100、IFR3000 和 RFT3100 芯片。

3.4.2 三星 CDMA A399 手机的电路结构

三星 CDMA A399 手机采用了美国高通(QUALCOMM)公司开发出来的 CDMA 移动台 MSM3100 芯片应用组合——MSM3100、IFR3000 和 RFT3100 芯片。图 3-42 是三星 CDMA A399 手机的整机电路方框图。

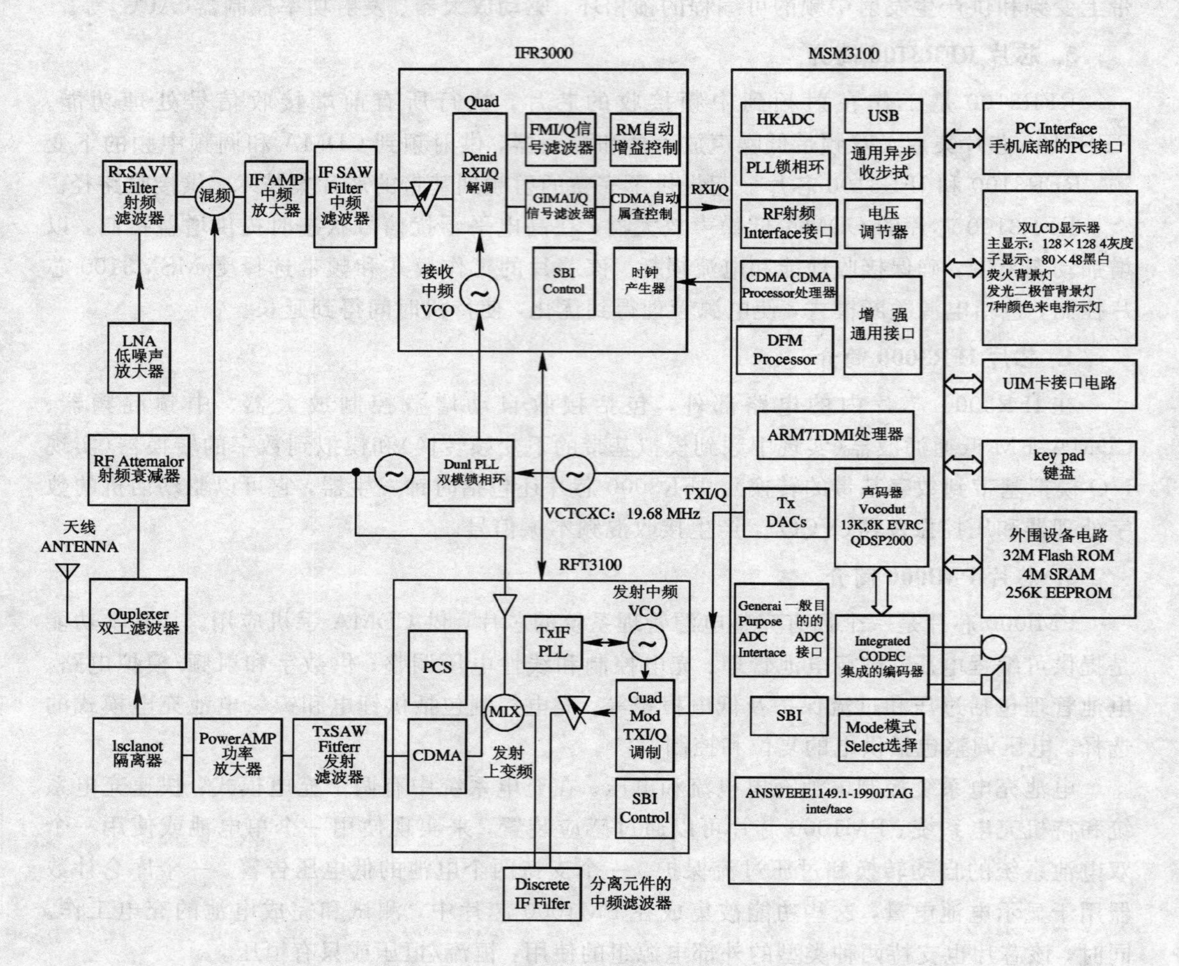

图 3-42 三星 CDMA A399 手机的整机电路方框图

A399 手机的接收机是一个超外差一次变频接收机；A399 的发射机是一个带发射上变频器的发射机。

在接收方面，天线接收感应到的射频信号经双工滤波器进入接收机电路。射频信号首先经一个射频衰减器，射频衰减器主要是防止强信号造成接收机阻塞。经射频衰减器后，信号由低噪声放大电路进行放大。放大后的信号由射频滤波器滤波，然后进入混频电路。在混频电路中，接收射频信号与本机振荡信号进行混频，得到接收机的中频信号。中频信号经中频滤波后送入 IFR3000 芯片，由 AGC 放大器再一次放大，然后由 I/Q 解调电路进行解调。接收中频 VCO 电路产生一个 VCO 信号用于 I/Q 解调，I/Q 解调器输出 CDMA 手机的 RXI/Q 信号，送到 MSM3100 芯片进行逻辑处理，最终推动耳机发声。

在发射方面，逻辑电路(MSM3100 芯片)输出的 TXI/Q 信号被送到 RFT3100 芯片内的 I/Q 调制器。用于 I/Q 调制的载波信号由一个专门的发射中频 VCO 电路产生，I/Q 调制器输出的发射已调中频信号经滤波后到发射上变频电路。在发射上变频电路中，已调中频信号与射频 VCO 信号进行混频，得到最终发射信号，最终发射信号经 CDMA 信号形成电路输出到功率放大集成电路。最终发射信号经功率放大后，经隔离器、双工滤波器到天线，由天线将高频信号转化成高频电磁波辐射出去。

三星 CDMA A399 手机的基带处理、音频处理及整机控制等均由 MSM3100 芯片完成。

习 题 三

1. 说明诺基亚 8210/8850 型手机的射频接收和射频发射的变频部分电路结构形式，并作适当的分析。

2. 说明诺基亚 8210/8850 型手机在电路硬件设计上是如何实现双频功能的？

3. 简述诺基亚 8210/8850 型手机的接收信号流程与发射信号流程。

4. 简述诺基亚 8210/8850 型手机逻辑控制部分的主要作用。

5. 说明诺基亚 8210/8850 型手机的逻辑电路中存储器的特点。

6. 简述诺基亚 8210/8850 型手机的开/关机流程。

7. 说明摩托罗拉 V60 型手机射频接收和射频发射的变频部分电路结构形式。

8. 简述摩托罗拉 V60 型手机三频切换的思路。

9. 摩托罗拉 V60 型手机的发射频率是如何保证准确的？

10. 简述摩托罗拉 V60 型手机的功率控制的方法。

11. 对比诺基亚 8210/8850 型手机和摩托罗拉 V60 型手机的电路，请简述三星 T108 型手机电路构成上的明显特点。

12. 简述三星 T108 型手机彩色液晶显示屏的工作原理。

13. 简述 MSM3100 芯片的特点。

14. MSM3100 芯片组合是如何构成 CDMA 型手机整机电路的？

第4章 手机维修

4.1 手机维修基础

4.1.1 手机电路图的读识

手机电路分为四部分：射频、音频/逻辑、电源和输入/输出接口。但不同厂家生产的手机，其电路总是有很大的差别，维修人员除了需要掌握手机基本结构外，还要能读懂手机的各种图纸。如果看不懂图纸，在维修手机时会感到无从下手。因此，看图、识图是维修手机的基础，能迅速识别手机电路是一个维修人员必备的基本能力。手机电路图虽复杂多样，但还是有规律可循的。

手机图纸分为三种类型：手机原理电路图、元器件分布图和实物图。三种图中系统的原理电路图尤为重要，它是识别其余两种图的基础和依据。因此读图原则是：首先读懂手机原理电路图，其次是元器件分布图，最后是实物图。这样才能由理想的电路符号到具体的元器件，对手机电路有一个实质性的认识。

手机原理电路图，即用理想的电路组件符号来系统地表示出每种手机的具体电路，通过标注图纸上各种电路组件符号及其连接方式，系统地反映了手机电路的实际工作情况(参见图 4 - 1)，它是我们认识不同类型手机及其特点的重要理论依据。电路原理图涉及的电路元件比较多，如电阻、电容、电感、三极管、二极管、变容二极管和晶体及滤波器等，另外涉及到微处理器、内存、字库、语音编/译码、电源 IC 等集成电路，线路密集复杂。因此，掌握读图方法，读懂电路就显得格外重要。

下面我们从手机电路原理图的四部分着手，介绍识图方法。

1) 射频部分电路

射频部分电路主要特点是以集成电路射频 IC 为核心(有时此 IC 又分为前端混频 IC 和中频 IC 两个模块)，同时收发电路有接收一本振(RXVCO1)、二本振(RXVCO2)和发射压控振荡器(TXVCO)进行频率合成有效配合，发射电路末级是以典型功放电路为标志进入收/发合路器，ANT 天线、滤波器等是只有射频电路独有的一些显著标志。射频电路信号特点是串行通信方式，这种信号在收发过程中不断地被“降频”和“升频”，直到调制/解调出收发基带信号(RX_IQ 和 TX_IQ)，这种收/发基带信号是射频和逻辑电路的分界线。

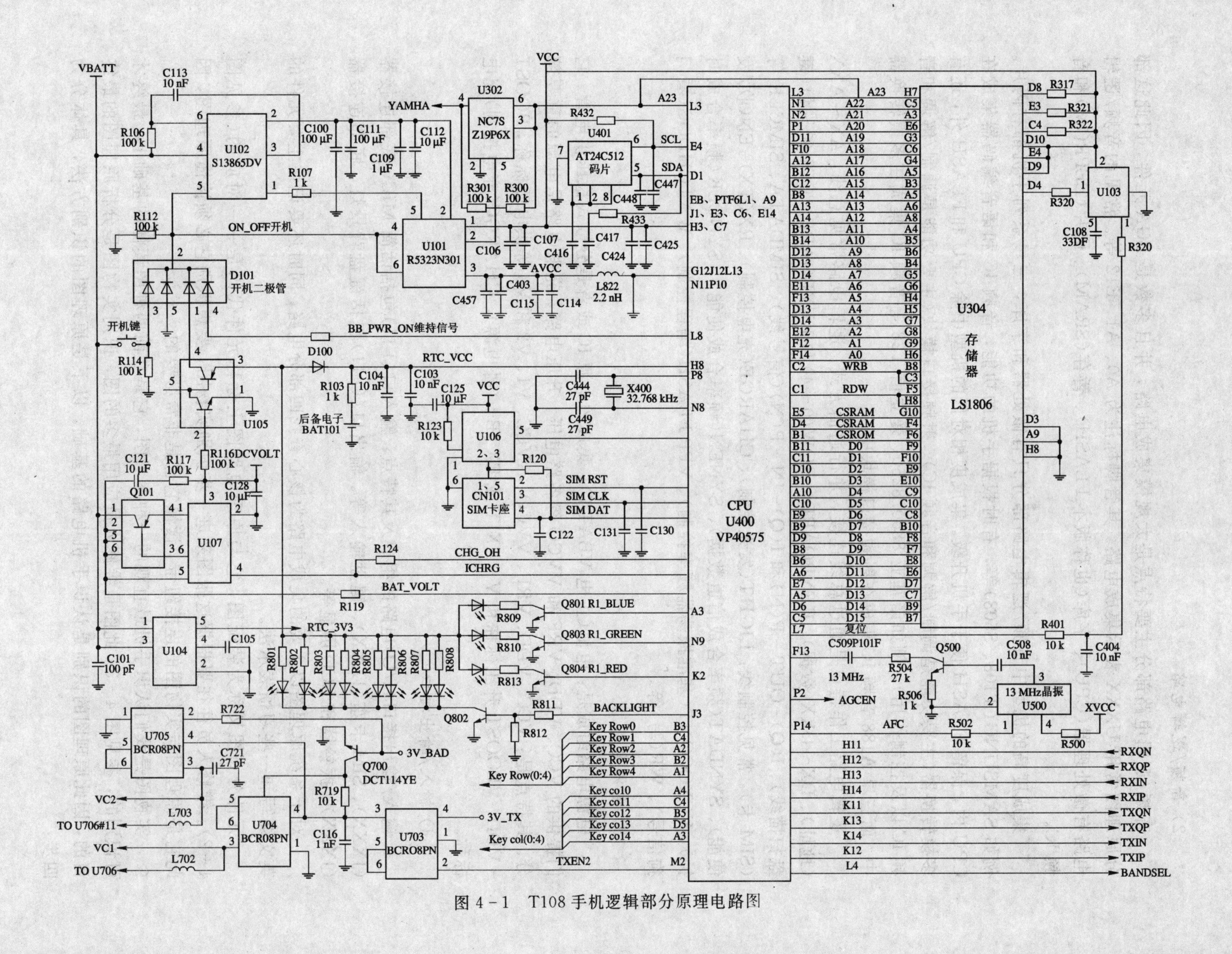

图4-1 T108手机逻辑部分原理电路图

2）音频/逻辑电路

音频/逻辑电路部分主要特点是大规模集成电路，并且多数是BGA元件，因此这部分原理图常用UXXX表示集成电路，其管脚标注为A0、A1、E12等。常见的音频/逻辑电路有微处理器(CPU)、字库(也称版本FLASH)、暂存(SRAM)、码片(EEPROM)和音频IC。

集成度高的机型中音频/逻辑电路部分只有微处器和字库，三星系列手机都有码片。例如SAMSUNG(T108、S508)等，有时根据手机的功能，音频IC和语音编码器集成在CPU内，保留FLASH便于手机升级。集成度相对低的机型中除CPU和FLASH外，还有多模转换器(主要功能是调制/解调和音频IC)、射频接口模块(主要功能是调制/解调和音频IC以及控制作用)，例如诺基亚8850/8250、爱立信T28等音频IC集成在多模转换器中，而三星A188音频IC集成在射频接口模块中。

逻辑电路工作特点是通过总线连接，并行通信方式。逻辑电路常见总线：AX～AXX(地址)、DX～DXX(数据)、KEYBOARD-ROW(0～4)和KEYBOARD-COL(0～4)(键盘扫描线)、I(Q)-OUT-P(N)和I(Q)-IN-P(N)(信号线)、SIMDATA、SIMCLK等(SIM卡)。常见控制线：LIGHT(发光控制)、CHARGE(充电控制)、RX(TX)-EN(收/发使能)、SYNDAT(频率合成信道数据)、SYNEN(频率合成使能)、SYNCLK(频率合成时钟)、VCXOCONT(基准振荡器频率控制)、VPP FLASH(编程控制)、WATCHDOG(看门狗信号)、WR(写)等。

3）电源电路

电源电路组成是：电池(主电VBATT)、集成的电源IC或者是分散式稳压供电管。它们提供的VCC、VDD、VRF和VVCO等各路电压。升压电路、充电电路是电源的重要部分。其特点是：VCC、VDD、VRF、VVCO、AVCC、V1、V2和V3等供电源标称，BOOST-VDD、VBOOST升压标称和V-EXIT或EXTB+(外电源)、CHARGC(充电控制)充电标称。

4）输入/输出接口

输入/输出接口(I/O)电路的组成及其特点：输入口(I口)包括话筒MIC、底部连接器(JXXX)、SIM卡座(JXXX)、键盘输入等。输出口(O口)包括键盘背景灯、底部连接器(JXXX)、振铃器和LCD屏显等。

对于系统原理图以主要的集成电路为核心查找四部分电路，同时还要记住主要元件的英文缩写和一些习惯表示法。

元件分布图又称为装配图，它与原理电路图上标称元件代码是一一对应的(参见图4-2)。维修人员往往要根据这张图来进一步识别实物图，要想识别它必须读懂原理图，因此它是原理图与实物图的连接纽带，读懂它也是非常必要的。

实物图是我们认识手机最直观的一种参考图，它是在前两种图读懂的基础上，最终才可识别的，参见图4-3。此图是维修人员应用最多的图，识别实物图是分析原理图的最终目的，因此原理图的识别是认识手机电路的基础。以下是原理图的识别方法，具体分为四步：

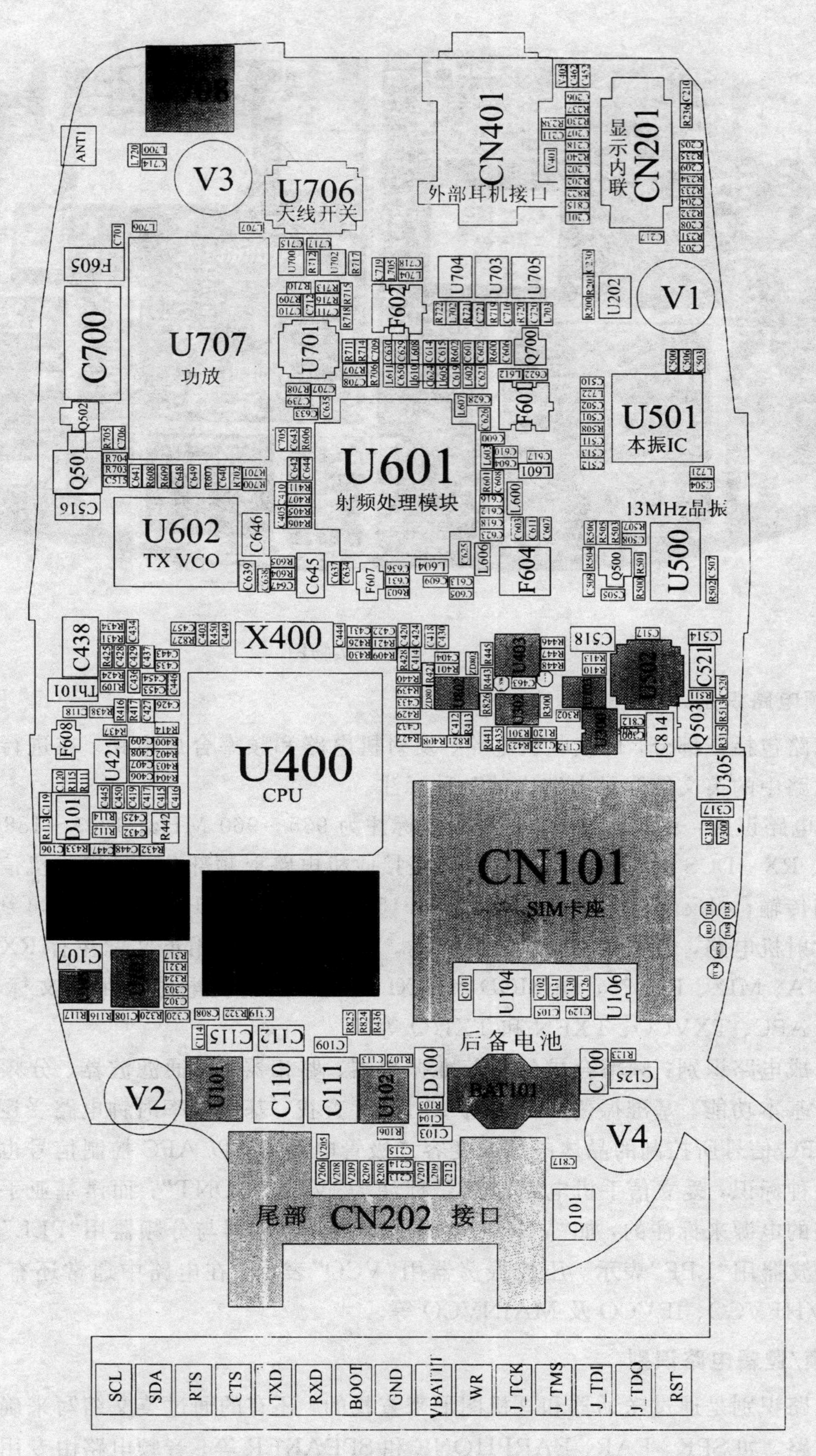

三星SGH-T108型手机元件分布图之一

图 4－2　手机电路元件分布图

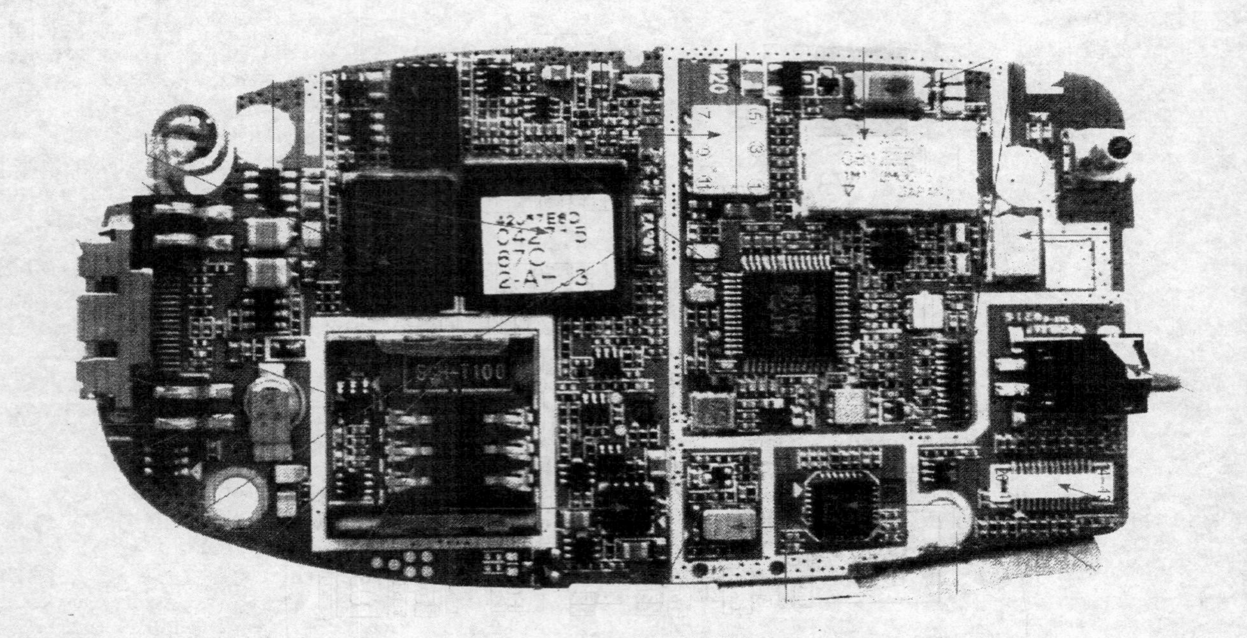

图 4-3　手机电路实物图

1. 射频电路识别

射频电路包括三部分，即接收机电路、发射机电路和频率合成电路。在进行电路识别时应注意电路中的英文缩写及电路中的各种标注。

收、发电路识别：ANT-天线，信号频率标注为 935～960 MHz、1805～1880 MHz 或 RX-GSM、RX-DCS 的可判定它所在电路是接收机电路射频部分，且接收机信号一般从左向右方向传输；相反信号频率标注为 890～915 MHz、1710～1785 MHz 的可判定它所在的电路为发射机电路，信号从右向左方向传输。接收机电路常用英文标注有 RX、RXEN、RXON、LNA、MIX、RX275、DEMOD 和 RXI/Q 等；发射机电路常用英文标注有 TX、PA、PAC、APC、TXVCO、TXEN 和 TXI/Q 等。

频率合成电路识别：频率合成包括基准振荡器、鉴相器、低通滤波器、分频器和压控振荡器五个基本功能。基准振荡器可通过 13 MHz 查找，基准频率时钟电路受逻辑电路控制，查找 AFC 信号所控制的晶体电路或变容二极管电路，所以 AFC 控制信号也可作为基准振荡器一种标识，爱立信手机电路“AFC”标注为“VCXOCONT”；而诺基亚手机电路是通过该电路的电源来标注的，如“VXO”、“VCXO”等。鉴相器与分频器用“PLL”，“PD”表示。低通滤波器用“LPF”表示。压控振荡器用“VCO”表示，在电路中通常还有 RXVCO、TXVCO、VHFVCO、IFVCO 及 MAINVCO 等。

2. 音频/逻辑电路识别

音频电路识别是通过送话器和耳机图形来查找的，还有的通过英文缩写来确定是否是接收音频电路，如 SPK、EAR、EARPHONE 和 SPEAKER 等。音频电路由专用模块和复合模块完成，例如 NOKIA 通常用专用模块“N×××”；而 MOTOROLA 音频部分常与电源集成在一起，模块代码“U×××”；ERICSSON 音频部分在被称为“多模”的集成电路中该模块的代码通常为“N×××”。

SIM卡电路识别：SIM卡电路用英文缩写来标识，如SIMVCC、SIMDATA、SIMRST、SIMCLK等，无论哪一种GSM手机电路，只要看到这样标识，就可断定为SIM卡电路。

逻辑电路识别主要查找集成模块的代码和英文标注，有的直接给中文标注。例如微处理器、字库、内存、码片等，其英文标注为CPU、FLASH、SRAM、EEPROM等。手机逻辑电路集成模块多数用代码表示，例如诺基亚8850/8210的CPU用D200表示，而爱立信T28的CPU用D600表示，三星600的CPU用U600表示。所以在维修中要善于总结规律。

3. 电源电路识别

电池电源用VBATT或VBAT，也有用VB、B+来表示，有的电源是集成电路，如摩托罗拉电源U900通常用英文缩写CAP或GCAP来表示，开机线用PWR-SN来表示，R275表示射频供电2.75 V，L275表示逻辑供电电压2.75 V。诺基亚的电源用VBB、VRX、VSYN和VXO等表示，电源模块用N100英文缩写CCONT，开机线标识用PWRON表示。爱立信的电源用VDIG、VRAD、VVCO、VANA分别表示供逻辑电压、供射频电压、供频率合成电压、供多模转换器电压，开机线标注是ON/OFF。

4. 输入/输出接口电路

JXXX或JXXXX表示：底部连接器、SIM卡连接器、免提连接器、显示接口、键盘接口、送话器触点和振铃器触点等，有时还用CNXXX或Xxxx等来表示。

手机电路图中所涉及英文缩写很多，所以在记英文缩写、英文字母和数字时，要善于总结规律。例如，摩托罗拉系列手机原理电路图中字母表示的器件含义如下：U—集成块；Q—三极管、场效应管；Y—晶振；FL—滤波器。

电路图中有些数字表示不同的电路含义，例如，1—负压发生器；2—中频处理；3—发射电路；4—收信前端电路；5—调制解调；6—充电器；7—CPU；8—语音编译码；9—电源。

爱立信和诺基亚手机电路中也常用字母表示器件：N—模拟电路；D—数字电路；V—三极管；Z—滤波器；N或A—功放；G—振荡器；D200—CPU；N500—前端IC；N250—音频模块。

4.2 常用维修工具

在实际维修中，常常使用防静电恒温烙铁、热风拆焊台、BGA焊接工具、超声波清洗器等维修工具。

4.2.1 防静电调温专用电烙铁

手机电路板组件特点是：组件小、分布密集、均采用贴片式。许多COMS器件容易被静电击穿，因此在重焊或补焊过程中必须采用防静电调温专用电烙铁，参见图4-4。

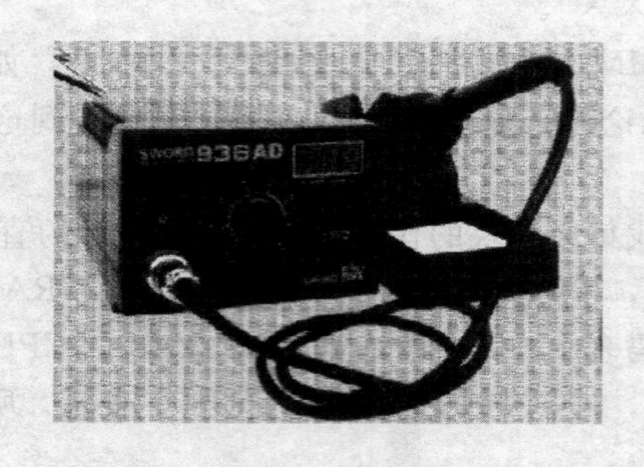

图 4－4　防静电调温电烙铁

恒温烙铁是我们常用的维修工具，我们通常用它来焊接手机芯片以外的其它元器件。在使用恒温烙铁的时候我们应该注意以下事项：

(1) 应该使用防静电的恒温烙铁，并且确信已经接地，这样可以防止工具上的静电损坏手机上的精密器件。

(2) 应该调整到合适的温度，不宜过低，也不宜过高。用烙铁做不同的工作，比如清除和焊接或焊接不同大小的元器件的时候，应该调整烙铁的温度。

(3) 配备电烙铁架和烙铁擦，及时清理烙铁头，防止因为氧化物和碳化物损害烙铁头而导致焊接不良，定时给烙铁上锡。

(4) 烙铁不用的时候应当将温度旋至最低或关闭电源，防止因为长时间的空烧损坏烙铁头。

4.2.2　热风枪

热风枪是用来拆卸集成块(QFP 和 BGA)和片状元件的专用工具。其特点是防静电，温度调节适中，不损坏元器件。热风枪外形如图 4－5 所示。

图 4－5　热风枪

使用热风枪时应注意以下几点：

(1) 温度旋钮、风量旋钮选择适中，根据不同集成组件的特点，选择不同的温度，以免温度过高损坏组件或风力过大吹丢小的元器件。

(2) 注意吹焊的距离适中。距离太远吹不下来元件，距离太近又损坏元件。

(3) 枪头不能集中于一点吹，以免吹鼓、吹裂元件。按顺时针或逆时针的方向均匀转动手柄。

(4) 不能用热风枪吹显示屏和接插口的塑料件。

(5) 不能用风枪吹灌胶集成块。以免损坏集成块或板线。

(6) 吹焊组件熟练准确，以免多次吹焊损坏组件。

(7) 吹焊完毕时，要及时关闭，以免持续高温降低手柄的使用寿命。

4.2.3　超声波清洗器

超声波清洗器用来处理进液或被污物腐蚀的故障手机，其外形如图 4-6 所示。

图 4-6　超声波清洗器

使用超声波清洗器时应注意以下几点：

(1) 清洗液选择。一般容器内放入酒精，其它清洗液如天那水易腐蚀清洗器。

(2) 清洗液放入要适量。

(3) 清洗故障机时，应先将进液易损坏元件摘下，如显示屏、送话器和听筒等。

(4) 适当选择清洗所用时间。

4.2.4　BGA 工具

随着手机逐渐小型化和手机内部集成化程度的不断提高，近年来采用了 BGA(Ball Grid Array 球栅阵列封装器件)封装技术。采用 BGA 技术与过去的 QEP 平面封装技术的不同之处在于：BGA 封装方式下，芯片引脚不是分布在芯片的周围而是在封装的底面，实际是将封装外壳基板原四面引出的引脚变成以面阵布局的凸点引脚，这就可以容纳更多的管脚数，且可以较大的引脚间距代替 QFP 引脚间距，避免引脚距离过短而导致焊接互连。因此使用 BGA 封装方式，不仅可以使芯片在与 QFP 相同的封装尺寸下保持更多的封装容量，而且使 I/O 引脚间距较大，从而大大提高了 SMT 组装的成功率。

下面我们来讨论一下 BGA 的焊接工具和焊接步骤。

1. BGA 焊接工具

1) 植锡板

植锡板是用来为 BGA 封装的 IC 芯片植锡安装引脚的工具，常见的植锡板包括连体的和专用的两种。

连体植锡板的使用方法是将锡浆印到 IC 上后，就把植锡板拿开，然后再用热风枪将植锡点吹成球。这种方法的优点是操作简单、成球快，缺点是植锡时不能连植锡板一起用热风枪吹，否则植锡板会变形隆起，造成无法植锡，同时一些软封的 IC 不易上锡。

小植锡板的使用方法是将 IC 固定到植锡板下面后，刮好锡浆后连板一起吹，成球冷却后再将 IC 取下。它的优点是热风吹时植锡板基本不变形，一次植锡后若有缺脚或锡球过大、过小现象可进行二次处理，特别适合新手使用。

2) 锡浆和助焊剂

锡浆是用来做焊脚的，建议使用瓶装的进口锡浆。助焊剂对 IC 和 PCB 没有腐蚀性，因为其沸点仅稍高于焊锡的熔点，在焊接时焊锡熔化不久便开始沸腾吸热汽化，可使 IC 和 PCB 的温度保持在这个温度而不被烧坏。

3) 热风枪

因为 BGA 芯片一般个体较大，而且管脚在芯片下方，所以应使用有数控恒温功能的热风枪，去掉风嘴直接吹焊。

4）清洗剂

最好用天那水作为清洗剂，天那水对松香助焊膏等有极好的溶解性。

2. 植锡操作

1）清洗

首先将 IC 表面加上适量的助焊膏，用电烙铁将 IC 上的残留焊锡去除，然后用天那水清洗干净。

2）固定

我们可以使用专用的固定芯片的卡座，也可以简单地采用双面胶将芯片粘在桌子上来固定。

3）上锡

选择稍干的锡浆，用平口刀挑适量锡浆到植锡板上，用力往下刮，边刮边压，使锡浆均匀地填充于植锡板的小孔中，上锡过程中要注意压紧植锡板，不要让植锡板和芯片之间出现空隙，影响上锡效果。

4）吹焊

将热风枪的风嘴去掉，将风量调大，温度调至 350℃左右，摇晃风嘴对着植锡板缓缓地均匀加热，使锡浆慢慢熔化。当看见植锡板的个别小孔中已有锡球生成时，说明温度已经到位，这时应当抬高热风枪的风嘴，避免温度继续上升。过高的温度会使锡浆剧烈沸腾，造成植锡失败，严重的还会使 IC 过热损坏。

5）调整

如果我们吹焊完毕后，发现有些锡球大小不均匀，甚至有个别脚没植上锡，可先用裁纸刀沿着植锡板的表面将过大锡球的露出部分削平，再用刮刀将锡球过小和缺脚的小孔中填满锡浆，然后用热风枪再吹一次。

3. IC 的定位与安装

由于 BGA 芯片的管脚在芯片的下方，我们在焊接过程当中不能直接看到，所以我们在焊接的时候要注意 BGA 芯片的定位。定位的方式包括画线定位法、贴纸定位法和目测定位法等，定位过程中要注意 IC 的边沿得对齐我们所画的线，用画线法时用力不要过大以免造成断路。

4. 焊接

BGA 芯片定好位后，就可以焊接了。和我们植锡球时一样，把热风枪的风嘴去掉，调节至合适的风量和温度，让风嘴的中央对准芯片的中央位置，缓慢加热。当看到 IC 往下一沉且四周有助焊剂溢出时，说明锡球已和线路板上的焊点熔合在一起。这时可以轻轻晃动热风枪使加热均匀充分，由于表面张力的作用，BGA 芯片与线路板的焊点之间会自动对准定位，具体操作方法是用镊子轻轻推动 BGA 芯片，如果芯片可以自动复位则说明芯片已经对准位置。注意在加热过程中切勿用力按住 BGA 芯片，否则会使焊锡外溢，极易造成脱脚和短路。

5. 使用注意事项

（1）风枪吹焊植锡球时，温度不宜过高，风量也不宜过大，否则锡球会被吹在一起，造成植锡失败。温度经验值不超过 300℃。

(2) 刮抹锡膏要均匀。

(3) 每次植锡完毕后，要用清洗液将植锡板清理干净，以便下次使用。

(4) 植锡膏不用时要密封，以免干燥无法使用。

4.2.5 维修平台与其它维修工具

1. 维修平台

维修平台用于固定电路板。手机电路板上的集成块、屏蔽罩和 BGA - IC 等在拆卸时，需要固定电路板，否则拆卸组件极不方便。利用万用表检测电路时，也需固定电路板，以便表笔准确触到被测点。

维修平台上一侧是一个夹子，另一侧是卡子，卡子采用永久性磁体，可以任意移动，卡住电路板的任意位置，这样便于拆卸电路板的组件和检测电路板的正反面。

2. 其它维修工具

手机维修除上述仪器仪表以外，还有一些常用的维修工具，参见图 4 - 7。

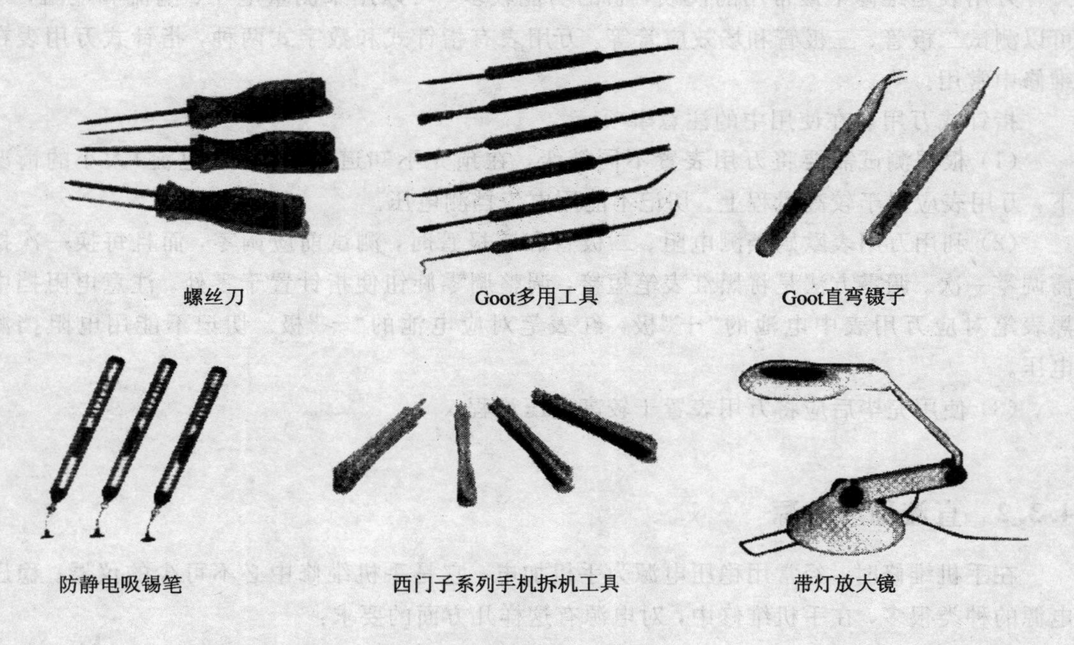

图 4 - 7 维修工具

1) 拆装机工具

螺丝刀：手机的外壳都采用特殊的螺丝固定，用普通的螺丝刀无法拆装，因此需配备专用螺丝刀，如小十字口、米字口 T6、T7、T8 等。还有寻呼机调频使用的是无感螺丝刀。

多用工具：在拆装机及维修过程中起辅助作用。

拆装特殊机型专用工具：如西门子 C2588 或 3508 等机型拆装需专用工具。

2) 带灯放大镜

带灯放大镜一方面为手机维修起照明作用；另一方面可在放大镜下观察电路板上的组件是否有虚焊、鼓包、变色和被腐蚀等。

3）弯头、直头的尖镊子

在用热风枪拆装组件时，用镊子夹持原件非常方便。备用清洗刷，用刷子蘸酒精或天那水清洗电路板上的污垢和助焊剂。

4）防静电吸锡笔或吸锡线

备防静电吸锡笔或吸锡线，在拆卸集成电路或 BGA－IC 时，将残留在上面的锡吸干净。

4.3 常用仪器使用

对手机进行调试和维修，只用万用表等简单仪表和工具是解决不了问题的，还必须借助示波器、频谱分析仪等专用设备。下面分别介绍它们的使用方法。

4.3.1 万用表

万用表是维修中最常用的仪表，它的功能较多，可以用来测量电压、电流和电阻，还可以测试二极管、三极管和场效应管等。万用表有指针式和数字式两种，指针式万用表在维修中常用。

指针式万用表在使用中的注意事项：

（1）根据测试需要将万用表置不同挡级，在预先不知道被测电压（电流）大小的情况下，万用表应置于较高量程上。切记不能用电流挡测电压。

（2）利用万用表欧姆挡测电阻、二极管和三极管时，测试前应调零，而且每换一次挡需调零一次。调零方法是将黑红表笔短接，调整调零旋钮使指针置于零处。注意电阻挡中黑表笔对应万用表中电池的“＋”极，红表笔对应电池的“－”极。切记不能用电阻挡测电压。

（3）使用完毕后应将万用表置于较高电压量程。

4.3.2 直流稳压电源

在手机维修时，经常用稳压电源为手机加电，它是手机维修中必不可少的仪器。稳压电源的种类很多，在手机维修中，对电源有这样几方面的要求：

（1）要有过压、过流保护，但一般电源都只有过流（短路）保护，而在手机维修过程中往往出现电压过高烧毁手机的现象，这就要求该电源应具有过压保护功能。

（2）在手机维修中，电源给手机供电需要一个转换接口，因为不同的手机对电源的要求不同。利用转换接口，从手机底部加电十分方便。

（3）由于维修手机时要观察电流的变化来判断故障。如手机不开机时，有大电流不开机和小电流不开机现象，根据电流的大小来判断故障的所在。目前的手机功耗越来越小，待机电流也越来越小，一般在几十毫安左右，这就要求直流稳压电源的电流表量程最好选择 1 A 左右，以便于观察。

（4）要求直流电压输出连续可调，调节范围是 0～12 V 就足够了。

4.3.2 数字频率计

数字频率计主要用于手机射频频率信号，如图 4-8 所示。例如 13 MHz、26 MHz 和 19.5 MHz 等晶体频率。其测频范围应达到 1000 MHz，若考虑到测量双频手机的需要，测频范围应为 2 GHz。数字频率计的主要功能设置为：

（1）功能选择：设置测量频率、测量周期、测量频率比和自校等挡位。选择测量频率信道。

（2）门控时间选择：有 10 ms、100 ms、1 s、10 s 等挡。闸门时间越长，测量越精确，但测量速度低，一般选 1 s 挡。有的仪器在面板上设置一个闸门时间指示灯，灯亮表示闸门开启，进入测量状态。

（3）输入信号倍乘选择：在主信道中设置一个键，以控制信号的幅度，一般有两挡，按进为 1 挡，按出为 20 挡。有的仪器还配有一个电平表，以粗略指示输入信号的大小。

（4）复位控制：按下此键，数字频率计清零，数码管显示全为零，表示本次测量结束，下一次测量可以开始。

（5）电源开关：仪器的开机与关机。

图 4-8 数字频率计

4.3.3 示波器

示波器可用于观察信号的波形和测量信号的幅度、频率和周期等各种参数。

1. 示波器面板上的功能

（1）显示屏：可以直接观察信号波形。

（2）幅度调节旋钮：可以放大或缩小信号幅度。

（3）时间基准调节旋钮：可以改变示波器的显示时间。若调到最小挡，会看到一个亮点慢慢地从左移到右，若调到最高挡，只能观察到信号的一部分，只有选择合适的时间基准，才能观察到信号的全部。

（4）信号的输入方式：AC/DC 两种选择，AC 是交流输入方式，DC 是直流输入方式。

示波器是用频率范围来区别的，常用的示波器频率为 20 MHz 或 100 MHz，可以观测射频部分的中频信号和晶体频率信号，高频段的示波器有 400 MHz 或 1 GHz 等，用来观测寻呼机手机射频部分的信号。

2. 示波器使用注意事项

(1) 机壳必须接地。

(2) 显示屏亮点的辉度要适中，被测波形的主要部分要移到显示屏中间。

(3) 注意测量信号的频率应在示波器的量程内，否则会出现较大的测量误差。

4.3.4 频谱分析仪

频谱分析仪是移动电话机维修过程中的一个重要维修仪器，频谱分析仪主要用于测试手机的射频及晶体频率信号，使用频谱分析仪可以使我们维修移动电话机的射频接收通路变得简单。下面我们以图 4－9 所示的 AT5010 型频谱分析仪为例，来说明频谱分析仪的使用方法，AT5010 是安泰公司生产的量程为 1 GHz 的频谱分析仪，它能测得 GSM 移动电话机的射频接收信号。

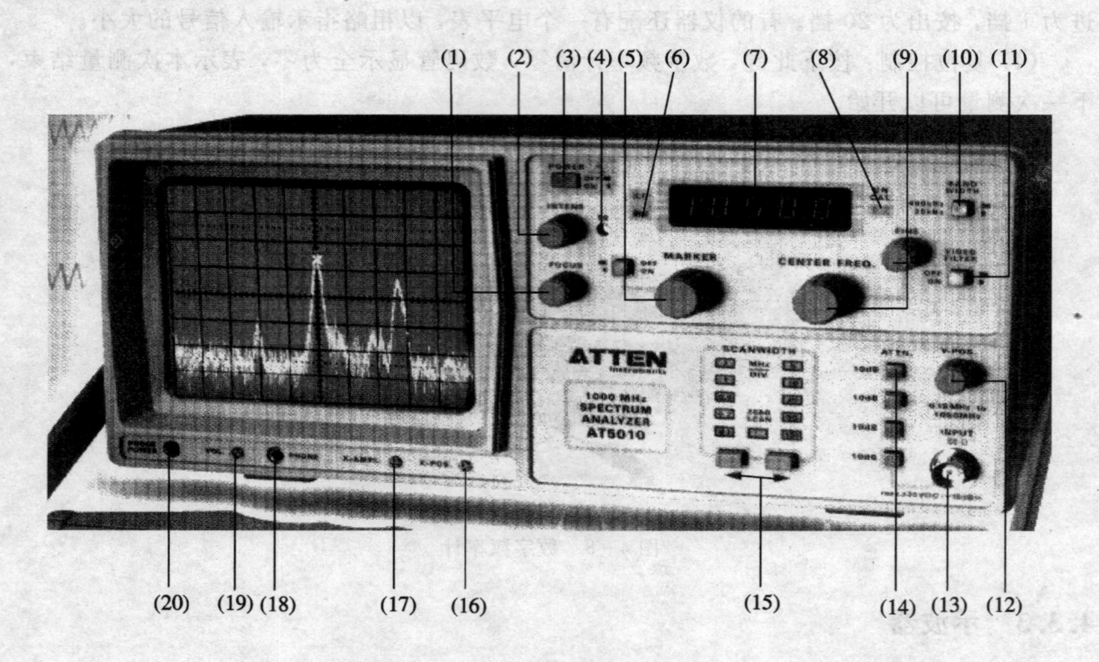

图 4－9 频谱分析仪

1. 面板操作功能

(1) FOCUS： 聚焦调节；

(2) INTENS： 亮度调节；

(3) POWER ON/OFF： 电源开关(压入通/弹出断)；

(4) TR： 光迹旋转调节；

(5) MARKER ON/OFF： 频标开关(压入通/弹出断)；

(6) CF/MK： 中心频率显示/频标频率显示；

(7) DIGITAL DISPLAY： 数字显示窗(显示的是中心频率或频标频率)；

(8) UNCAL： 此灯亮表示显示的频谱幅度不准；

(9) CENTER FREQUENCY:　　　中心频率粗调、细调(FNE);
(10) BAND WIDTH:　　　带宽控制(压入 20 kHz/弹出 400 kHz);
(11) VIDEO FILTER:　　　视频滤波器(压入通/弹出断);
(12) Y-POSITION INPUT:　　　垂直位置调节;
(13) INPUT:　　　输入插座 BNC 型，50 欧姆电缆;
(14) ATTN:　　　衰减器，每级 10 分贝，共 4 级;
(15) SCAN WIDTH:　　　扫频宽度调节;
(16) X-POS:　　　水平位置调节;
(17) X-AMPL:　　　水平幅度调节;
(18) PHONE:　　　耳机插孔;
(19) VOL:　　　耳机音量调节;
(20) PROBE POWER:　　　探头开关。

2. 频谱仪的使用方法

(1) 将频谱仪的扫频宽度置于 100 MHz/DIV。

(2) 调节输入衰减器和频带宽度，使被测信号的频谱显示于屏上。

(3) 调垂直位置旋钮，使谱线基线位于最下面的刻度线处，调衰减器使谱线的垂直幅度不超过七格。

(4) 接通频标，调整移动频标至被读谱线中心，此时显示窗的频率即为该谱线的频率。

(5) 关掉频标，读出该谱线高出基线的格数(高出基线一大格对应为 10 dB)，即可得到该处谱线频率分量的幅度电平为：－107＋高出基线格数×10＋衰减器分贝。

例如：某谱线高出基线两大格，衰减器为 10 dB，则谱线该频率分量的幅度为－107＋2×10＋10＝－77 dBm。

(6) UNCAL 灯亮时，读出的幅度是不准确的，应调整带宽至 UNCAL 灯灭，再读幅度。

(7) 缩小扫描宽度(SCANWIDTH)可使谱线展宽，有助于谱线中心频率的准确读取。

(8) 只作定性观察，可不必去读取谱线的垂直度。

3. 使用注意事项

频谱仪最灵敏的部件是频谱仪的输入级，它由信号衰减器和第一混频级组成，在无输入衰减时，输入端电压不得超过＋10 dBm(0.7 Vrms)AC 或 25V DC。在最大输入衰减(40 dB)时，交流电压不得超过＋20 dBm。若输入电压超过上述范围，就会造成输入衰减器和第一混频器的损坏。

4.4　手机软件故障维修仪

如果手机中存储器内部的程序和数据出故障，我们可以通过软件维修仪来进行维修。

手机软件维修仪主要用于解除手机的软件故障，一般将其分为两类：一类是拆机的维修仪(如 LT－48)；另一类是免拆机维修仪(如 BOX 王、NET－2000 等)。

4.4.1 LAT TOOL－48 编程器

LT－48、SP－48、UP－48 等是一种可以同 PC 相连接的万用编程器，它由一个 48 线万能管脚驱动和一个扩展的 TTL 驱动组成，用于手机的软件维修。

48 编程器一套包括主机、电缆、电源线、数据盘、各类适配器、说明书和驱动程序盘等。48 类万用编程器自带微处理器和 FPGA，能适用于所有的 DIP 封装的 PLD 器件微处理器、高容量存储器和 BGA 封装的芯片。它可以对手机中的 FLASH ROM（字库）和 EEPROM（码片）进行读/写编程，此类编程器需与计算机联机操作完成编程功能。LT－48 编程器参见图 4－10。

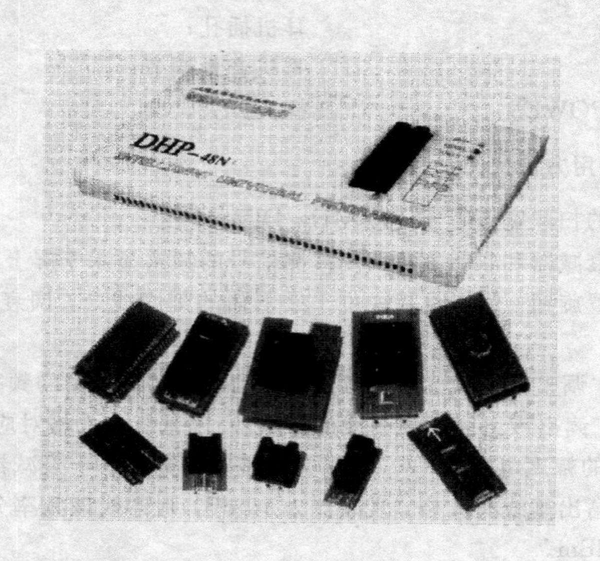

图 4－10　LT－48 编程器

常用 LT－48 处理手机的软件故障有：手机屏幕显示“联系服务商（CONTACT SERVICE）”、“话机坏联系服务商（PHONE FAILED SEE SERVICE）”、“手机锁（PHONE LOCKED）”、显示不全或无显示等。

1. LT－48 的使用方法

1）计算机的最小系统要求

计算机最小系统的要求是：486 以上的 IBM 兼容机；操作系统 DOS 3.1 以上，Windows 95 以上；磁盘空间 8 M 以上；带光驱及鼠标；标准并行口。

2）软件的安装

将 LT－48 驱动光盘插入光驱，根据计算机提示自动安装。

3）适配器的使用

LT－48 支持所有 48Pin 的 Dip 器件。如 QFP（扁平封装）码片放入适配座，BGA（内引脚式）字库放入适配座等，再将适配座插进 LT－48 的 48Pin 插座，锁紧插座扳钮。

4）*码片、字库读/写编程*

写码片、字库编程，利用计算机调出相应程序，按下列步骤进行：

（1）Select（选择芯片型号），输入码片或字库名称，例如“28BV64”。

（2）Load（调入），选择计算机中存储的相应机型码片或字库资料。

（3）Prog（编程），编写成功，计算机显示“Success 1”。

读码片、字库编程，利用计算机调出相应程序，按下列步骤进行：

（1）Select（选择芯片型号）。

（2）Read（将芯片的资料读入计算机）。

（3）Save（存储）。

2. 使用注意事项

（1）严禁带电插拔并行口电缆。

（2）计算机、LT－48 电源良好接地。

（3）适配座上插针与 LT－48 插座接插时，应将插座扳钮打开，以免损坏插针或插座，造成接触不良。

（4）编程芯片放入适配座或适配座插入 LT－48 时，要注意方向。

4.4.2 全功能手机软件故障维修仪——NET 软件王(Softking)

NET 软件王主要用于免拆手机的软件故障维修，主要用于维修摩托罗拉系列、诺基亚系列、三星系列、西门子系列、爱立信系列、松下系列、飞利浦系列和索尼系列手机，参见图 4－11。NET 软件王硬件配置参见图 4－12。

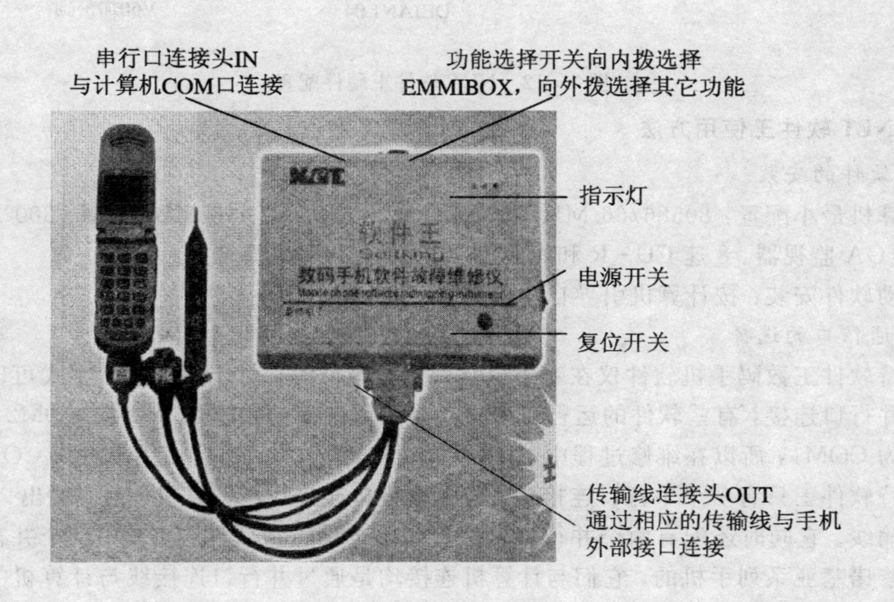

图 4－11　NET 软件王手机软件故障维修仪

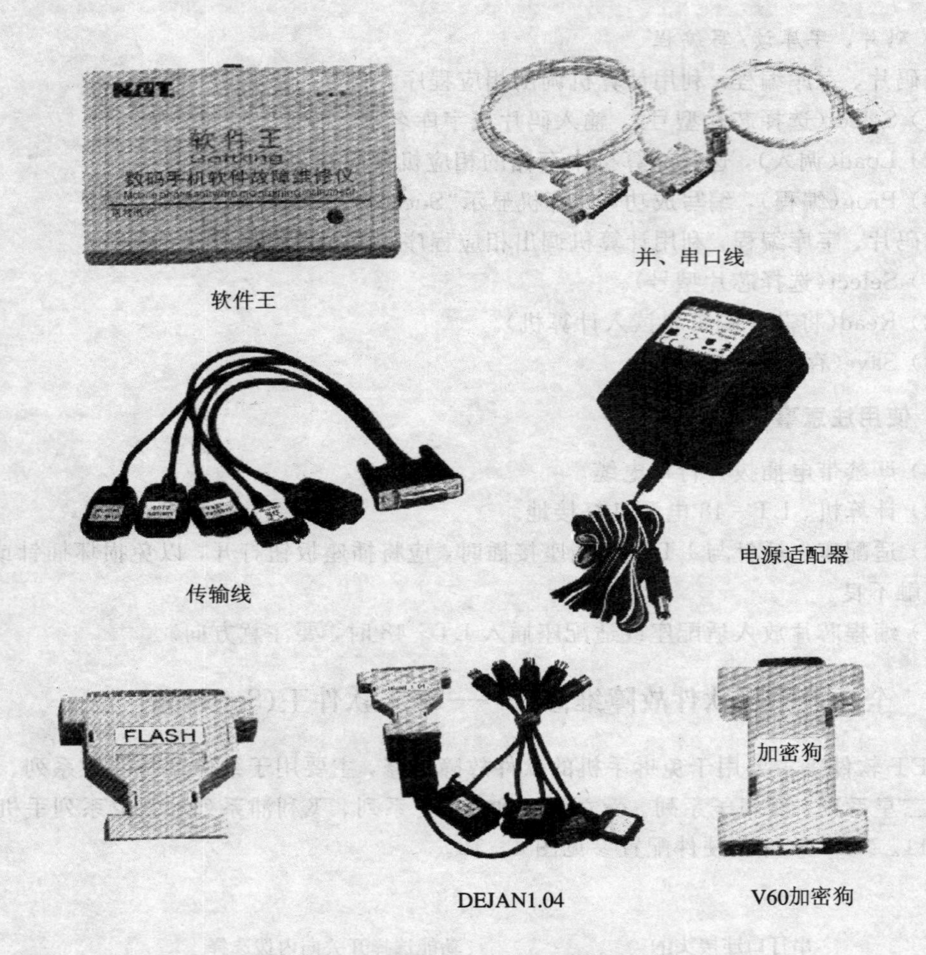

图 4-12　NET 软件王硬件配置

1. NET 软件王使用方法

1）软件的安装

计算机最小配置：80586/66 MHz 处理器、Windows 95、16 MB RAM、300 MB 硬盘空间、VGA 监视器、8 速 CD-R 和光驱。

驱动软件安装：按计算机引导自动安装。

2）通信口的选择

蓝特软件王数码手机软件仪在对手机软件进行维修时，与计算机通信方式可以通过串行口和并行口连接，有些软件的运行对串行口是可以选择的，选 COM1 或 COM2，但有些却默认为 COM1，所以在维修过程中，计算机串行口的选择，建议使用串行口 COM1。

蓝特软件王只有一个串行口连接头，通过串行口连接线与计算机连接，输出口(15 针)连接传输线。它同时还配有两个并行口软件狗和一个串行口软件狗，其中两个并行口软件狗是维修诺基亚系列手机的，它们与计算机连接均是通过并行口连接线与计算机的打印口连接，输出口(9 针)是连接传输线的，另一个串行口软件狗用于摩托罗拉 V60、V70。

3）传输线的连接

蓝特软件王数码手机软件仪在手机软件进行维修时，根据维修的机型选择相应的传输线。两个软件狗的传输线是相同的，在维修时根据所运行的软件选用相应的软件狗即可。串行口软件狗只有在维修摩托罗拉 V66、V60 以及 V70 手机时才用到，否则软件程序无法打开。

4）电源

蓝特软件王数码手机软件仪的工作电源由电源适配器提供，输入电压为 AC 220 V，输出的直流电压为内正、外负 DC 9 V，电流为 500 mA。此仪器也可以采用其它方式为本机提供电源（DC9～15V/500 mA），配有相应的连接线。

2. NET 软件王主要功能

（1）摩托罗拉系列手机维修软件：免拆机写字库和码片、软件升级、修复机身号（IMEI）、手机功能测试、增加中文输入法等。

（2）诺基亚系列维修软件：修改开机/待机画面、解除网络锁等。

（3）爱立信系列维修软件：免拆机读/写字库、码片软件资料、解锁等。

（4）西门子系列手机维修软件：免拆机解锁、写字库等。

（5）松下系列手机维修软件：免拆机解锁、修复 IMEI 等。

（6）三星系列手机维修软件：免拆机读/写字库、码片软件资料和手机升级等。

3. 使用注意事项

（1）计算机系统配置过高，会影响某些软件运行，建议在计算机主频不超过 75 MHz、CPU 主频 800 MHz 以下运行。

（2）有些软件在笔记本计算机中无法运行，如三星系列。

（3）功能选择开关有三个挡位，中间一个挡位不起作用，操作时要特别注意。

（4）传输线在接插过程中不要用力过猛，确保接触良好。

（5）多种型号手机传输线集于相同的一根上，使用时判别清楚。

（6）手机接口触点要保持清洁，必要时要刮净表面的氧化层。

4.4.3 摩托罗拉三合一测试卡

摩托罗拉系列免拆机检修故障可以用测试卡和转移卡。例如摩托罗拉三合一测试卡，六合一测试卡，八合一测试卡等。摩托罗拉维修测试卡是一种特殊的 SIM 卡，外形与普通 SIM 卡一样，它能对摩托罗拉系列 GSM 手机进行人工测试。人工测试是指通过测试卡，让手机进入测试状态，在测试状态下，手机接受维修人员从键盘上输入的命令，手机就会执行相应的程序，如频率合成器调谐到指定的信道，发射开启，调整发射的功率等级，解锁等，以利于维修人员判断手机的功能是否正常，如不正常就可判断是相应的电路或程序出了问题。这种测试不需要拆机和其它仪器，因此用摩托罗拉手机的人工测试卡是一种重要的维修手段。

1. 摩托罗拉测试卡

以三合一测试卡为例，其主要功能有：

（1）进测试状态：① 将测试卡插入手机；② 按开机键开机；③ 迅速按＃键超过 3s 直至 LCD 显示屏出现“Test”，表示手机进入人工测试状态。

（2）退出测试状态：键入 01＃，手机将退出人工测试状态。

(3) 重要测试指令：① 解开机锁键入59＃，显示的就是锁机码，例如是1234，如果想改为8888则键入598888＃；② 不知道PIN码时，键入58＃显示的就是安全码，例如显示为000000，如想改为123456则键入58123456＃。

(4) 逻辑部分测试：键入7100＃所显示的数字含义如表4－1所示。

表4－1 测试卡显示资料含义

显示	故障含义	显示	故障含义
00	软件故障	05	更换语音编码器U801，做主清除57＃
01	正常	06	软件故障
02	检查RAM	07	重写码片或用转移卡重新输入正常资料
03	更换调制解调器U501	08	正常
04	检查数字信号处理回路		

摩托罗拉测试卡中的一些重要命令：57＃ 主清除恢复出厂状态，它是常用指令，可以解除许多故障，例如V998只能接听不能打电话，或者听筒无声等设置功能紊乱引起的一系列故障。

59＃ 显示锁机码，解锁时使用。

还有一些常用指令，如07x＃、08x＃、09x＃、10X＃、12XX＃、31X＃、36X＃、37X＃、45XXX＃等。为了维修时使用方便，应把常用的指令记住。

2. 摩托罗拉转移卡

转移卡可以将无故障手机中的资料"读"进来，然后再"写"入故障机中，把故障机中不正确的资料改写成正确的资料。具体操作方法是：找一台与故障手机同型号的好手机，将转移卡插入，开机出现"clone"后键入021＃，读入后，取出转移卡，插入故障手机中，故障手机开机，键入03＃，将正确资料"写"入故障手机，取出转移卡，再插入故障手机中开机，再键入03＃，将正确资料再"写"入故障机。转移卡一次只能转移其中一部分资料，要反复转移几次，直到转移完毕。

3. 摩托罗拉覆盖卡

覆盖卡内部包含有10种以上的摩托罗拉的软件资料，可以直接"写入"故障手机。摩托罗拉的GSM手机维修卡有不同的版本之分，可完成的功能也有所不同，功能逐渐加强。

使用摩托罗拉测试卡应注意：

(1) 此卡只适用于摩托罗拉系列GSM手机中的一些机型，例如：L2000、V998＋、366等。

(2) 要求手机能开机。

4.5 手机中主要元器件识别与检测

手机是由电子线路组成的，而电子线路是由元器件组成的。元器件是组成手机电路的最小单元，从其类别上主要有：

(1) 阻容元件：电阻、电容、电感。

(2) 半导体器件：二极管、三极管、场效应管、集成电路。

(3) 电声器件：送话器、听筒、振铃。

(4) 其它：接插件、开关件、滤波器、晶体、显示屏。

4.5.1 电阻

电阻是电路中数量最多、最基本的电路组件。手机中的电阻组件不同于其它电子设备中的电阻，由于片状元件表面积太小，其阻值的标注情况根据电阻体积的大小而定。有的阻值在电阻表面上直接标注，也有的因表面积太小无法标注，只能借助图纸或万用表检测得到。

1. 电阻的识别

电阻常用R来表示，它是耗能组件，可以在电路中起分压、分流、限流、偏置、负载等作用，其电路符号与外形参见图4-13。

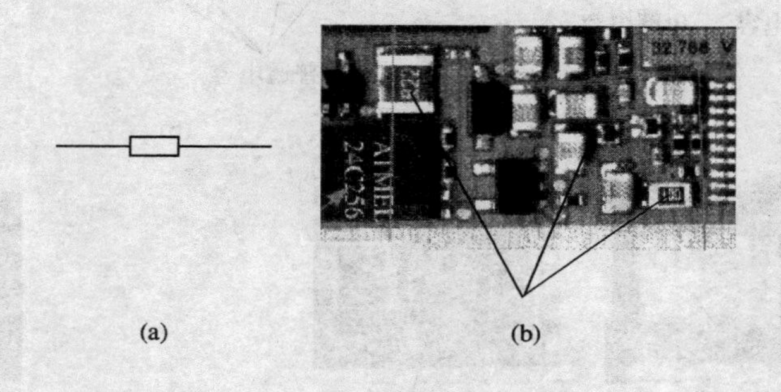

图4-13　片状电阻符号、实物

(a) 符号；(b) 实物(电阻)

电阻实物是片状矩形，无引脚，电阻体是黑色或浅蓝色，两头是银色的镀锡层。电阻值在其表面上直接标称的，用三位数表示电阻的大小。其中，第一、二位数为有效数字，第三位数为倍乘，即有效数字后面“0”的个数，单位是Ω。精密电阻器的标称数值用四位数字表示。

例如：102的阻值是$10\times10^2=1\ \text{k}\Omega$；202的阻值是$20\times10^2=2\ \text{k}\Omega$。

2. 电阻的检测

(1) 直接观察法，察看电阻外观是否受损、变形和烧焦变色，若有，则表明电阻已损坏。此法对其它元器件(如电容器、电感等)均适用。

(2) 可以用万用表的电阻挡测量其阻值的大小，从表头上直接读取数字，即电阻的阻值。可与图纸所给的参数比较，相符是好的，否则是坏的。

4.5.2 电容器

1. 电容的识别

电容常用C来表示，它是以电荷形式储存电场能的组件。在电路中起耦合、旁路、滤波、隔直、振荡等作用，基本单位为法拉，记为F，实际中，常用微法μF、皮法pF来表示，电容的国际单位为pF。在手机电路中，μF级的电容一般为有极性的电解电容，而pF级的一般为无极性普通电容。它们之间的换算关系是：1 pF＝10^{-6} μF＝10^{-12} F。（注意：电容体上无单位标注的，其单位都是国际单位 pF。）

普通电容的外形与电阻相同，为片状矩形，表面无文字或数字标注，但电容表面呈棕色或黑色，两边银色；电解电容的容量大，体积也大，有引脚，表面呈黄色或黑色，上面标有横杠的一端为电容的负极；常见的金属钽电容颜色鲜艳，其极性突出一端为正，则另一端为负；可调电容是一种可以改变电容量的电容，多用于寻呼机中。电容器电路符号、外形参见图 4－14。

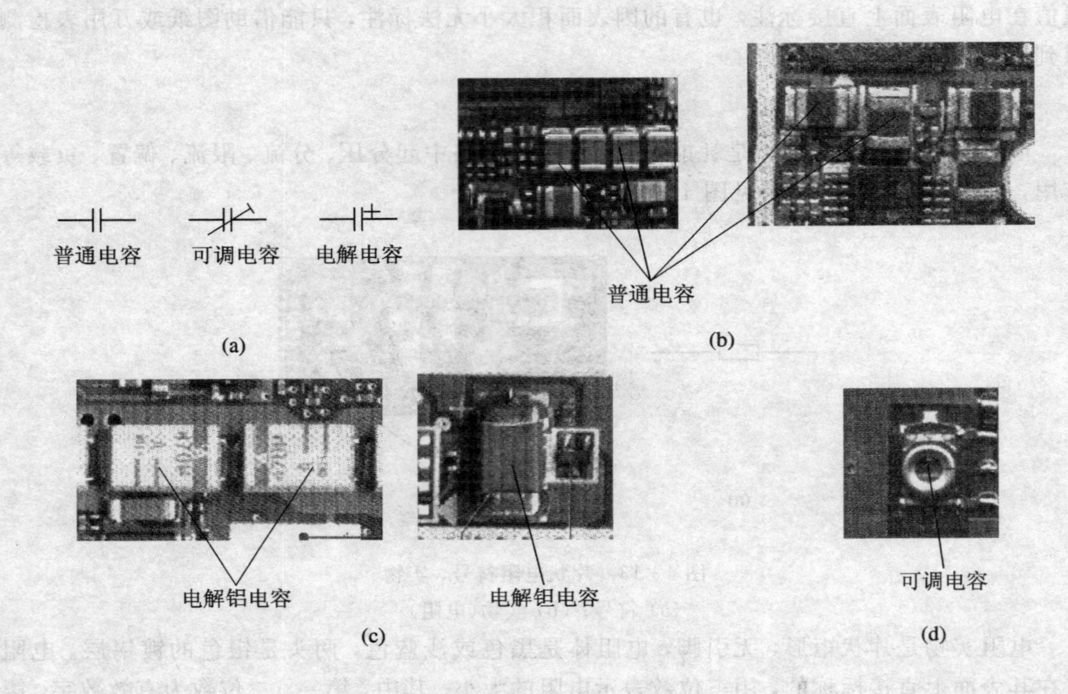

图 4－14　片状电容器符号、外形

(a) 电容的符号；(b) 普通电容实物；(c) 电解电容实物；(d) 可调电容

电解电容由于体积大，其容量与耐压直接标在电容体上，而电解钽电容则不标其大小和耐压，其值都可通过图纸查找。注意电解电容是有极性的，使用时正、负不可接反。有的普通电容容量采用符号标注，其符号的含义是：第一位用字母表示有效数字，第二位用数字表示有效数字后“0”的个数，单位为 pF。字母所表示的有效数字的意义参见表 4－2、表 4－3。

表 4－2　部分片状电容器容量标识字母的含义

字符	A	B	C	D	E	F	G	H	I	K	L	M
有效值	1	1.1	1.2	1.3	1.5	1.6	1.8	2.0	2.2	2.4	2.7	3.0
字符	N	P	Q	R	S	T	U	V	W	X	Y	Z
有效值	3.3	3.6	3.9	4.3	4.7	5.1	5.6	6.2	6.8	7.5	9.0	9.1

表 4-3　部分片状电容器容量标识数字的含义

数字	0	1	2	3	4	5	6	7	8	9
乘数	10^0	10^1	10^2	10^3	10^4	10^5	10^6	10^7	10^8	10^9

例如：电容体上标有“C3”字样的容量是 1.2×10^3 pF ＝1200 pF。

2. 电容的检测

电容器常见故障是开路失效、短路击穿、漏电、介质损耗增大或电容量减小。对电容测试应采用电容表，维修手机一般用指针式的万用表，检测起来方便、直观，可用 R×1K 或 R×10K 电阻挡粗略判断电容的好坏。

(1) 普通电容粗略检测方法：普通电容容量比较小，一般在 1 μF 以下，很难看到其充放电的灵敏度指示。一般使用万用表测其是否短路。正常时，表针应在“∞”位置，若表针指在“0”处，说明电容短路；若表针指为某一固定阻值，说明电容漏电。

(2) 电解电容粗略检测方法：电解电容容量比较大，一般在 1 μF 以上，测试其有无充放电现象的方法为：在表笔刚接上电容器两引脚的瞬间，表针应右偏一下，然后慢慢地返回到“∞”的位置，说明电容有充放电灵敏度指示，是好的。如果电容漏电或短路，万用表指示为“0”或停在某一位置不动。

3. 电容特性

电容通交流，隔直流；通高频信号，阻低频信号。

4.5.3　电感

1. 电感的识别

电感常用 L 表示，它是以磁场形式储存磁能的组件，电感是由无阻导线绕制而成的线圈，因此又称电感线圈。电感的符号与外形如图 4-15 所示。

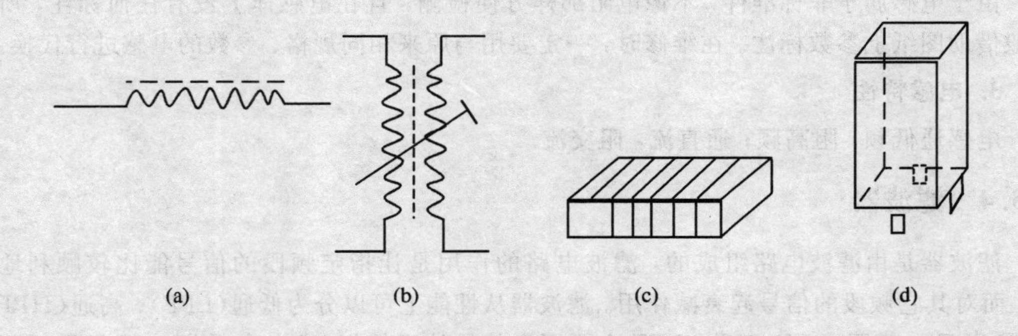

图 4-15　电感的符号、外形

(a) 普通电感符号；(b) 中周符号；(c) 普通电感外形；(d) 中周外形

片状电感器通常为矩形，它分为片状叠层电感和绕线电感。叠层电感又叫压模电感，其外观与片状电容相似，参见图 4-16。这种电感具有磁路闭合、磁通量泄漏少、不干扰周围元器件和可靠性高的优点。绕线电感采用高导磁性铁氧体磁心，提高电感量，这种磁心对振动较敏感，需注意防振。如果在一个磁心上绕一个线圈，称为自感；绕两个以上的线圈称为互感或变压器。电感在电路中主要有两个作用，一是利用它阻碍交流、通过直流的特点，起限流、滤波、选频、谐振、电磁变换等作用；二是利用电感能产生感应电动势的特点(感应电动势的大小与电流变化的快慢有关)，完成脉冲产生、升压、电压变换等作用。

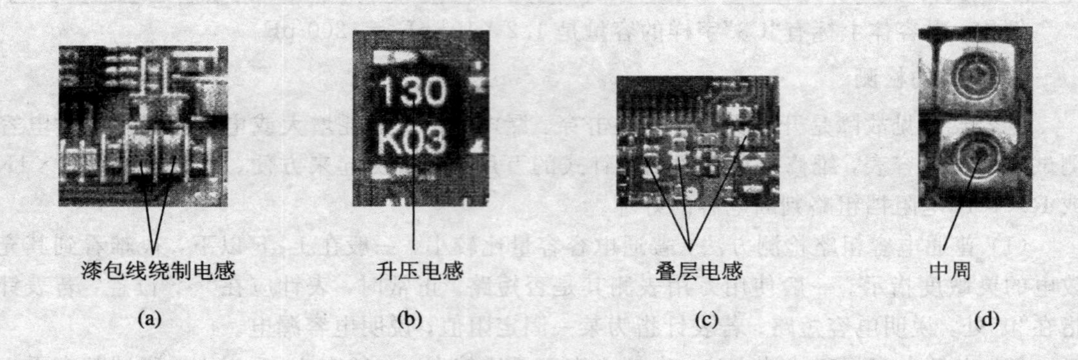

图 4－16　电感实物图

电感的基本单位是亨利，记为 H，手机中常用的电感是 mH(毫亨)、μH(微亨级)，它们之间的换算关系式是：$1\ \mathrm{H}=10^3\ \mathrm{mH}=10^6\ \mu\mathrm{H}$。

手机中用得最多的是普通电感，有的从外观上可以辨认出来，如图 4－16(a)所示，漆包线绕在磁芯上；有的漆包线隐藏，如图 4－16 (b)所示；手机中还有很多 LC 选频电路电感，如图 4－16(c)所示，其外表一般为白色、绿色或一半白一半黑等，形状类似普通小电容，这种电感即叠层电感。可以通过图纸和测量方法将电感与电容分开。

2. 电感的检测

在通常情况下，用万用表的×1 Ω 电阻挡测量电感的阻值，测其电阻值极小，一般为零是好的，否则是坏的。

由于电感属于非标准件，不像电阻那样方便检测，且在电感体上没有任何标注，所以一般借助图纸上参数标注。在维修时，一定要用与原来相同规格、参数的电感进行代换。

3. 电感特性

电感通低频，阻高频；通直流，阻交流。

4.5.4　滤波器

滤波器是由滤波电路组成的，滤波电路的作用是让指定频段的信号能比较顺利地通过，而对其它频段的信号起衰减作用。滤波器从性能上可以分为低通(LPF)、高通(HPF)、带通(BPF)、带阻(BEF)四种。LPF 主要用在信号处于低频(或直流成分)，并且需要削弱高次谐波或频率较高的干扰和噪声等场合；HPF 主要用在信号处于高频并且需要削弱低频(或直流成分)；BPF 主要用来突出有用频段的信号，削弱其余频段的信号或干扰和噪声；BEF 主要用来抑制干扰，例如信号中常含有不需要的交流频率信号，可针对该频率加 BEF，使之削弱。在手机电路中，四种滤波电路都会用到，例如接收电路需要 HPF；在频率合成电路中需要 BPF；在电源和信号放大部分需要 LPF 和 BEF 滤波器。

1. 滤波器的识别

从器件材料上看，手机中的滤波器可分为 LC 滤波、陶瓷滤波、声表面滤波、晶体滤波。LC 滤波损耗小，但不容易小型化，因此在手机电路中作为辅助滤波器。手机中常用的滤波有：本振滤波、射频滤波和中频滤波等，滤波器电路符号参见图 4－17。

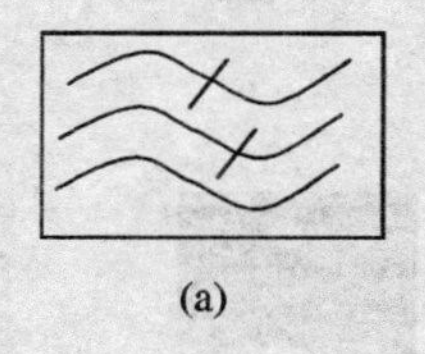
(a)
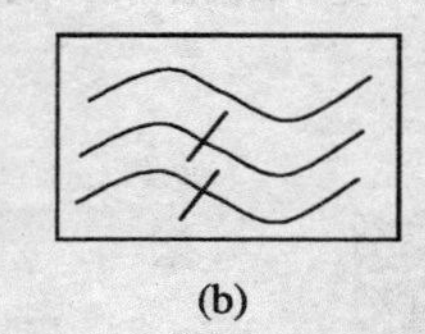
(b)
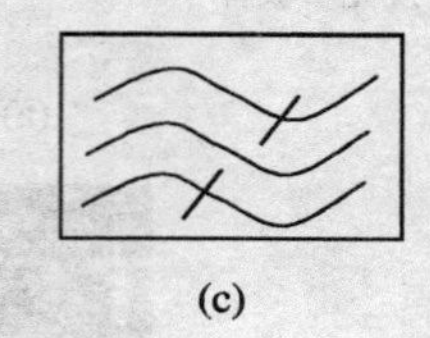
(c)
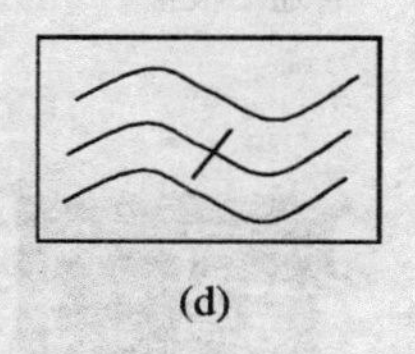
(d)

图 4－17 滤波器电路符号
(a) 低通滤波器；(b) 高通滤波器；(c) 带通滤波器；(d) 带阻滤波器

手机中大量采用声表面滤波器、晶体滤波器和陶瓷滤波器等，实物参见图 4－18。

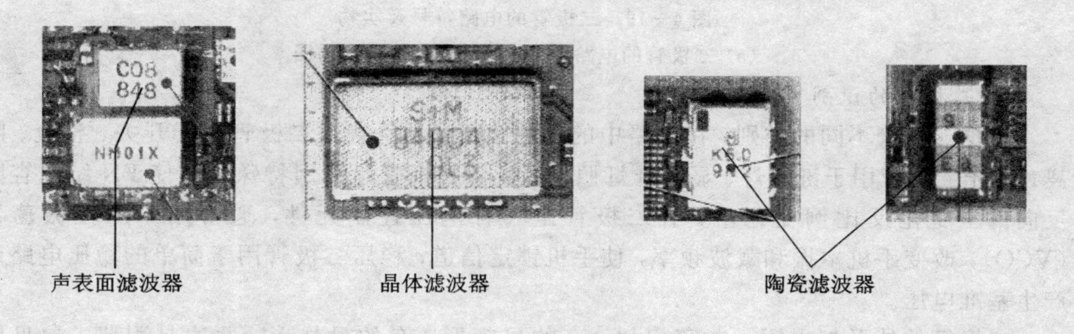

图 4－18 手机滤波器实物图

陶瓷滤波和声表面滤波容易集成和小型化，频率固定，不需调谐，常见于手机的射频滤波、中频滤波等。实际应用中，滤波器主要引脚是输入、输出和接地端。滤波器是无源器件，所以没有供电端。

2. 滤波器的检测

滤波器是易损组件，受震动或受潮都会导致其性能改变。可以用频谱分析仪准确检测滤波器的带宽、Q 值、中心频点等参数。

滤波器无法用万用表检验，在实际维修中可简单地用跨接电容的方法判断其好坏，也可用组件代换法鉴别。

4.5.5 半导体器件与集成模块

1. 二极管

二极管是具有明显单向导电性或非线性伏安特性的半导体器件。由一个 PN 结构成，具有正向电阻小、反向电阻大的特点。其电路符号如图 4－19(a)所示。

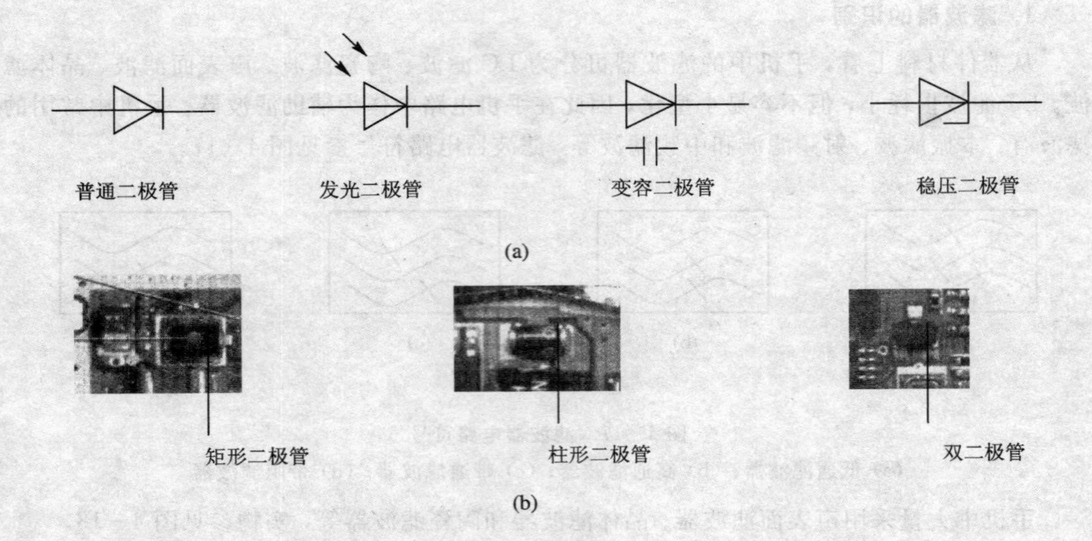

图 4-19　二极管的电路符号及实物

(a) 二极管的电路符号；(b) 二极管的实物图

1）二极管的识别

根据二极管不同的类别，在电路中的作用也不相同。普通二极管用于开关、整流、隔离；发光二极管用于键盘灯、显示屏灯照明；变容二极管是采用特殊工艺使 PN 结电容随反向偏压变化反比例变化，变容二极管是一种电压控制元件，通常用于压控振荡器(VCO)，改变手机本振和载波频率，使手机锁定信道；稳压二极管用于简单的稳压电路或产生基准电压。

二极管的外形与电阻、电容相似，有的呈矩形，有的呈柱形，两边是引脚，参见图 4-19(b)。在手机中，经常采用双二极管封装，有 3～4 个引脚，这时就难于辨认，还会与三极管混淆，可以借助于电路原理图核对，或通过测量后才能确定其引脚。

2）二极管的检测

手机中常见二极管有普通二极管、发光二极管、稳压二极管和变容二极管。

普通二极管测量：根据二极管正向电阻小、反向电阻大的特点可判别二极管的极性。将万用表拨到欧姆挡，一般为 R×100 或 R×1K 挡，用表笔分别与二极管的两极相连，测出两个阻值，在所测得阻值较小的一次，与黑表笔相接的一端即为二极管正极，反之黑表笔相接端为二极管负极。如果测得的反向电阻很小，说明二极管内部短路；若正向电阻很大，则说明管子内部断路。这两种情况均说明二极管已损坏。正常时，一般二极管正向电阻 5～20 kΩ，反向电阻为“∞”。

发光二极管测量：在测量发光二极管时，需将万用表置于 R×1K 或 R×10K 挡，正向电阻小于 50 kΩ，反向电阻大于 200 kΩ 为正常。

稳压二极管的测量：用万用表的低阻挡(R×1K 挡以下)测量稳压二极管正反向电阻时，其阻值和普通二极管一样，原因是表内电池为 1.5 V 不足以使稳压二极管反向击穿。要测量稳压二极管的稳压值 u_z，必须使管子进入反向击穿状态，当用万用表的高阻挡(R×10K 挡)时，表内电池为高压电池(E_0)。测稳压二极管的反向电阻为 R_x，则

$$u_z = (E_0 \cdot R_x)/(R_x + nR_0)$$

其中，n 是万用表所用挡次的倍率数，如 R×10K 挡，n=10 000；R_0 是万用表中心阻值。

变容二极管测量：变容极管只能用万用表测其是否短路，不能检测其性能。在实际中，常用代换法鉴别。

如果要准确测试二极管的性能参数，需要用晶体管特性图标仪。

2. 三极管

1）三极管的识别

三极管有 NPN、PNP 两种类型，三极管的电路符号及实物参见图 4－20(a)、(b)。在三极管实物图上，标注了三极管的极电极，而管子的类型以及发射极和基极的判断需利用图纸或万用表测量来区分。其中 4 脚三极管中有两极相通(集电极或发射极)。

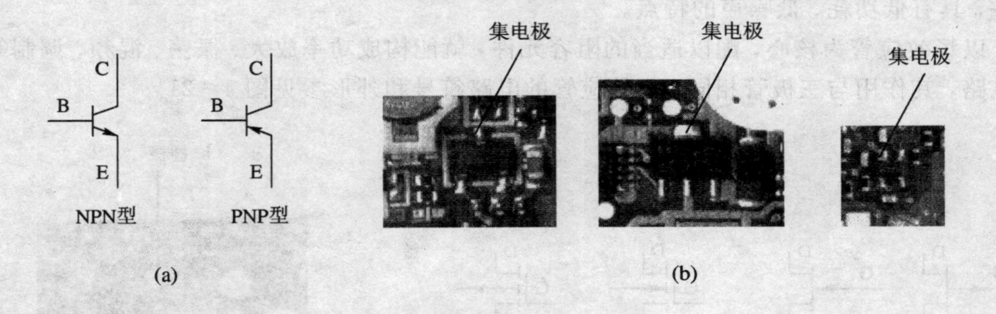

图 4－20　三极管的电路符号及实物

(a) 三极管的电路符号；(b) 三极管的实物图

三极管是组成电子线路的基础器件。以三极管为核心，配以适当的阻容元件就能组成一个电路。三极管的作用有放大、振荡、开关、混频、调制等。

2）三极管的检测方法

(1) 三极管类型及基极的判别：手机电路中的三极管都是小功率管，可用万用表的 R×1 K 或R×100 Ω 挡测量，用黑表笔接触某一管脚，红表笔分别接触另两个管脚，如表头读数都很小，则与黑表笔接触的那一管脚是基极，同时判断此三极管为 NPN 型。若用红表笔接触某一管脚，而黑表笔分别接触另两个管脚，表头读数同样都很小，则与红表笔接触的那一管脚是基极，同时判断此三级管为 PNP 型。

(2) 三级管发射极和集电极的判别：以 NPN 三极管为例，确定基极后，假定其余两只脚中的任意一只是集电极，将黑表笔接到此脚上，红表笔则接到假定的发射极上。用手指把假设的集电极和基极捏起来(不要将基极和集电极短接)，观察表针指示，并记录下此阻值的读数。然后再作相反的假设，即把原来的集电极假设为发射极，做相同的测试并记录下此阻值的读数。比较两次读数的大小，阻值较小的(或者指针摆动较大的)黑表笔所接的那只脚为集电极，剩下的一只脚便是发射极。若是 PNP 型三极管，仍用上述方法，注意红表笔所接的那只脚为集电极。

(3) 三极管好坏的判别：三极管的好坏可通过用万用表的 R×1K 或 R×100 Ω 挡测试三极管的 BE 结、BC 结和 CE 极间正反向电阻来判断。BE 结和 BC 结均为 PN 结特性，故与二极管的检测方法相似。

3. 场效应管

场效应管简称 FET，它是用电压控制电流的半导体器件。场效应管有三个电极，分别是：栅极 G、源极 S、漏极 D。从制作工艺的角度，场效应管可分为结型(JFET)和绝缘栅型(MOSFET)两类。在绝缘栅型场效应管中，绝缘物是氧化物，又称为 MOS 型场效应管。场效应管的电流通路称为沟道，根据沟道部分的半导体是 N 型和 P 型又分为 N 沟道和 P 沟道两种。沟道是由栅极控制的。

1）场效应管的识别

场效应管与三极管都可以作为放大器，二者有许多相似之处。场效应管的三个电极为栅极 G、源极 S、漏极 D，它们分别对应于三极管基极 B、发射极 E、集电极 C。但与三极管相比，场效应管具有很高的输入电阻，工作时栅极几乎不取信号电流，因此它是电压控制组件，具有低功耗、低噪声的特点。

以场效应管为核心，配以适当的阻容元件，就能构成功率放大、振荡、混频、调制等各种电路，其作用与三极管相同。场效应管的电路符号和外形参见图 4-21。

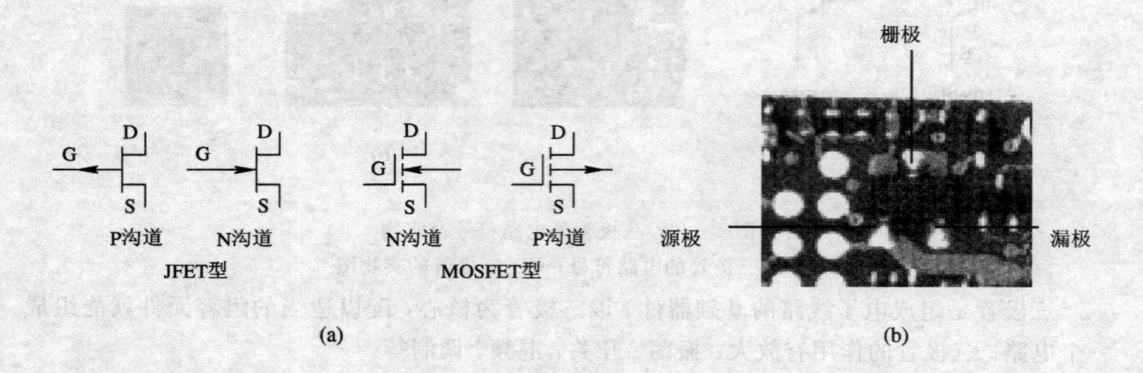

图 4-21　场效应管电路符号及实物

(a) 场效应管电路符号；(b) 场效应管实物图

2）场效应管的检测方法

场效应管的外形与三极管相同，在电路板上很难辨别哪个是场效应管，哪个是三极管，一般借助于图纸才能确定。

场效应管类型的检测：

(1) JFET 型及栅极 G 的判别：将万用表置于 R×1K 挡，用红表笔接在一个假定的栅极(G)上，黑红表笔分别接另两个引脚，若两次测得阻值均很大，则判定为 JFET 型的 N 沟道；若两次测得的阻值均很小，则判定为 JEFT 的 P 沟道，且假定的栅极为红表笔所测端，假设成立。由于工艺上对称，D、S 不用判断，可交换使用。

(2) MOSFET 的判别：将万用表置于 R×100Ω 上，用黑、红表笔测任意两引脚间的正、反向电阻，其中测得两引脚间阻值为数百欧姆，此时表笔接的是 D、S 极，表笔未接引脚为 G 极。

(3) MOS 管好坏的判别：将万用表置于 R×1K 挡，测量 D、S 间正、反向电阻，可判断 MOS 管的好坏。NMOS 管如图 4-22 所示，红表笔置于 S 引脚，黑表笔先触发 G 引脚后，再置于 D 引脚，测 D、S 间正、反向电阻，若均为 0 Ω，该管则为好的，否则为坏的。对于 PMOS 管，黑表笔置于 S 引脚，红表笔先触发 G 引脚后，再置于 D 引脚，测 D、S 间正、反向电阻，若均为 0 Ω，该管则为好的，否则为坏的。双 MOS 管需了解内部结构，按照单个的 NMOS 和 PMOS 来检测。

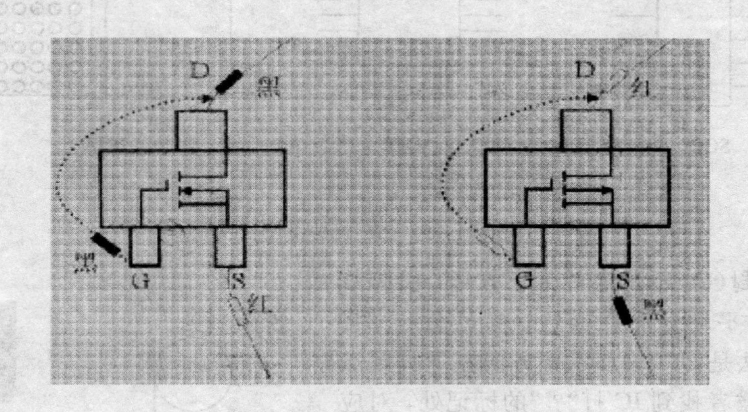

图 4－22　MOS 管判别示意图

(4) FET 使用注意事项：FET 的输入阻抗高，很小的电流都会产生很高的电压，使管子击穿。因此拆卸场效应管时需使用防静电的电烙铁，最好使用热风枪。另外栅极不可悬浮，以免栅极电荷无处释放击穿场效应管。

4．集成模块

集成模块，或称集成电路，它采用特殊的半导体工艺方法，在很小的半导体硅片上，制作出成千上万个组件连成一个整体电路，并封装在一个壳体中，它有供电端、接地端、控制端和输入/输出端。集成电路具有体积小，功耗低，成本低，可靠性高，功能强等优点。

1) 集成电路的识别

集成电路简写为 IC，在手机中常称某集成块为射频 IC、中频和电源 IC 等。

IC 内最容易集成的是 PN 结，也能集成小于 1000 pF 的电容，但不能集成电感和较大的组件，如电位器等。因此，IC 对外要有许多引脚，将那些不能集成的元件连到引脚上，组成整个电路。在手机中，采用的模拟集成电路有：中频 IC、混频 IC、电源 IC、音频处理 IC；采用的数字集成电路有：语音编码、中央处理器、字库和内存等。

由于 IC 内部结构很复杂，在分析集成电路时，侧重于 IC 的主要功能、输入、输出、供电及对外呈现出来的特性等，并把其看成一个功能模块，分析 IC 的引脚功能、外围组件的名称及其作用等。

为了缩小手机的体积，IC 大都采用薄膜扁平封装形式和表面贴焊技术，常用封装方式有：小外型封装（SOP）、四方扁平封（QFP）和球栅数阵列内引脚封装（BGA），参见图 4－23。

小外型封装(SOP)的引脚分布在芯片的两边，小圆圈为 1 脚的标志位，其它管脚按次序逆时针查找。手机中常见 SOP 封装有：电子开关、频率合成器（SYN）、功率放大器(PA)、功率控制(PAC)及码片(EEPROM)等。

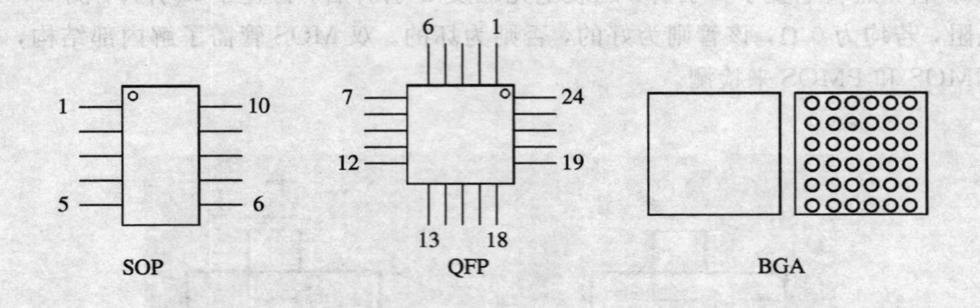

图 4-23　IC 封装类型

四方扁平封(QFP)的芯片为正方形，引脚数目在 20 以上，平均分布在四边，参见图4-24。1 脚的确定办法是，IC 表面字正方向左下脚圆点为 1 脚标志，或者找到 IC 打"？"的标记处，对应的引脚为第 1 脚。这种封装形式主要应用于射频电路、语音处理器和电源电路等。

图 4-24　送话器

(a) 符号；(b) 实物

球栅数阵列内引脚封装（BGA_Ball Grid Arrays)，其引脚按行线、列线区分，每个引脚的功能根据不同器件确定。如诺基亚 8210/8850、摩托罗拉 V70、三星 T408 等手机都采用了 BGA-IC。

2）集成电路的检测

由于 IC 有许多引脚，外围组件又多，所以要判断 IC 的好坏比较困难，常用在路测量法、触摸法、观察法(加电发烫，大电流，也有鼓包、变色)和元件置换法、对照法等。

维修采用观察法观其是否鼓包、变色及裂纹等。若无上述现象可用按压法观察手机工作情况，从而判断 BGA IC 是否虚焊。更换时须用植锡板重作球栅，要求植好球栅光亮、均匀。焊接时注意 IC 的方向，不要轻易更换 IC。

4.5.6　电声器件、压电器件及其它器件

1. 电声器件

电声器件是一种电—声转换器，它能将电能转换为声能或机械能，也能将声能或机械能转换为电能。电声器件包括送话器、扬声器(听筒)和振铃等。

1）送话器

(1) 送话器的识别：送话器是电声器件的一种，是将声音转变为电信号的电—声转换器，俗称话筒或麦克风。它有动圈式、电容式、碳粒式和压电式几种形式，手机中应用驻极体电容话筒，其电路符号和实物参见图 4-24，实际外形呈柱状。驻极体话筒由声—电转换系统和场效管组成。

在场效应管的栅极和源极间接有一只二极管，故可利用二极管的正反向电阻特性来判断驻极体话筒的漏极与源极。具体方法是：将万用表拨至 R×1K 挡，将黑表笔接任意一

点，红表笔接另一点，记下测得的数值；再交换两表笔的接点，比较两次测得的结果，阻值小的一次，黑表笔接触的点为源极，红表笔端为漏极。

(2) 送话器的检测：通常将万用表的黑表笔接话筒漏极，红表笔接话筒源极或外壳上，用嘴吹话筒，观察万用表的指示，若无指示，说明话筒已损坏；若有指示说明话筒是好的，表针指示范围越大，说明话筒灵敏度越高。在实际中也可以采用直接代换法来判断其好坏。

2) 听筒与振铃器

(1) 听筒与振铃器的识别：听筒又称扬声器、喇叭，也是一种电声器件。它是利用电磁感应、静电感应、压电效应等将电能转换为声能，并将其辐射到空气中去，与送话器的作用刚好相反。扬声器的种类很多，在手机中，多采用动圈式扬声器，属于电磁感应式的。目前手机中越来越多的采用高压静电式听筒，它是通过在两个靠得很近的导电薄膜间加电信号，在电场力的作用下，导电薄膜发生振动，从而发出声音。

振铃器又称为蜂鸣器，其原理与听筒相同，也采用电磁感应式。

听筒与振铃器的电路符号参见图 4-25，实际外形呈圆形。

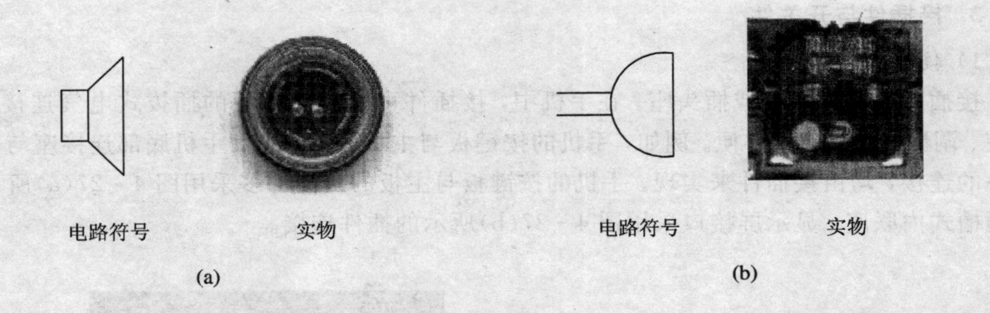

图 4-25 听筒、振铃器

(a) 听筒；(b) 振铃器

(2) 听筒与振铃器的检测：听筒与振铃器的检测方法很简单。用万用表的电阻 R×1 挡测其两端，正常时，电阻应接近零，且表笔断续点触时，听筒与振铃器应发出“喀、喀”声。

2. 石英晶体

石英晶体是利用具有压电效应的石英晶体片制成的器件。它在手机中用于产生锁相环的基准频率和主时钟信号。在电路中，是利用晶体片受到外加交变电场的作用可产生机械振动的特性，如果交变电场的频率与芯片的固有频率一致时，振动会变得很强烈，这就是晶体的谐振特性。由于石英晶体的物理和化学性能都十分稳定，因此在要求频率十分稳定的振荡电路中，常用它作谐振组件，组成晶体振荡器。

1) 晶体的识别

石英晶体的电路符号、实物图如图 4-26 所示，外形与滤波器相似在手机中。常用晶体频率为 13 MHz、19.5 MHz 和 26 MHz 等。在电路中，将晶体、三极管等共同组成振荡器，作为一个标准件。

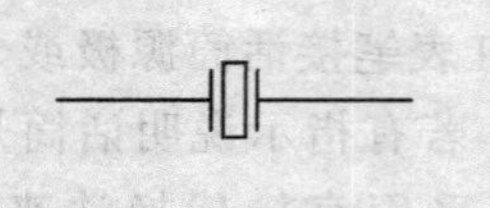

(a)　　　　　　　　　　(b)

图 4-26　石英晶体的电路符号及实物图

(a) 石英晶体电路符号；(b) 石英晶体实物图

2）晶体的检测

与滤波器一样，晶体受震动或受潮都会导致其损坏、频点偏移或损耗增加。可以用频谱分析仪准确检测其Q值因子、中心频点等参数。

晶体无法用万用表检测，由于晶体引脚少，代换很容易，因此在实际中，常用组件代换法鉴别。代换时注意用相同机型晶体，保证管脚匹配。

3. 接插件与开关件

1）接插件

接插件又称连接器或插头座。在手机中，接插件可以提供简便的插拔式电气连接，为组装、调试、维修提供方便。例如，手机的按键板与主板的连接座，手机底部连接座与外部设备的连接，均由接插件来实现。手机的按键板与主板的接插件多采用图 4-27(a)所示凸凹插槽式内联座，显示屏接口采用图 4-27(b)所示的插件连接。

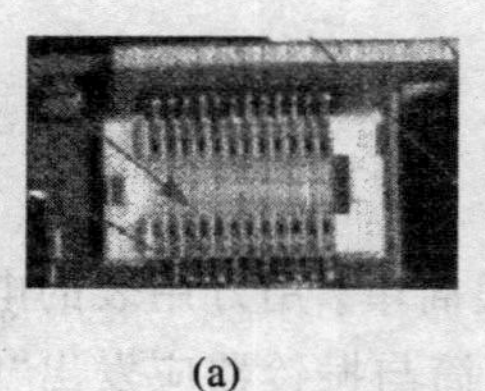

(a)

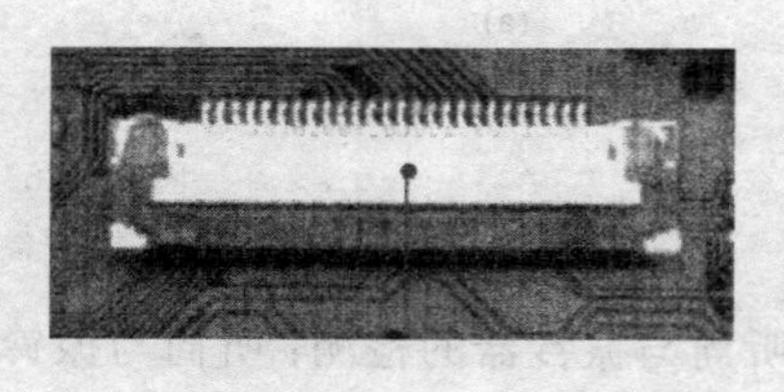

(b)

图 4-27　接插件

(a) 键盘内联座；(b) 显示屏接口插件

接插件最易变形，一旦变形，会造成接触不良。在使用时，注意不能让接插件受热变形或受力损坏。

2）开关件

开关件在手机中用于换接电路和产生控制信号，常用的开关件有拨动开关和按钮开关，参见图 4-28。手机中大量使用按压式开关，它是用导电橡胶做成的。当开关按下时便接通，放开后便断开，这样就会产生一个控制信号。

开关件的检查比较简单，可以用替换法或短路连接便可判断其好坏。当然，如果键盘中某一个按键失效，一般是由于该开关键导电橡胶出了问题。

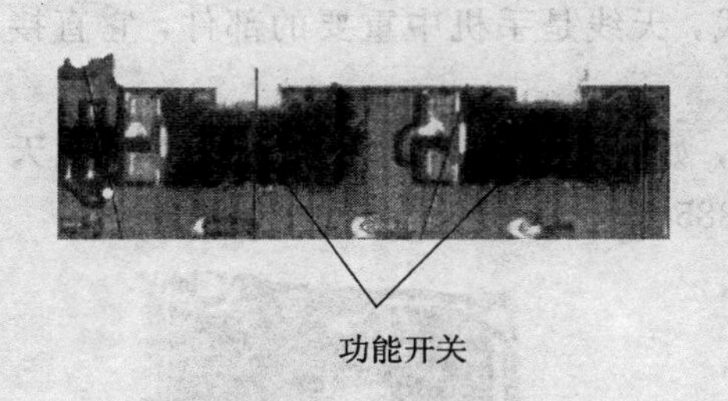

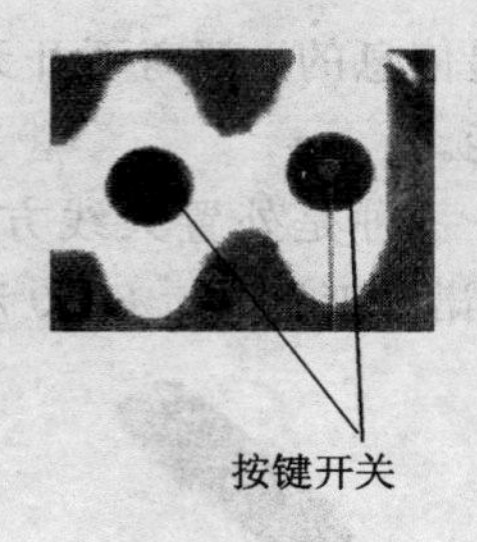

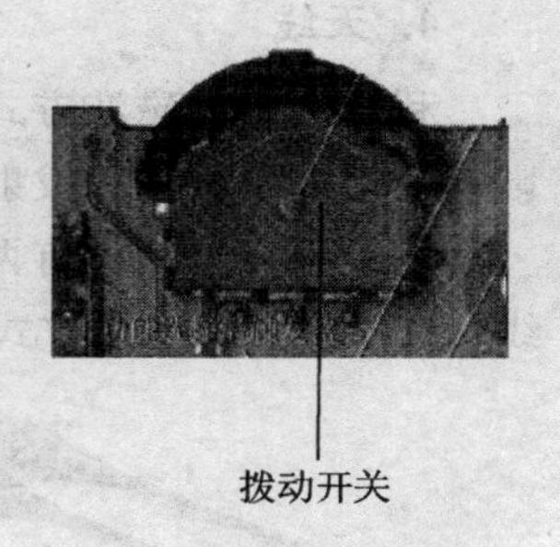

图 4-28　手机中按压开关、拨动开关

3）磁控开关

（1）干簧管：它是一种具有密封接点的继电器，由干簧片、小磁铁、内部真空的隔离罩等组成。参见图 4-29。干簧片由铁磁性材料做成，接点部镀金，所以它既是导磁体又是导电体。当小磁铁接近干簧片时，两簧片自动吸合；当小磁铁远离两簧片时，两簧片自动断开。因此干簧管可以作为开关使用。

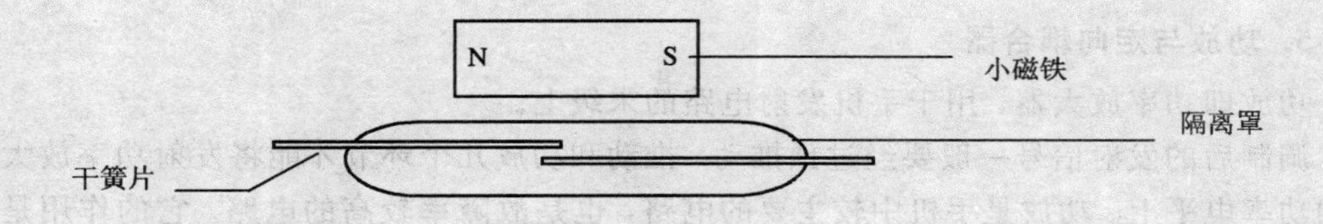

图 4-29　干簧管示意图

在翻盖手机中，常用干簧管来锁定键盘。如摩托罗拉 V998、V8088 等前板上都有干簧管。

（2）霍尔器件：霍尔器件是一种电子元件，外型与三极管相似，参见图 4-30(a)。VCC—电源，GNS—地，VOC—输出。其内部由霍尔器件、放大器、施密特电路和集电极开路 OC 门路组成。它与干簧管一样等同一个受控开关，参见图 4-30(b)。

由于干簧管的隔离罩易破碎，近年来采用改进型的干簧管即霍尔器件，其控制作用等同于干簧管，但比干簧管的开关速度快，因此在诸多品牌手机中得到广泛的应用。

在实际维修中，干簧管或霍尔器件出问题时，常常导致手机按键失灵。

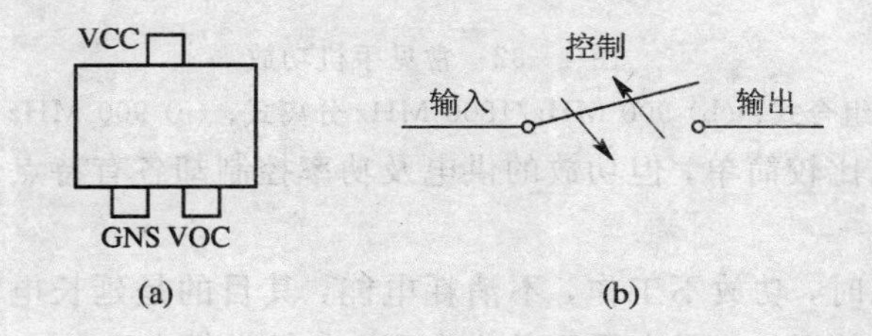

图 4-30　霍尔器件及等效特性

(a) 霍尔器件；(b) 等效受控开关

4. 天线

利用无线电磁波方式传递信息的，都离不开天线，天线是手机中重要的部件，它直接影响到接收灵敏度和发射性能。

手机中常见天线有两种：一种是外置天线方式，如摩托罗拉系列手机均采用外置天线；另一种内置天线方式，如诺基亚 3210、8810 和 8850 等。手机天线参见图 4－31。

图 4－31　天线类形

（a）外置天线；（b）内置天线

天线锈蚀、断裂、接触不良均会引起手机灵敏度下降，发射功率减弱。

5. 功放与定向耦合器

功放即功率放大器，用于手机发射电路的末级上。

调制后的发射信号一般要经过预推动、推动和功放几个环节才能将发射功率放大到一定的功率电平上。功放是手机中较主要的电路，也是故障率较高的电路。它的作用是放大发射信号，以足够的功率通过天线辐射到空间，工作频率高达 900/1800 MHz，因此功放也是超高频宽带放大器。采用的器件一般是分立元件场效应管和集成功放。手机中的常见功放参见图 4－32。

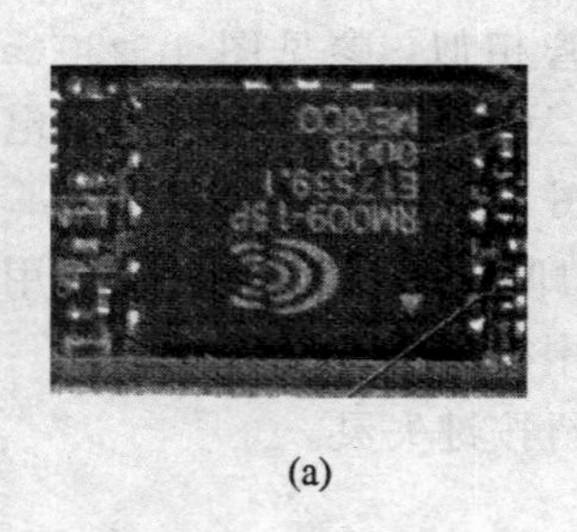

(a)

(b)

(c)

图 4－32　常见手机功放

（a）组合式；（b）900 MHz/1800 MHz 分离式；（c）900 MHz 功放

功放的电路形式比较简单，但功放的供电及功率控制却各有特点。

1）功放供电

手机在守候状态时，功放不工作，不消耗电能，其目的是延长电池的使用时间。手机中的功放供电有两种情况：一是电子开关供电型；二是常供电型。

电子开关供电是在守候状态，电子开关断开，功放无工作电压，只有手机发射信号时，电子开关闭合，功放才供电；常供电型的功放管工作于丙类，在守候状态虽有供电，但功放管截止，不消耗电能，有信号时功放进入放大状态。丙类工作状态通常由负压提供偏压。

2）功率控制

手机功放在发射过程时，其功率是按不同的等级工作的，功率等级控制来自功率控制信号。

控制信号主要来自两个方面：一是由定向耦合器检测发信功率，反馈到功放，组成自动功率控制 APC 环路，用闭环反馈系统进行控制；二是功率等级控制，手机的收信机不停地测量基站信号场强，送到 CPU 处理，据此算出手机与基站的距离，产生功率控制资料，经数/模变换器变为功率等级控制信号，通过功率控制模块，控制功放发信功率的大小。

功放的负载是天线，在正常工作状态，功放的负载是不允许开路的。因为负载开路会因能量无处释放而烧坏功放。所以在维修时应注意这一点，在拆卸机器取下天线时，应接上一条短导线充当天线。

3）定向耦合器

定向耦合器与功放示意图参见图 4－33。

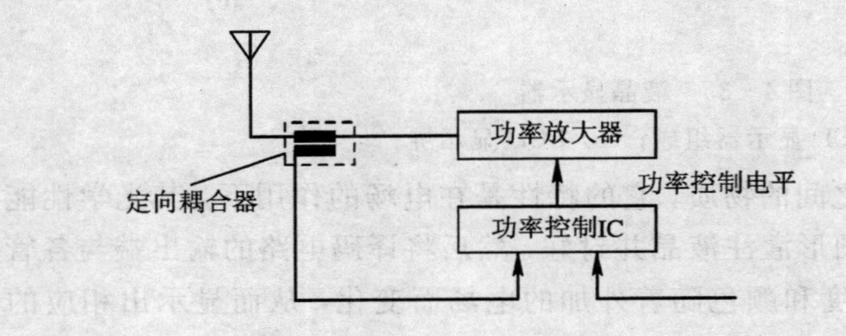

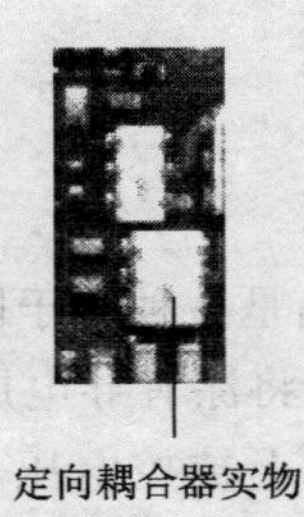

图 4－33　定向耦合器

定向耦合器相当于变压器，用来检测手机的发射功率大小，对发射功率取样，将取样值反馈到功放，与功放等组成自动功率控制环路。

4.5.7　手机键盘与显示器

1. 键盘

手机中的键盘电路(除触摸屏)一般是 4×5 矩阵动态扫描方式，参见图 4－34。其中行线(ROW)通过电阻分压为高电平，列线(COL)由 CPU 逐一扫描，低电平有效，当某一键按下时，对应交叉点上的行线、列线同时为低电平，CPU 根据检测到的电平来识别此键。

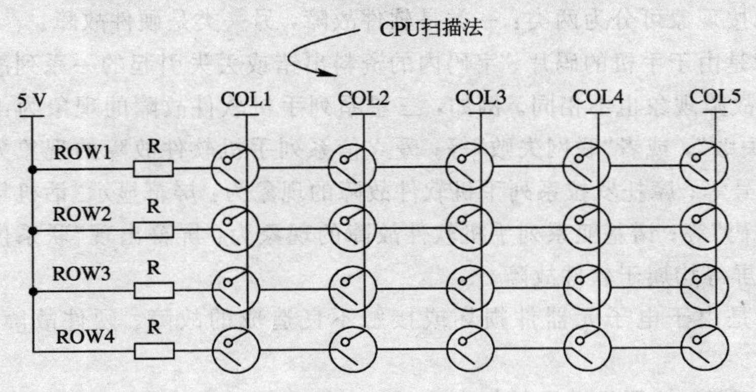

图 4－34　键盘电路

2. 液晶显示器

手机上的显示器常用液晶显示器(LCD)，可以显示数字、文字、符号和图形等，由专用芯片来驱动，LCD 显示器分并行口型和串行口型两种，其组成主要由液晶显示部分、驱动控制芯片和控制引脚，参见图 4-35。

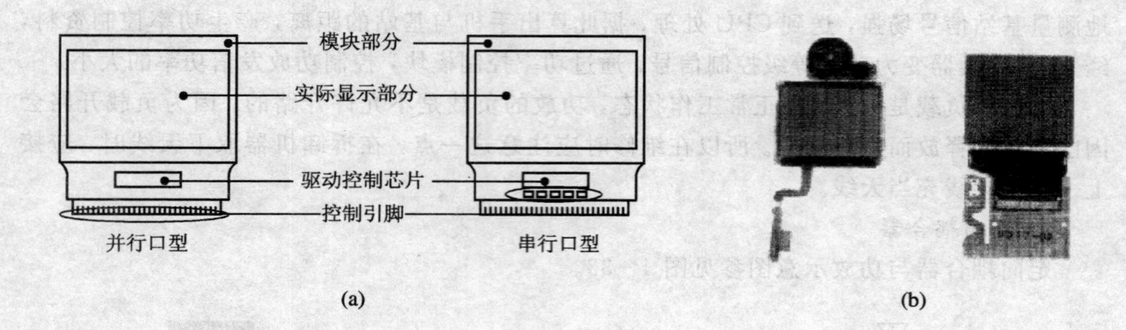

图 4-35　液晶显示器

(a) LCD 显示器组成；(b) LCD 显示屏

液晶是一种介于固体和液体之间的物质，它的特性是在电场的作用下，其光学性能发生变化，将涂有导电层的基片按图形灌注液晶并封好，然后将译码电路的输出端与各管脚相连，加上被控电压，LCD 透明度和颜色随着外加的电场而变化，从而显示出相应的数字、文字和图形等。

液晶显示器接收微处理器(CPU)送来的显示指令和数据，经过分析、判断和存储，按一定的时钟速度将显示的点阵信息输出至行和列驱动器进行扫描，以 75 Hz/帧的速率更新屏幕，人眼在外界光的反射下，就可以看见 LCD 显示屏上的内容。

显示屏更换时应特别小心，尤其注意显示屏上的软连线，不能折叠，对于显示屏轻取轻放，不能用力过大，维修时不要用风枪吹屏幕，也不能用清洗液清洗屏幕，否则屏幕不显示，显示屏属于易损元件，维修时应特别注意。

4.6　手机故障分析与处理

手机故障按现象可分为两类：一类是软件故障，另一类是硬件故障。

软件故障是由于手机的码片、字码内的资料出错或丢失引起的一系列故障。手机品牌不同，则软件故障现象也不相同。例如，三星系列手机软件故障的现象为：不开机或开机显示“初始化失败”，或者“联网失败”等；爱立信系列手机软件故障的现象为：打不出去电话、转灯无信号等；摩托罗拉系列手机软件故障的现象为：屏幕显示“话机坏请送修”、“请输入特别八位码”等；诺基亚系列手机软件故障的现象为：屏幕出现“联系供销商”。同时，锁机、开机定屏等均属于软件故障。

硬件故障是由于电子元器件损坏或接触不良造成的故障。硬件故障分为以下几种类型：

(1) 不能开机：按开机键无任何电流反应；按开机键有小电流反应；按开机键有大电

流反应。(这些电流大小均指稳压电源表头指示。)

(2) 能开机但不能维持开机：按开机键，能开机但转灯关机；自动开关机；发射关机；低电告警等。

(3) 能开机但不能正常打接电话：手机单向通话；屏显杂乱；听筒无声无按键音；有网络但不发射；无网络服务；显示“请插卡”等字样。

综上所述，手机故障有共同特点，在维修手机时应该注意：手机能否正常开/关机；是否有场强指示；屏显是否正常；信号灯有无指示；能否正常打接电话；同时用外加稳压电源看手机的开机电流、发射电流是否正常。手机不同的故障特点都体现在开机电流上，这是手机维修的技巧所在。

4.6.1 手机故障检修步骤和维修方法

1. 简要测试

面对一台故障机先不要急于动手，首先通过观察或向用户了解情况，询问故障原因：是摔过机器，还是进水机器，还是使用不当造成此故障。也可利用手机键盘和菜单功能，或通过拨打“112”等简单操作大致判断故障类型，从而为快捷有效地维修奠定基础。

(1) 直接观察手机的外壳是否受损严重，小心拆开外壳仔细观察手机主板外观是否有变形，元器件是否有丢件、掉件，是否有裂痕、鼓包变形等。主要观察元器件的损坏程度，从而确定修复的可能性有多大。

(2) 通过耳朵听。通过打接电话检查听筒、振铃、送话器以及按键音等是否正常，在无SIM卡情况下可通过拨打“112”听是否有“哆、来、咪”等，初步判断故障部位。

(3) 通过触摸方法。给手机加外电源，触摸功放、集成块、电阻、电容、电感等，观察是否有发热、发烫的器件，从而粗略判断故障所在。

(4) 给手机加直流稳压电源，观察手机的整机工作电流是大电流还是小电流，从而进一步确定故障位置。

通过简单扼要且行之有效的测试，可大概确定故障所在，但不可粗心大意。简要的测试是非常必要的，可以给手机故障做一个初步的诊断，以便进入正常的维修。

2. 常见维修方法

1) 直接观察法

不拆机直接利用手机键盘操作，通过打接电话来观察故障，例如按键失灵、转灯关机、转灯无信号(即不入网)、不送话、听筒无声等故障可以直接检测到。拆机取主板时要小心屏幕，利用带灯放大镜仔细观察是否有鼓包、裂纹、丢件、掉件及是否有元器件变色、过孔烂线等现象。观察主板屏蔽罩是否有凸凹变形或严重受损，从而确定里面的组件是否受损。另外用外加电源直接单板开机观察电流，用手触摸法观察是否有异常升温，这样可以简单、直接地确定故障点。

2) 观测整机电流法

手机在开机、待机以及发射状态下整机工作电流并不相同，利用电流来判断手机故障也是维修常用的方法。具体方法是去掉手机电池给手机加直流稳压电源，按开机键后可观察到电流表上的电流有如下几种情况：

(1) 按开机键时电流表无任何电流，其主要原因有：电池触片损坏使电源不能送到电源集成电路；开机键接触不良；开机键到电源集成电路触发脚之间的电路有虚焊现象；电源集成电路损坏。

(2) 按开机键时电流达不到最大值，故障来源于射频电路或发送电路。由于功放的发射电流较大，我们可以通过观测电流值大小来判断有无发射。一般正常开机搜索网络时，电流都有一个跃变，但由于不同类型手机电流值不一样，所以不能认定电流达到多大值才正常，只能作为一个参考值来考虑。

(3) 按开机键电流表有指示，但停留在某一电流值上不动，这种情况大多都是软件故障，应检查相应的软件部分。

(4) 按开机键时电流表指针瞬间达到最大，电源保护关机，这种情况主要是手机内部有短路现象。正常情况下手机开机电流约 150 mA 左右；待机电流约十几毫安左右；发射电流约 300 mA 左右。这些数值与仪表精度有关，因此只能作为参考。

3) 电压测量法

电压测量法是用万用表测量直流电压。将故障机一些关键点电压(如逻辑、射频、屏显的供电电压)用万用表直接测得，测出的电压值可以与参考值做比较，参考值的取得一是图纸标出的，二是有经验维修人员积累的，三是从正常手机上测得的。在测量过程中注意待机状态和发射状态控制电压是有区别的，故障机与正常机进行比较时要采用相同的状态测量。

4) 元件替代法

元件替代法是指用好的元件来替代重点怀疑的元件。维修人员应备一些常用的易损元件和旧手机板以便代换时用。不同类型的手机组件可以相互替代，例如西门子 C2588 和松下 GD90 的功放通用，当需要换功放时就可以互相替代。还有很多元器件是通用的，这要向有实践经验的维修技师请教，同时也可以在实践中自己总结摸索。替代法值得注意的是在正确分析判断的基础上进行的替代，而不能漫无边际一味地替换，否则会使故障扩大。

5) "刷、吹、焊"法

"刷、吹、焊"法是早期维修常采用的比较简单而且行之有效的方法，手机上元器件全部采用表面贴焊的方式，元件小、电路板线密集，手机在受力或振动时很容易虚焊，所以用风枪吹一吹或用烙铁焊一焊就能解决故障。但不能一味地不管什么元件都吹，如爱立信手机中的多模转换器用风枪吹时温度应尽量低些，否则换上也会故障依然；诺基亚 3210CPU 是灌胶的，用风枪一吹就会出现软件故障，因此用风枪吹逻辑部分集成块时应特别小心。而对于进液体的手机，应立即清洗，否则由于液体的酸碱浓度不一样会造成手机线路板腐蚀、过孔烂线或因不干净引起管脚粘连等现象。清洗时应注意清洗液的选择。"刷、吹、焊"法中的"刷"是指清洗、清理干净的意思；"吹"是指用热风枪吹；而"焊"是指用烙铁补焊。"刷、吹、焊"法对于初学者来说比较容易掌握。

6) 对比法

对比法是指用相同型号且拨打、接听都正常的手机作为参照来维修故障机的方法，通过对比可判断故障机是否有丢件、掉件，是否有断线，各关键点电压是否正常等。用此法维修故障机省时省事、快捷方便。

7）跨电容法

手机中滤波器很多，高频滤波、中频滤波、低通滤波等大多都采用陶瓷滤波器、声表面滤波等，常因受力挤压而出现裂纹和掉点，而滤波器好坏无法用万用表测试，所以在维修上采用电容替代法。在滤波器的输入和输出端之间加滤波电容。采用电容跨接时注意：高放滤波器用 10～30 pF 左右电容替代，一中滤波器用 100 pF 左右电容替代，二中滤波器用 0.01 μF 左右电容替代。

8）飞线法

有些手机因进液体而出现过孔腐蚀烂线现象，可通过对比法参照相同型号手机进行测试，断线的地方要飞线连接。例如手机的"松手关机"就要用飞线法来解决。再如摩托罗拉 V998 加主电不开机，而加底电开机，这时往往采用飞线法把主电拉到底电上，是最简单、最方便的维修方式。在采用飞线法飞线时用的线是外层绝缘的漆包线，用时要把两端漆刮掉，焊接时才安全可靠，飞线法在实际维修中应用的非常广泛。

9）触摸法

触摸法简单、直观，它需要拆机外加电源来操作，通过手或唇触摸贴片元件，通过表面温度变化来判断组件是否损坏。通常用触摸法来判断好坏的组件有 CPU、电源 IC、功放、电子开关、三极管、二极管、升压电容电感等。例如摩托罗拉 L2000 大电流不开机，拆机后加电，电流表上的电流在 500 mA 以上，用手触摸电源块，发热烫手，这证明电源块已损坏，更换电源块，故障排除。利用触摸法时注意防止静电干扰。

10）按压法

按压法是针对摔过的手机或受过挤压的手机而采用的方法，手机中贴片集成 IC（如 CPU、字库、内存和电源块）受振动时易虚焊，用手按压住重点怀疑的集成 IC 给手机加电，观察手机是否正常，若正常可确定此集成块虚焊。用此法同样要注意静电防护。

11）万用表测量法

通常是用万用表测直流电压或电阻阻值来确定故障所在。测电压是指测关键点的直流电压如供射频、逻辑、屏显、SIM 卡等供电电压值是否正常，或者用万用表测试听筒、振铃、送话器的好坏。例如爱立信 T28 大电流不开机，用万用表×1 欧姆挡测试主机板上电池触点发现电阻为零，表明功放已击穿。万用表测量法是手机维修过程中应用最多、最普遍的检测方法，掌握好万用表测量方法对维修手机至关重要。

12）软件维修方法

在手机故障中有相当一大部分是软件故障。由于字库、码片内资料丢失或出错，或者由于人为误操作锁定了程序，会出现"Phone Failed see service"（话机坏联系服务商）、"Enter security code"（输入保密码）、"Wrong software"（软件出错）、"Phone locked"（话机锁）等典型的故障，还有一些不开机、无网、没信号的也都属于软件故障。处理软件故障方法是拆机或免拆机写码片、写字库。摩托罗拉手机可用测试卡转移、覆盖等方法来处理一些软件故障。

4.6.2 手机软件故障维修

手机维修的关键是判断故障部位，其次是处理故障。判断故障的范围要尽量缩小，并要确定故障类型，即是硬件故障还是软件故障。手机软件部分是手机智能部分，手机所有功能都是由这部分有条不紊地控制着。手机的逻辑电路主要由 CPU 和内存组成，内存又分为程序内存和数据存储器两大类。数据存储器又称暂存器(RAM)，它的主要作用是存储一些暂时保留的信息。绝大部分手机的程序内存是由两部分组成，一个是 FLASH ROM (俗称字库或版本)；另一个是 EEPROM(俗称码片)。但也有少数手机的程序内存将码片、字库集成在一起变成一块芯片(如 SIEMENS T108)。CPU 主要通过读取程序内存中的软件资料来指挥手机工作，这就要求软件资料必须正确，即使同一类型手机，由于生产日期和产地的不同其软件资料也不一样，所以在维修手机过程中，对字库处理时需要核对其版本。手机的软件故障主要是由于程序内存的资料丢失或逻辑混乱而造成的。字库、码片内的资料往往因静电干扰或错误操作而造成软件故障。

码片(EEPROM)的作用：在手机程序内存中，码片主要存储手机机身码 IMEI 和一些检测程序，如电池检测，显示电压检测程序等。

字库(FLASH)的作用：在手机逻辑电路中的版本(EPROM)又称字库(FLASH)，是一个块内存，它以代码的形式装载了话机的基本程序和各种功能程序。随着手机功能的日益增多和手机体积的缩小，字库的软件资料容量从 64 KB 已发展到 8 MB 甚至更大，从大体积的扁平封装发展到小体积的 BGA 封装。字库工作过程是：当手机开机时，CPU 便送出一个复位信号 RST 给版本，使系统复位，待 CPU 把版本的读/写端和片选端选通后，CPU 就可以从字库内取出指令，在微处理器内运算，译码输出各部分协调的工作命令，从而完成各自功能。

1. 手机常见软件故障分类

手机常见的软件故障分为两类：一类是由于码片和字库本身损坏或资料丢失引起的故障；另一类是由于手机软件升级引起的故障。

码片和字库在逻辑运行中至关重要，它们都是电可擦除内存，一旦损坏和受静电干扰时会出现资料丢失的现象，从而造成软件故障，因此第一类软件故障按码片和字库功能来划分又可分为两类：一类是码片不正常引起的故障，通常表现为“话机坏请送修”、“手机被锁”等字样的提；另一类是字库不正常引起的故障，通常表现为不开机、显示字符错乱等。而实际维修中要结合具体的品牌表现出来的不同现象划分软件故障。例如，摩托罗拉、诺基亚、西门子等系列品牌手机常表现为一行英文，或黑屏；而爱立信、三星系列的手机则表现为不开机，转灯无信号，不发射等；升级的手机常出现“请输入特别八位码”、“Contact service”(联系服务商)、“Phone failed see service”(电话坏联系服务商)、“Phone locked”(手机锁)、“Wrong software”(软件出错)等字样的提示以及部分黑屏、联网失败、无场强信号指示、自动关机不开机、信号指示灯长亮不闪烁、显示字符乱、无电量显示等故障现象。

2. 常见软件故障处理

目前手机软件故障在维修中占有相当大的比重，软件故障维修不容忽视。随着手机各种维修软件的相继开发和利用，使越来越多的软件故障得以修复，处理软件故障采用四种方法：一是利用手机的指令密笈；二是用免拆机/免计算机软件维修仪、测试卡、转移卡等进行维修；三是用编程器重新编写码片和字库资料来修复，此法需拆机取码片和字库；四是利用升级宝典或手机的软件维修仪，这种方法是免拆机进行的，操作方便，但必须懂微机操作方法。

1）手机指令密笈

所谓指令密笈是利用手机本身键盘操作指令，不需任何检修仪对手机功能进行测试。指令密笈因手机型号的不同而不同，手机常见软件故障是锁机，手机开机显示“输入手机密码”时，如果输入初始密码“1234”、“0000”等不能解锁，说明手机已锁机。这时可以采用指令密笈来解锁。表 4－4 中所列内容可作为维修时的参考。

通过手机指令密笈操作，可以既简单又方便地解决软件故障，因此此法可称其为维修软件故障的“密笈”。

表 4－4 手机指令密笈

机　型	解 锁 码
TCL8988、8188、8388、999D	＊＃＊＃11705＃选 6
科键	＊＃715＃
波导 818	＊＃＋电子串号后 9 位的前 8 位
A8 系列	4268＃＊(不插 SIM 卡)
波导 S1000	＊＃＊＃1705＃46，通用密码 24881357
波导 V08	开机按 SOS，再输入 4268＃，长按＊键，可以读密码
康佳 K3118/K3118＋/K3228	＃＃1001＃
康佳 K3268/K3268＋	＃8879576＃
康佳 K7388/K7899	19980722
摩托罗拉 V680	待机进入“25＃”，按录音键两次，输入“071082”进入测试模式，进入“COMMON”，选择“Initialize Carrier”按编辑，提示复位“Yes/No”，键入 Yes 重新开机。

2）利用免拆机/免计算机手机故障维修仪维修软件故障

免拆机/免计算机手机维修仪维修软件故障的优点是操作简单、容易掌握、省时省事。但它的缺点是功能单一，即使同一品牌的手机也互不兼容。例如市面上常见到三星免拆机检修仪，爱立信解锁器，诺基亚免拆机检修仪等，而摩托罗拉系列免拆机检修故障用的是测试卡和转移卡。例如摩托罗拉三合一测试卡，六合一测试卡，八合一测试卡等。摩托罗拉维修测试卡是一种特殊的 SIM 卡，外形与普通 SIM 卡一样，它能胜任摩托罗拉系列 GSM 手机的人工测试工作。人工测试是指通过测试卡，让手机进入测试状态，在测试状态下，手机接受维修人员从键盘上输入的命令，手机就会执行相应的程序，如频率合成器调谐到指定的信道，发射开启，调整发射的功率等级，解锁等，以利于维修人员判断手机的功能是否正常，如不正常就可判断是相应的电路或程序出了问题。这种测试不需要拆机和其它仪器，因此用摩托罗拉手机的人工测试卡是一种重要的维修手段，需注意的是测试卡只适用于摩托罗拉系列 GSM 手机测试，另外必须能加电开机。

3）利用编程器维修手机软件故障

由于免拆机维修仪在应用上远远不能满足要求，存在着很多的缺点和不足，所以市面上应用各种手机软件编程器，又称万用编程器，它的特点是功能齐全、维修成功率高。常用编程器有 SP－48 和 LT－48 等，这类编程器需配微机使用。使用时，微机中事先应存放好各种手机码片和字库资料，故障机需拆机并对码片和字库资料进行重写，即用好手机的资料覆盖故障手机的资料。万用编程器 LT－48 的功能最齐全，它可以读/写 6000 多种芯片，针对手机方面的应用是能读/写码片和字库资料，这仅仅使用其强大功能的一小部分。读写码片时要注意选择相应的适配器和芯片型号、生产厂家。

4）利用计算机免拆机维修仪维修软件故障

我们在前面介绍了免拆机、免计算机检修仪的使用，这种检修仪器虽操作简单，价格低廉，容易实现，但存在明显的缺点，即升级困难，并且能够检修的机型比较单一。而使用万用编程器的缺点是需拆机卸码片、字库，操作难度较大。写过码片的手机 IMEI(机身号)也改变，但它能排出的故障率高。结合前两类维修仪的优点，目前维修市场上又出现了一种适合各种数码手机，且集多种功能于一体的计算机免拆机软件维修仪。该维修仪具有操作简单，使用方便，功能齐全，而且可不断地升级等优点。该维修仪能够写码片、字库，同时还可以给手机升级，另外还可以借助该维修仪的传输线接口进行功能扩展，只要有正常手机的软件资料存放于微机中，就可以利用相应的操作系统和传输线接口与手机联机将正常手机的软件资料写入故障机中，从而解除软件故障。例如，摩托罗拉 T2688“定屏”的现象，就可利用此类维修仪修复，对于初学者来说是理想的选择。

3. 手机功能扩展的简要介绍

手机维修中除了有故障的手机要进行维修以外，还有一部分手机要增添功能，即手机的功能扩展，也可视为手机维修的一部分。所谓手机的功能扩展是指手机软件版本的升级(需要在公司授权情况下)。功能的升级是指增加手机功能程序，例如中文输入法和上网等功能等。手机的普通型与加强型的区别就在于是否有中文输入，普通型无中文输入而加强型有中文输入；摩托罗拉系列 V998 普型升级为 V998＋加强型，这类功能扩展不需要改动硬件电路，只需把软件版本升级。

4.7 手机电池

可充电电池作为手机的重要配件，如果能正确使用，不仅可以延长电池本身的寿命，还能够提高手机的待机时间，改善手机的通话质量。

1. 手机电池种类和特点

常见的手机电池有三种类型，即镍镉电池(Ni－Cd)，镍氢电池(Ni－MH)和锂离子电池(Li－ion)，它们的特性各异，因而使用方法也有所不同。常用手机电池外形如图 4－36 所示。

镍镉电池是最早使用的手机电池，优点是性能稳定，结实耐用，价格便宜。缺点是体积大，重量沉，容量较小，通话时间短，且有记忆效应。记忆效应即电池在未完全耗尽电量时，再次充电会导致电池储备电量减少、电池提供正常端电压的能力下降的现象，具体表现为待机时间缩短，并且缩短电池的使用寿命。镍镉电池因为缺点较多已被市场慢慢淘汰。镍氢电池的电量储备比镍镉电池约大 30%，价格适中，性能较好，安全可靠，仅有微弱的记忆效应。由于它不含镉金属，不会污染环境，故被誉为环保电池。以上两种电池可在各种手机充电器上充电。锂离子电池是一种高能量电池，与同样大小的镍镉电池和镍氢电池相比，其容量更大，重量更轻，价格也最贵，且无记忆效应，随时可以充电，但必须在有 EP(智能充电)标志的充电器上充电，不然会严重损坏电池。

图 4-36　常用手机电池外形

2. 手机电池的主要指标

从外表上看，手机电池密封得严严实实，其实内部构造并不复杂，它由几节类似于 5 号或 7 号电池大小的电芯串联在一起，再加上一个起保护作用的电路或开关装置。一块性能优良的手机电池要求其内部电芯的内阻、电荷容量、充电与放电特性等指标尽可能一致或接近，这样的电芯组合在一起，各颗电芯充电时几乎同时充满，放电时几乎同时放完。手机电池的标称电压有 2.4 V、2.8 V、3.6 V、4.8 V、6.0 V、7.2 V 等，注意，电池要与手机要求的电压相符。手机电池的主要指标有以下几点：

(1) 电池的容量：电池的容量常用“毫安时”(mAh)来表示，它说明了电池以某一电流放电所能持续的时间。显然，容量越大，工作时间越长。

(2) 电芯的内阻：内阻越大，电芯的放电性能越差。

(3) 电芯的放电性能：它主要指放电平稳性和平均放电电压。放电平稳性越好，平均放电电压越高，电池能量的有效利用率也越高。

(4) 保护电路功能：电池内部的保护电路能起到过压、过流和过热等保护，保证电芯和手机的安全。

(5) 循环次数：手机电池寿命的长短可用重复充放电次数来衡量，质量好的锂电池充放电可达 1000 次以上。电池的每次充放电间隔时间越长，其寿命越长。因此，充足充好电，尽量用完电，就能最大限度地延长电池的使用寿命。

3. 正确使用手机电池

如何才能充足充好电？新电池或长期未用的电池在最初三次使用时，必须充电 14 h 以上(但不可超过 24 h)，保证电池被完全激活，且最好使用慢速充电，使其达到最大容量。以后可用快速充电，2～5 h 即可充满。

常见的充电器有座式慢速充电器和旅行快速充电器。在充电过程中，充电器指示灯可表示充电状态：红灯亮表示充电 0%～30%，黄灯亮表示充电 30%～90%，绿灯亮表示充电完成。充电时电池发热是正常现象，不必过虑，因为正品手机电池里都有充电过热保护电路，只要把充电器放在阴凉、干燥、通风的地方，保证充电器和电池能充分散热即可。而假电池一旦充电过热就容易和手机粘在一起，造成一定的损失。

如何才能尽量用完电？平时使用电池也就是电池的使用放电过程，注意每次要把电池的电量使用干净，即电池电压降低到不能维持手机的正常工作、话机自动切断电源时，再给电池充电，因为不用完就充电无异于浪费，也相应地缩短了电池寿命。对于镍镉电池和镍氢电池，彻底放电意在避免记忆效应的影响。电池在充放电 10 次以上，应该彻底放一次电。有两种方法可以彻底放电，一种是使用带放电装置的充电器进行放电(锂离子电池不能这样做)，最好的一种是当手机的电池电量不足以使电源自动切断后，将电池取下放置 1 h 以上再装回话机，打开手机，等其再次耗尽电量后自动关机。若要加速放电，可把显示屏和电话按键的照明打开。这样重复几次后，就可以达到满意的放电效果。倘若电池已经产生了记忆效应，这样做就可能消除掉。

手机电池可存放于常温下，无论电荷状态如何都不会损害。但是，存放一定时间后电量会自然下降(即自然放电)。当电池破损时，如漏液等，应废弃不用，不要勉强修理使用，以免得不偿失。

在使用充电器前，应用干布或毛刷将落在充电器上的灰尘清除，平时也要注意保持手机和电池的接触点干净，切不可与金属或带油污的物品接触，注意防潮。

在一般使用情况下，正品电池使用寿命为 1～2 年，假冒电池最多使用 3 个月，甚至有的电池充电后只能打两三个电话就没电了。假冒电池用料低廉，一般没有保护电路或保护电路不全，内部电芯特性各异，不仅待机时间短、充电困难，更会损坏手机本身，严重者造成充电着火。另外，假冒充电器也会损坏正品电池。所以我们提倡使用原厂家(或认可)的正品电池和充电器。

4. 辨别移动电话电池的真伪

正品的手机电池一般具有以下外观特征：

(1) 电池标贴采用二次印刷技术，在一定光线下，从斜面看，条形码部分的颜色明显比其它部分更黑，且用手摸上去感觉比其它部分稍凸，摩托罗拉原装电池都有这种特点。

(2) 电池标贴上的字体边缘有“锯齿波”毛刺，特别适合爱立信系列电池的辨别。

(3) 电池标贴表面白色处用金属物轻划，有类似铅笔划过的痕迹。

(4) 电池标贴字迹清晰，纹理细腻，有与电池类型相对应的电池件号。

(5) 电池外壳采用特殊材料制成，非常坚固，不易损坏，用一般手段不能打开电池单元。

(6) 电池外观整齐，没有多余的毛刺，外表面有一定的粗糙度且手感舒适，内表面手感光滑，灯光下能看到细密的纵向划痕。

(7) 电池电极与手机电池片宽度相同，电池电极下方相应位置标有“+”、“-”标记，电池充电电极片间的隔离材料与外壳材料相同，但并非一体。

(8) 电池装入手机时应手感舒适、自如。电池锁按压部分卡位适当、牢固。

(9) 电池上的生产厂家的标志应轮廓清晰，且防伪标志亮度好，看上去有立体感。

5. 电池使用注意事项

(1) 勿将电池置于高温或火中，否则有爆炸的危险。

(2) 不可使其受潮或将其放于水中。

(3) 勿使硬币或金属制品等导体接触电池以使电池短路。

(4) 从手机上取下电池时，必须先关闭手机电源，否则可能损坏手机。

(5) 最好在电池电量充分用完后再充电，这样可延长电池的使用寿命。

(6) 充电时尽量采用慢充方式，而少用快充方式。

(7) 要正确回收和处理旧电池，不能乱丢，以保护环境。

习 题 四

1. 手机的图纸分为几种类型？每种类型有什么用途？
2. 怎样识别射频电路、逻辑电路和电源电路？
3. 使用手机的各种检测仪器应该注意哪些问题？
4. 使用手机的各种维修工具应该注意哪些问题？
5. 手机中的电阻、电感、电容有哪些特点？
6. 手机中的二极管、三极管、场效应管有哪些特点？
7. 手机中的基本元器件有哪些？检测时应注意哪些问题？
8. LED和LCD显示屏有什么不同？更换显示屏应注意哪些问题？
9. 手机的软件故障是指什么？如何处理软件故障？
10. 手机的指令密笈是指什么？举例说明。
11. 手机维修应遵循哪些原则？
12. 手机电路中的码片和字库在逻辑电路中起什么作用？各有什么特点？
13. 手机的常规维修方法有哪些？
14. 使用手机电池时应注意哪些问题？

第 5 章　典型手机常见故障维修

手机的常见故障现象有不开机、不入网、自动开关机、灵敏度差等，还有一些如卡故障、音频故障、显示故障、按键故障、充电故障、实时时钟故障等。对于不同型号的手机，虽然电路设计原理有区别，所使用的元器件各异，但是故障检修思想大致相同，掌握某些具体型号手机的维修方法，可以触类旁通。本章我们将对几款手机的典型故障维修加以分析。

5.1　诺基亚 8210/8850 型手机故障分析与维修

5.1.1　诺基亚 8210／8850 型手机不开机的故障检修

要检修不开机的故障，就需了解开机流程，前面已讲述。对于手机不开机的故障，在未拆机前，可以对故障机进行一个简单的故障定位，方法是给故障机加上稳压电源，按开机键，此时注意观察稳压电源电流表上的电流显示，有以下几种情况：

(1) 若电流表上无显示，则故障通常在电池供电路径或开机信号线路。

(2) 若电流表上有电流，但电流只有 20 mA 左右，则说明开机信号线路没问题。故障通常在电源电路以及开机信号与逻辑电路之间的线路。

(3) 若电流表上有电流显示，但电流很大，则主要检查电源模块及其它芯片有无损坏。

(4) 若电流止于 100 mA 左右却不下降，则检查电源电路、逻辑电路。

(5) 若电流基本上能达到正常电流，但马上下降，则检查逻辑时钟电路及逻辑电路。

一部正常的手机，在不同工作状态下其工作电流是不一样的。如诺基亚 8210 型手机，接上稳压电源后，在按下开机键时，电流表上升到 50 mA 左右，升至 100 mA 后再升至 150 mA 左右，突然上升到 250 mA 处来回摆动，这时手机找寻网络，当找到网络后，电流表再回到 150～180 mA 来回摆动，当背景灯熄灭后，再回到 10 mA 处摆动。在上述电流变化过程中，50 mA 左右的电流说明电源部分在工作，100 mA 说明时钟电路已工作，150 mA 左右时是接收电路在工作，250 mA 左右时是收、发信机在工作并寻找网络。150～180 mA 说明已找到网络并处于待机状态同时背景灯亮。10～20 mA 是背景灯熄灭后的待机状态。

对于手机不开机的故障，可以按图 5－1 流程图进行检修。图 5－1 流程图实际上是按照“手机开机三要素”的思路展开的，“手机开机三要素”是指“电源、复位信号和 13 MHz 主时钟”。其中，“无电流”则检查开机线电路及对电源模块 N100 的供电；“电流很小”则检查电源模块 N100 的输出电压；“电流基本正常”则重点检查复位信号与 13 MHz 主时钟信号及其产生电路；“电流很大”则重点检查 N100 模块、功放块 N702 及其电容是否有短路存在。

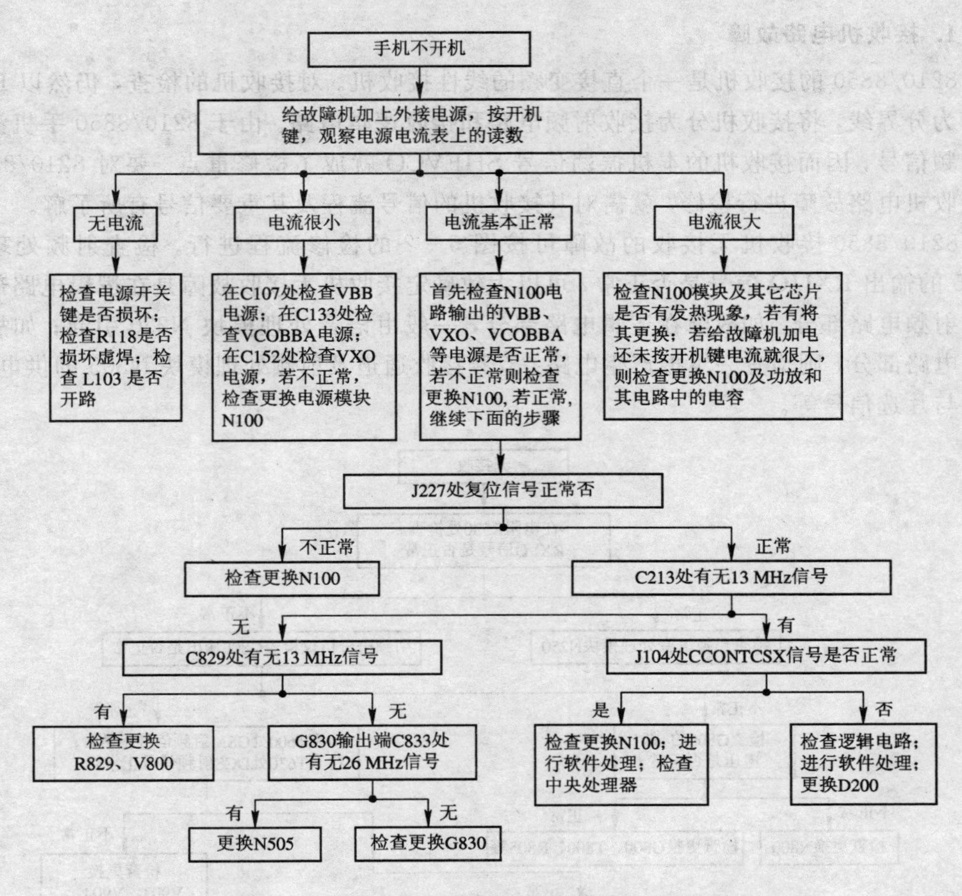

图 5－1　8210/8850 型手机不开机的故障检修流程图

5.1.2　诺基亚 8210/8850 型手机不入网故障检修

手机的入网是手机找系统而不是系统找手机，接收决定发射，也就是说手机是先接收后发射。数字手机的接收电路和发射电路故障都可能引起手机不能入网的表面现象，所以检修此类故障应注意判断故障到底是在接收电路还是在发射电路。判断方法可参照如下所述。

若手机不能入网，首先可以在未插入 SIM 卡的情况下，开机键入“112”，然后按发射键，看手机能否工作，若能工作，且能连接到相应的网络，则说明接收、发射机电路问题不大，通常是接收机、发射机信号的参数故障。因为“112”对于 GSM 系统来说是一个紧急求助号码，系统对其参数要求很低。

若键入“112”号码，按发射键，能够看到“正在进行紧急呼叫……”的字样，但手机不能连接到网络，说明接收机没大的问题，应着重检修发射机电路；若键入“112”号码，按发射键，手机不能进入紧急呼叫，则说明该机故障应在接收机电路。

另一个方法是：将故障机开机，启动手动网络选择功能，启动手机搜索网络功能，能显示网络标号(如中国移动或中国联通)，则说明该机故障应在发射机电路；若不能显示网络标号，则说明故障应在接收机电路。

1. 接收机电路故障

8210/8850 的接收机是一个直接变频的线性接收机。对接收机的检查，仍然以 RXI/Q 信号为分界线，将接收机分为接收射频电路和接收逻辑电路。由于 8210/8850 手机没有接收中频信号，因而接收机的本机振荡信号 SHFVCO 就成了检修重点。要对 8210/8850 手机接收机电路故障进行检修，就需对其接收机的信号流程及其重要信号有所了解。

8210/8850 接收机无接收的故障可按图 5-2 的检修流程进行。检查射频处理模块 N505 的输出 RXI/Q 信号是否正常，可以大致确定接收机无接收故障是在逻辑电路部分还是在射频电路部分。如故障在逻辑电路部分，一般由语音处理模块 N250 引起；如故障在射频电路部分，则检查一本振产生电路、双频接收通道及射频处理模块 N505 的供电电压、控制与片选信号等。

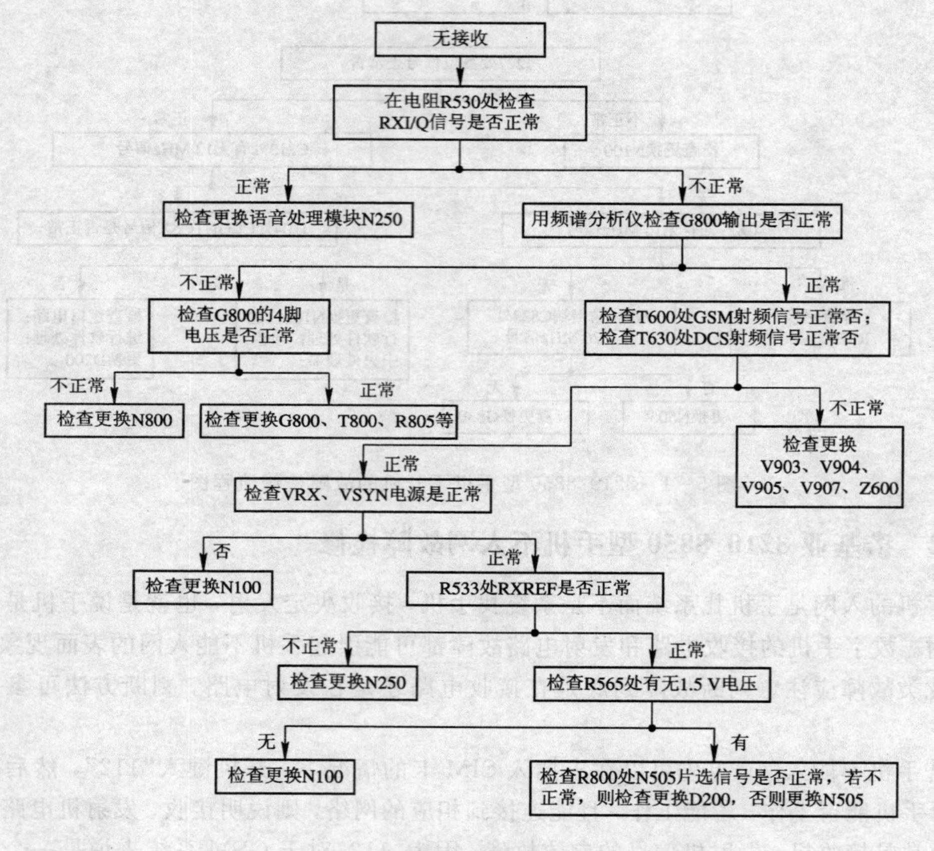

图 5-2　8210/8850 型手机无接收的故障检修流程

2. 发射机电路故障

8210/8850 发射机电路采用直接变频的结构形式，我们可以采取一些简单的方法，在未拆开手机之前，对 8210/8850 发射机电路进行一个简单的故障定位(需确定手机能搜索到网络，显示出网络标号)。具体方法如下：

给故障机加上外接电源，按开机键开机，键入“112”，按发射键，注意观察电源电流表上的读数。若没有大的电流提升，则检查功率放大器电路以及功率放大器的控制电路；若有比较大的电流提升，则要检修发射机的信号产生及变换电路(N250、N505)；若有大的电流提升，但电流太大，则主要检查发射功率放大器。

要检修8210/8850手机的发射机故障，就需对8210/8850手机的发射机信号流程有一个比较明确的了解。

8210/8850手机发射机电路的检修可按图5-3流程进行。键入“112”，按发射键，观察电源电流表上的读数。如果电流很大或发射保护性关机，则一般是功放N702虚焊或损坏；如果电流基本正常，则检查输入射频处理模块N505的TXI/Q信号是否正常，此时可以大致确定故障是在逻辑电路部分还是在射频电路部分；如果电流很小，则检查功放N702的供电和控制信号等，此时可以确定故障是在发射电路，还是在逻辑控制部分。

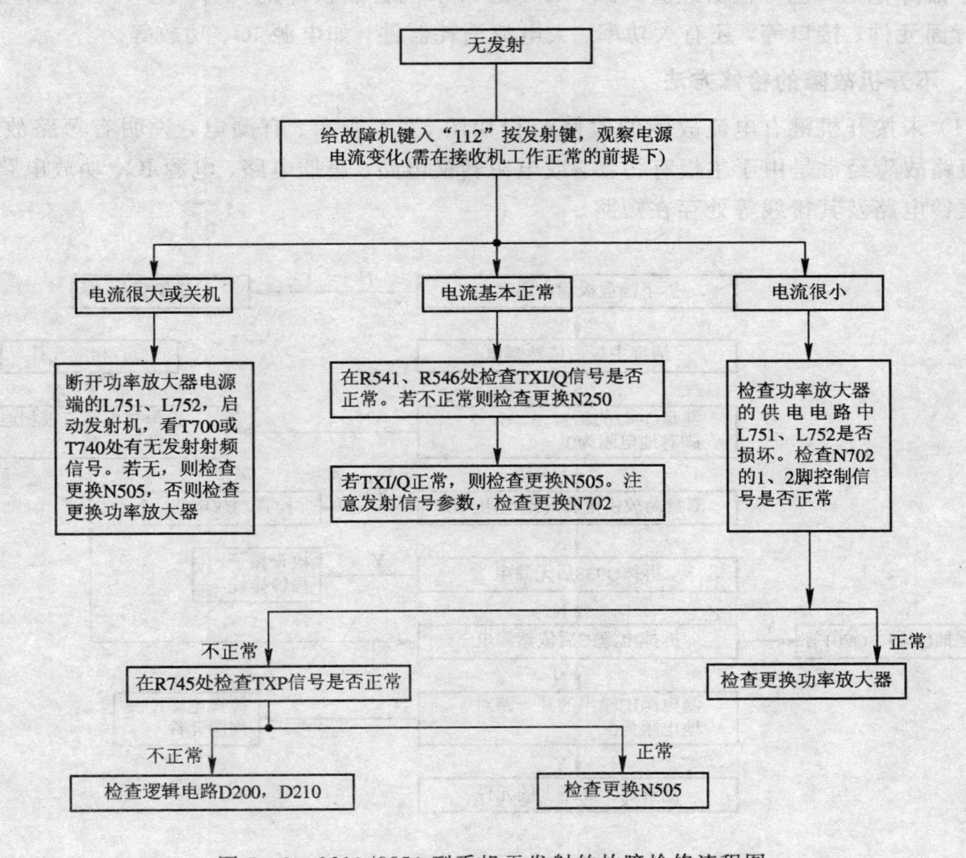

图5-3　8210/8850型手机无发射的故障检修流程图

5.2　摩托罗拉V60型手机故障分析与维修

5.2.1　摩托罗拉V60型手机不开机故障检修

1. 引起手机不开机的主要原因

(1) 供电不正常；

(2) 主时钟电路不正常；

(3) 软件不正常；

(4) 维持信号不正常；

(5) 复位信号不正常。

2. 不开机故障的分类

(1) 人为损坏引起的不开机。这种情况多由摔碰、进水、充电等引起。对于这类故障的检修，首先排除漏电现象，方法是清洗、排查；其次加焊，以防止虚焊造成各类故障；最后按照自然故障的排除方法来检修。

(2) 自然损坏引起的不开机。对于自然损坏引起不开机的手机，要询问机主获得线索，以减小故障范围，也可根据经验大致判断。通常手机自然损坏的元件大多为自然结构，如按键背面元件、接口等，还有大功率、大电流消耗器件，如电源 IC、功放等。

3. 不开机故障的检修方法

(1) 未按开机键有电流故障的检修流程如图 5-4 所示。有漏电，说明有短路故障存在。短路故障经常是由于主板有污物，或电源转换电路、尾插电路、电源 IC、功放电路、振子、振铃电路及其排线等处存在短路。

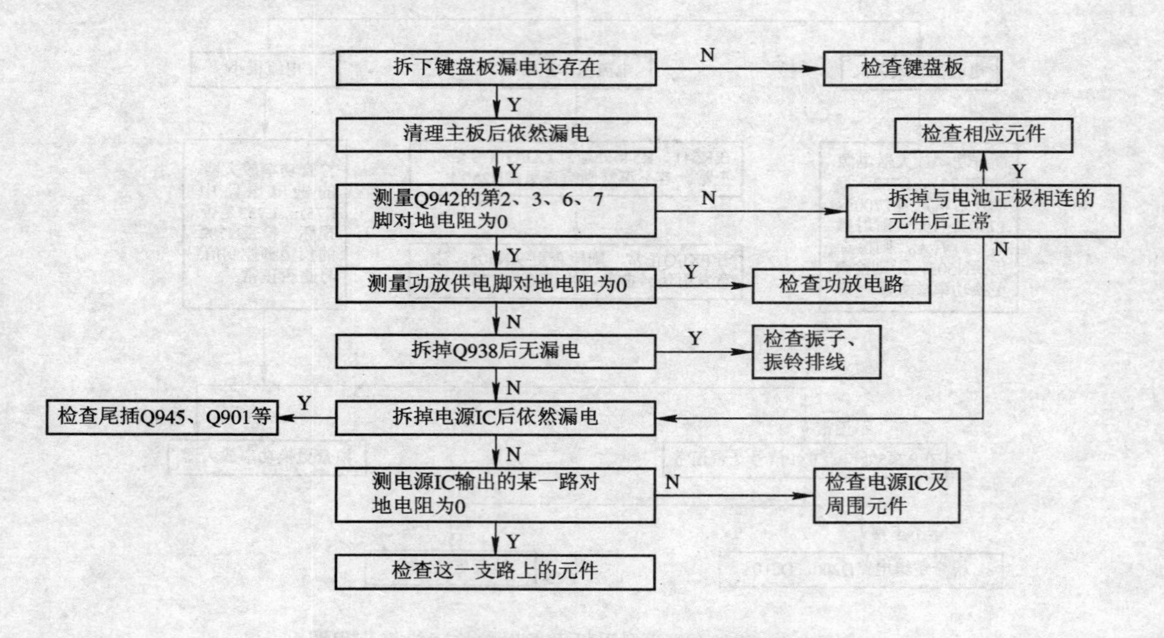

图 5-4　未按开机键有电流的故障检修流程

(2) 按下开机键无电流故障的检修流程如图 5-5 所示。对于按下开机键无电流故障，若不是键盘板及接口原因，则一般是电源转换电路或电源 IC 等有故障。

(3) 按下开机键有电流但不开机或开机不正常，该故障检修流程如图 5-6 所示，具体各部分的测试见图 5-7、图 5-8、图 5-9。该流程图实际上也是按照"手机开机三要素"的思路进行检查的，"手机开机三要素"是指"电源、13 MHz 主时钟和复位信号"。首先强置维持信号(WDOG)为高电平，测量电源 IC 的输出电压是否正常；若正常，则测量有无 13 MHz 主进程信号、复位信号及对版本的片选信号等；若硬件正常，则故障在软件方面。

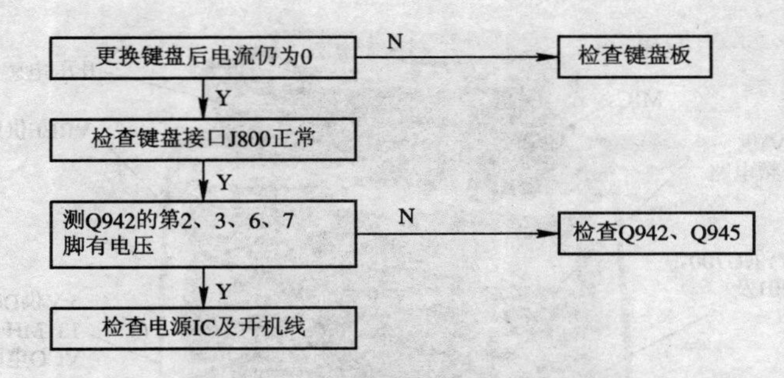

图 5-5　按下开机键无电流的故障检修流程

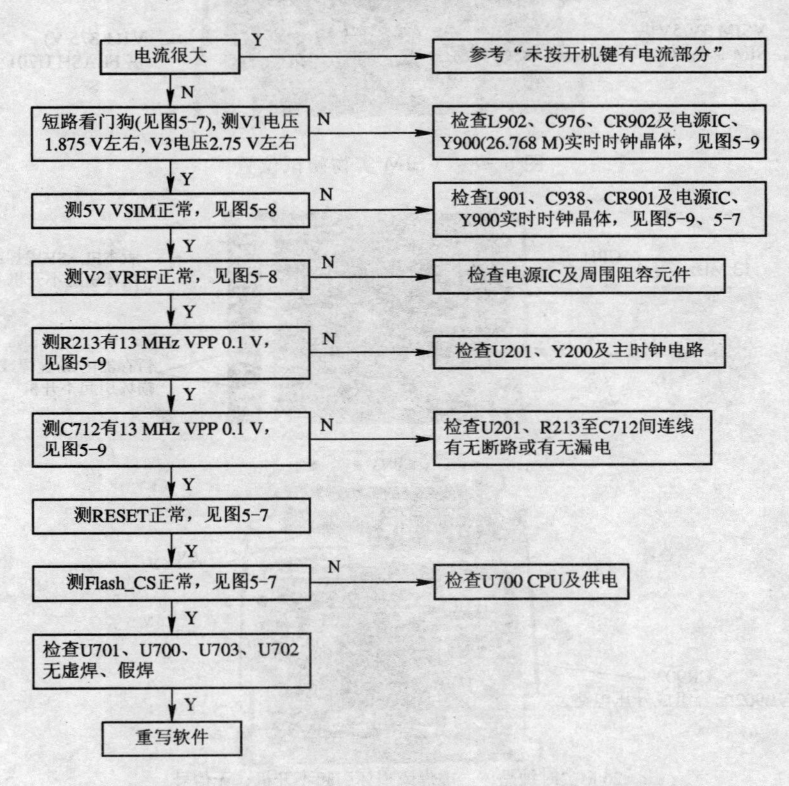

图 5-6　按下开机键有电流但开机不正常的故障检修流程

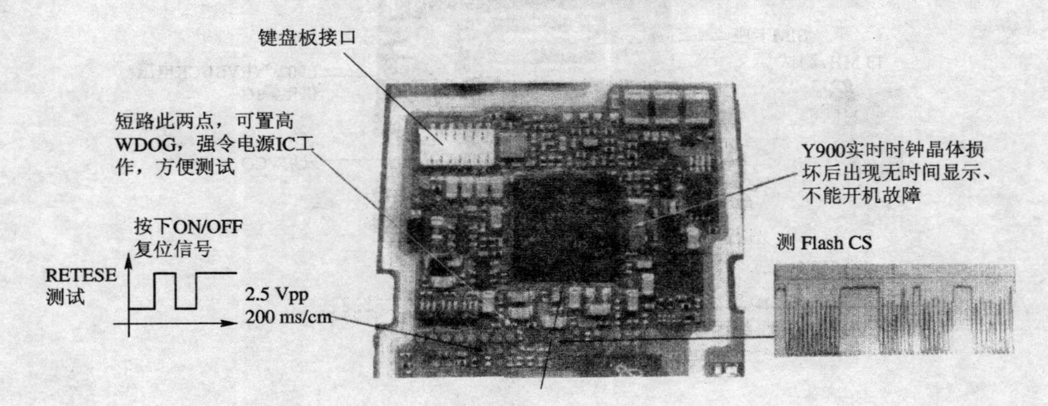

图 5-7　短路“看门狗”与 RESET 实物测试位置

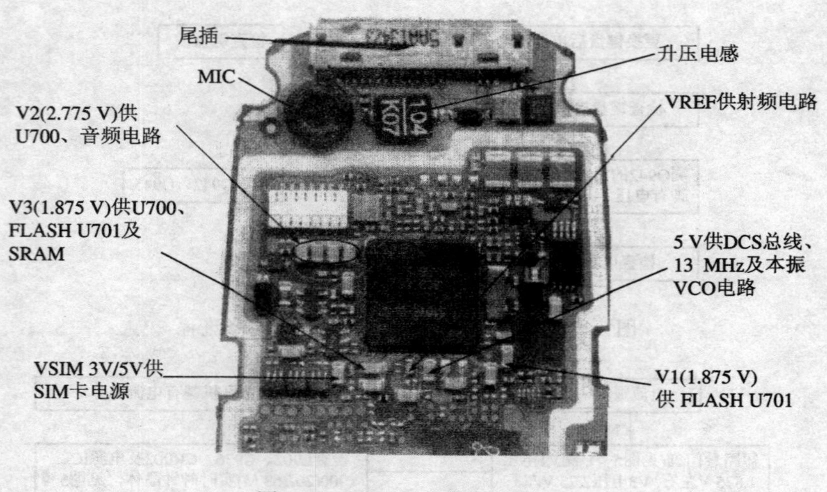

图 5－8　VSIM 实物测试位置

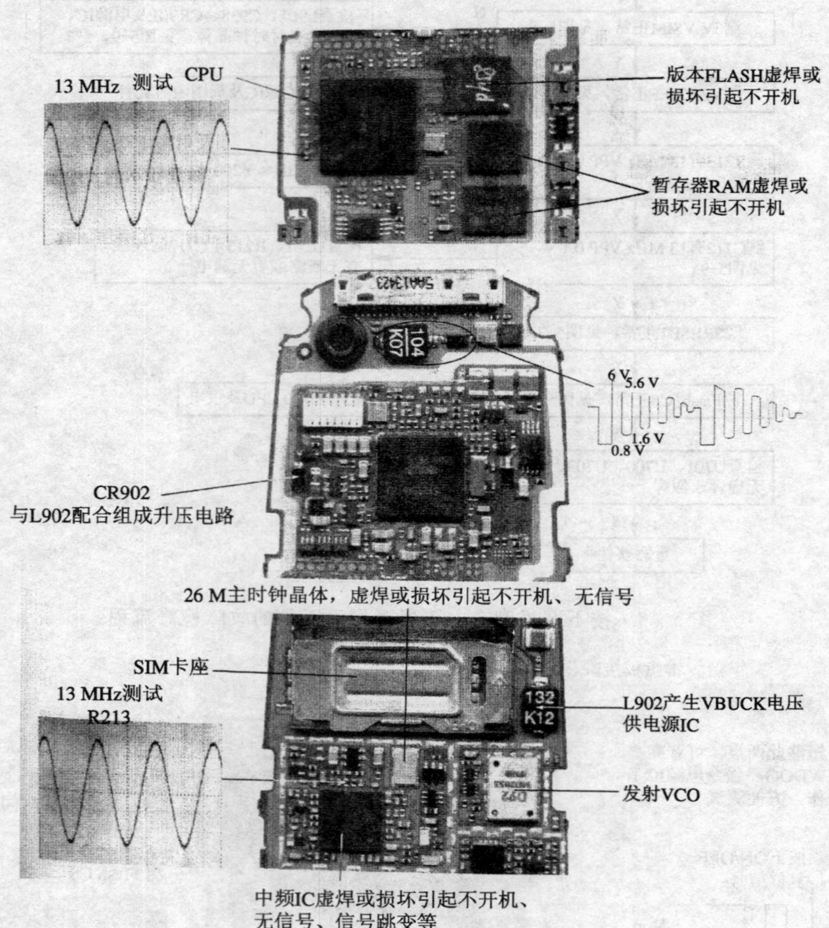

图 5－9　13 MHz 实测

5.2.2　摩托罗拉 V60 型手机不入网的故障检修

对于摩托罗拉 V60 手机，引起不入网的原因有两大类，一是射频部分不正常引起不入网；二是逻辑及电源不正常引起不入网。这里主要分析检查射频及射频电源部分。

（1）进入主菜单，在网络选项里查找网络，开始手动查找，如果找不到“中国移动”或“中国联通”，则进行以下检查：

① 检查 13 MHz 有无频偏，否则检查 Y200(26M)主时钟晶体及其谐振回路、13 MHz 锁相环及 U201 等。

② 检查射频供电管 Q201、Q203、Q204。实物测试位置如图 5-10 所示。

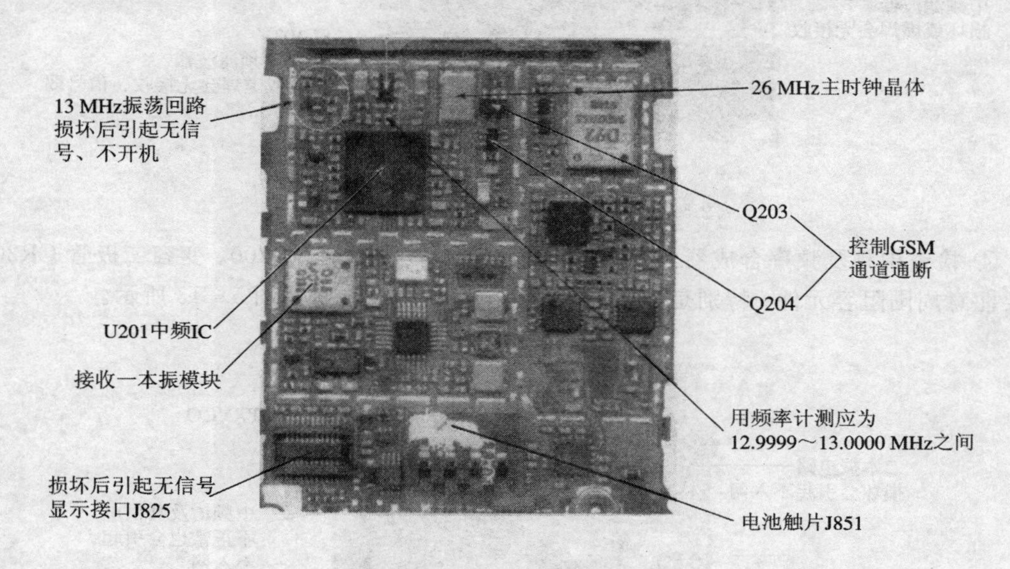

图 5-10　主时钟测试

③ 检查高频是否正常。

- 天线接口、天线转接座、天线开关，如图 5-11 所示。

图 5-11　天线接口测试

- 高频滤波器损坏引起不入网，可直接短路 GSM 900 MHz 高频滤波器 FL103 第 2、5 脚。

注意：手机正常后，要装一个正常的滤波器或并一个 25 pF 左右的电容。

• 混频及中频电路损坏引起不入网。

除了它们本身的故障外，也要考虑其周围阻容元件及是否有正常工作电压。实物测试位置如图 5-12 所示。

图 5-12　混频及中频电路实物测试位置

④ 检查中频及频率合成器。检查二本振电路，除了振荡管 Q200、变容二极管 CR200，还要注意周围阻容元件，特别是 C204 和 C205。实物测试位置如图 5-13 所示。

图 5-13　二本振电路实物测试位置

• 检查一本振电路。

• 检查中频 IC 及注意有无 5 V 供电，如图 5-14 所示。

图 5-14　中频 IC 及 5 V 实物测试位置

(2) 如果可以找到“中国移动”或“中国联通”，则进行如下检查：

① 检查 TXVCO 是否频偏，注意 U201。

② 检查功放及功控电路。实物测试位置如图 5－15 所示。

图 5－15　功放及功控电路实物测试位置

5.2.3　摩托罗拉 V60 型手机其它故障检修

1. 不显示故障

检查液晶显示屏、排线、连接座及 U700 等。实物测试位置如图 5－16 所示。

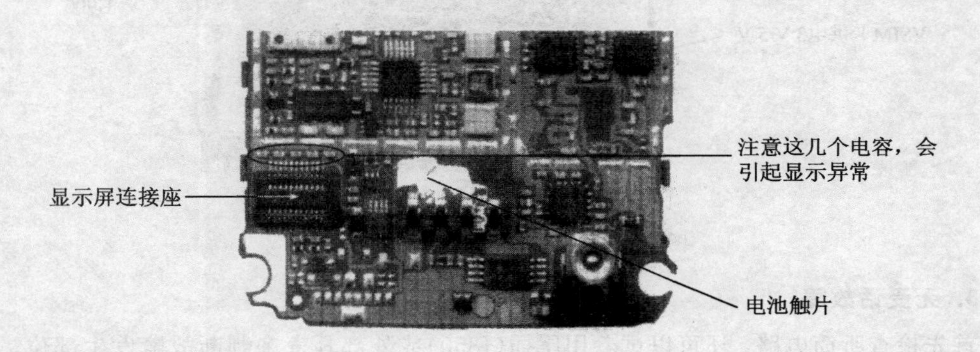

图 5－16　显示屏排线实物测试位置

2. 不识卡故障

不识卡故障检查：

(1) 卡和卡座：可先更换一张 SIM 卡试一下，然后处理 SIM 卡卡座，注意 SIM 卡座的触片容易脏，可以用橡皮擦干净，最好不要用刀刮。另外，如果 SIM 卡的触片弹性不良时也可以轻轻向上推一推。

(2) 卡的供电：插入卡时测 SIM 卡供电应为 3 V/5 V。SIM 卡触点如图 5－17 所示。如果(1)、(2)两项均正常，则进一步检查 U900 及 L901、CR901 等，如图 5－18 所示。

(3) 检查 SIM 卡时钟。

(4) 检查 SIM 卡复位信号。

(5) 检查 SIM 卡数据线。

(6) 检查 U700 及周围阻容元件。

注意：V60 的 SIM 卡座直接安装在主板背面。

图 5－17　SIM 卡触点

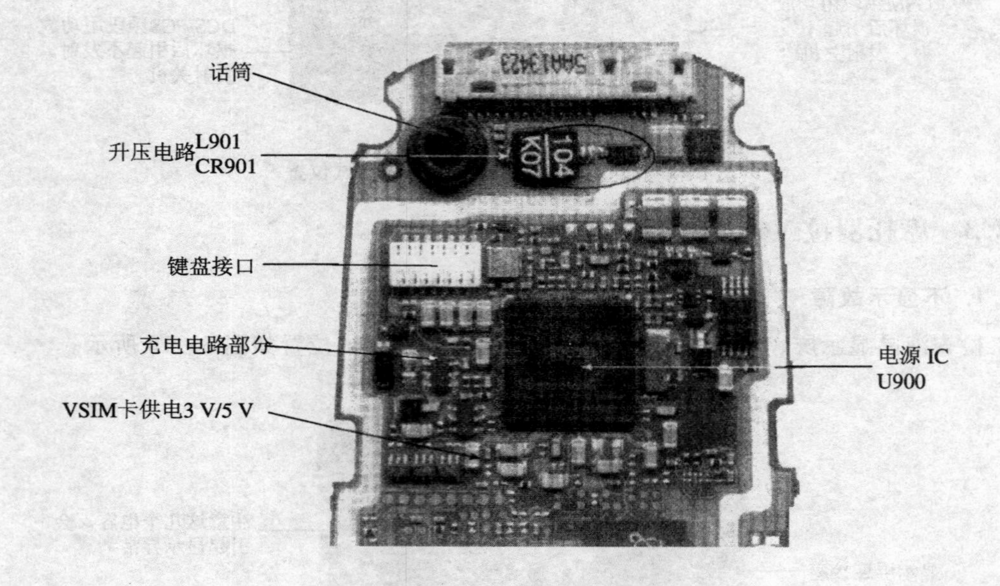

图 5－18　L901、CR901 实物测试位置

3. 无受话故障

首先检查听筒电路，还可以试着用尾插(J850)或外部耳麦来判断故障发生部位。听筒电路如图 5－19 所示。

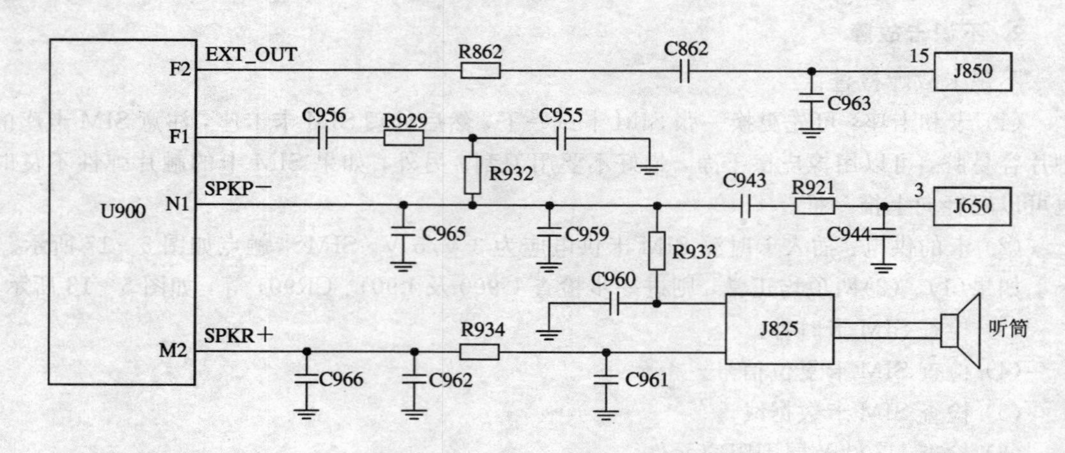

图 5－19　听筒电路

(1) 当尾插、耳麦(J650)、听筒都不能使用时，重点检查这三者共用的电路，如 U900、U700 等。

(2) 当尾插可以使用而耳麦和听筒无效时，重点检查尾插、耳麦和听筒不同的电路，主要为 U900 及周围的阻容元件。

(3) 当耳麦可以使用而听筒无效时，重点检查耳麦和听筒不同的电路。检查听筒及听筒至 R934 间的连线，包括排线和排线插座 J825，以及检查 U900。

4. 无送话故障

对于无送话故障的手机，可直接检查 MIC 电路，还可以用尾插或外部耳麦(J650)来判断故障发生部位，如图 5-20 所示。

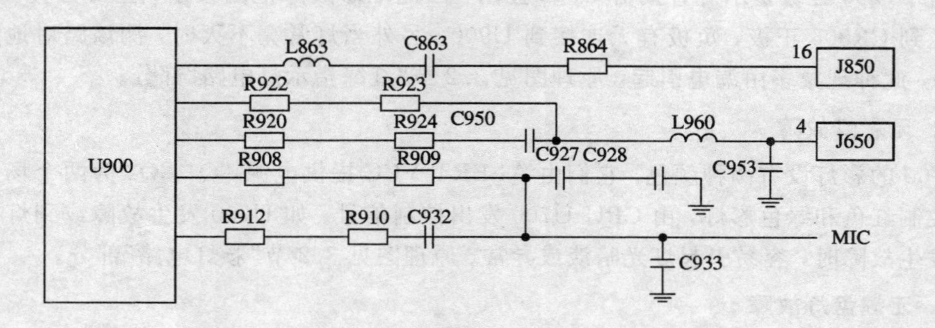

图 5-20　MIC 电路

(1) 当三者都不能使用时，重点检查 U900。

(2) 当主麦克风电路不能使用，其它可用时，检查 MIC 后测 R708、R909 有无 MIC 工作时的偏压，若没有，可直接用导线将 R923 和 R909 短接。如 MIC 仍无送话，则检查 U900、R912、R910 及 C932、C933 等。

实物测试位置如图 5-21 所示。

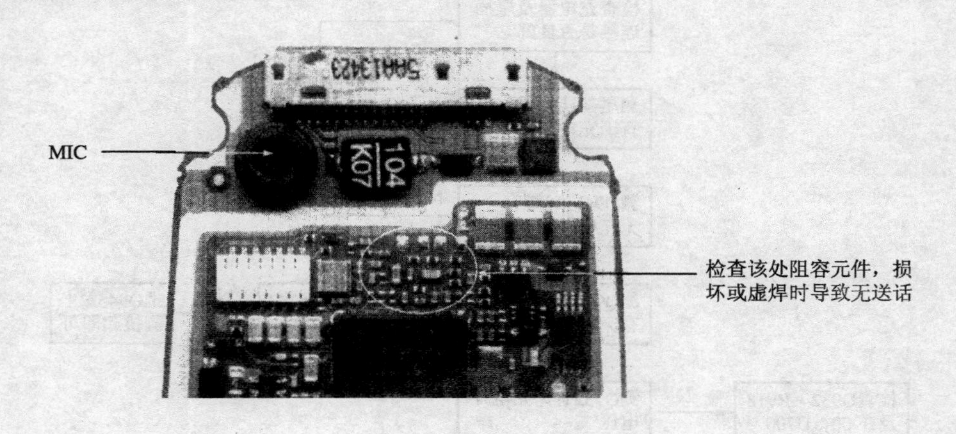

图 5-21　MIC 电路实物

5. 无振铃故障

振铃电路如图 5-22 所示，检查时，若发现振铃声音小且调节菜单中振铃音量无效时，可更换 AL900 或注入适量清洁剂清洗。如果仍无效时检查 U900、U700 及 Q938。

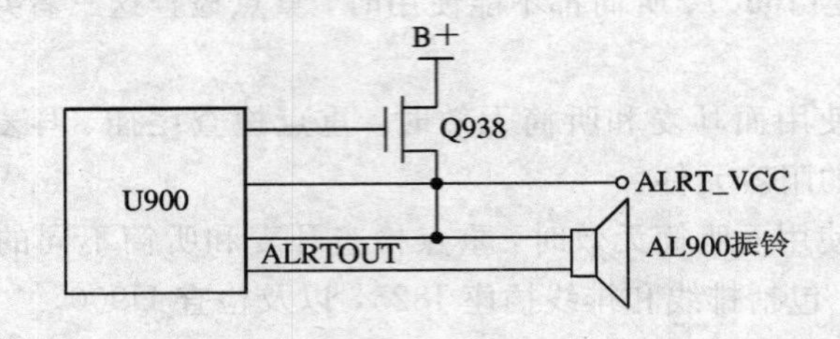

图 5－22　振铃电路

6. 无红绿指示灯故障

由于 V60 红绿指示灯直接由 U900 控制，因此维修故障范围较小，主要检查 V2 电压有无送到 CR806 正极，负极有无连接到 U900。另外当灯常亮不灭时，测该路对地阻值是否为 0，此种现象多由漏电引起。原理图见 3.2 节“红绿指示灯电路”部分。

7. 无彩灯故障

V60 的彩灯设有两种颜色，它们由 ALERT VCC 提供电源，Q1、Q2 为两个场效应管分别控制红色和绿色彩灯，由 CPU U700 发出控制信号。如 U700 发生故障或到灯控管的线路发生故障时，容易引起灯光暗淡或异常。原理图见 3.2 节“彩灯电路”部分。

8. 无键盘灯故障

所有键盘灯都不亮时，检查按键板、按键接口后，注意电阻 R939、R938。当只有个别按键灯不亮，多半是该发光二极管损坏。当出现按键灯长亮不熄时，一是注意菜单功能选项，二是注意发光二极管负极是否被短路到地。原理图见 3.2 节“键盘灯电路”部分。

9. 不充电故障

不充电故障检查流程如图 5－23 所示。

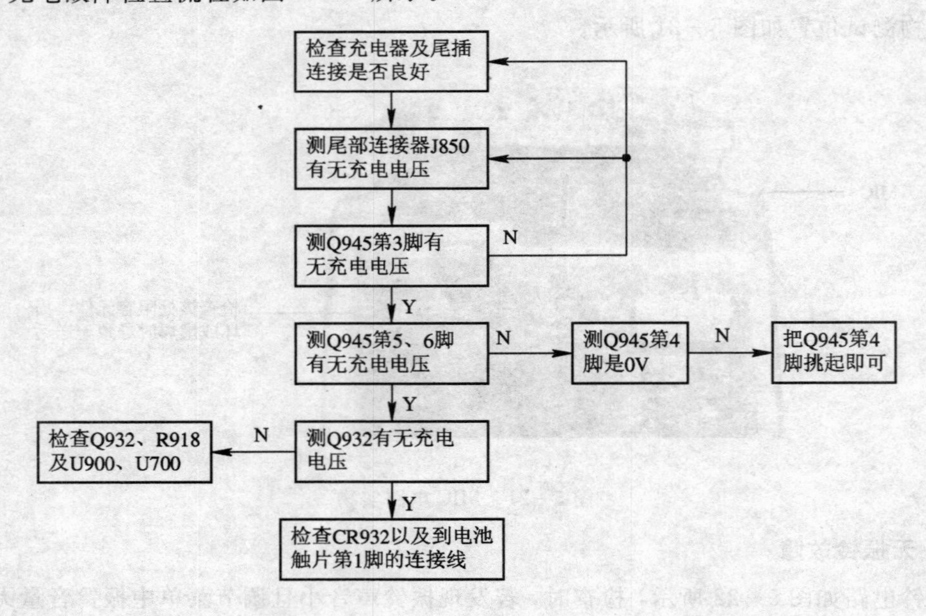

图 5－23　不充电故障检查流程

充电电路原理图见 3.2 节。

5.3　三星 T108 型手机故障分析与维修

5.3.1　三星 T108 型手机供电测试点

下面介绍三星 T108 型手机供电测试点：

(1) 单板加电及开机方法，在三星 T108 手机主板上加电可在功放滤波电容 C700 处，正极加 3.7 V(负极接地较安全些)。开机时可用镊子短接开机二极管 D101 第 2 脚到电池正极。或短路 U102 第 5 脚和第 4 脚，如图 5-24 所示。

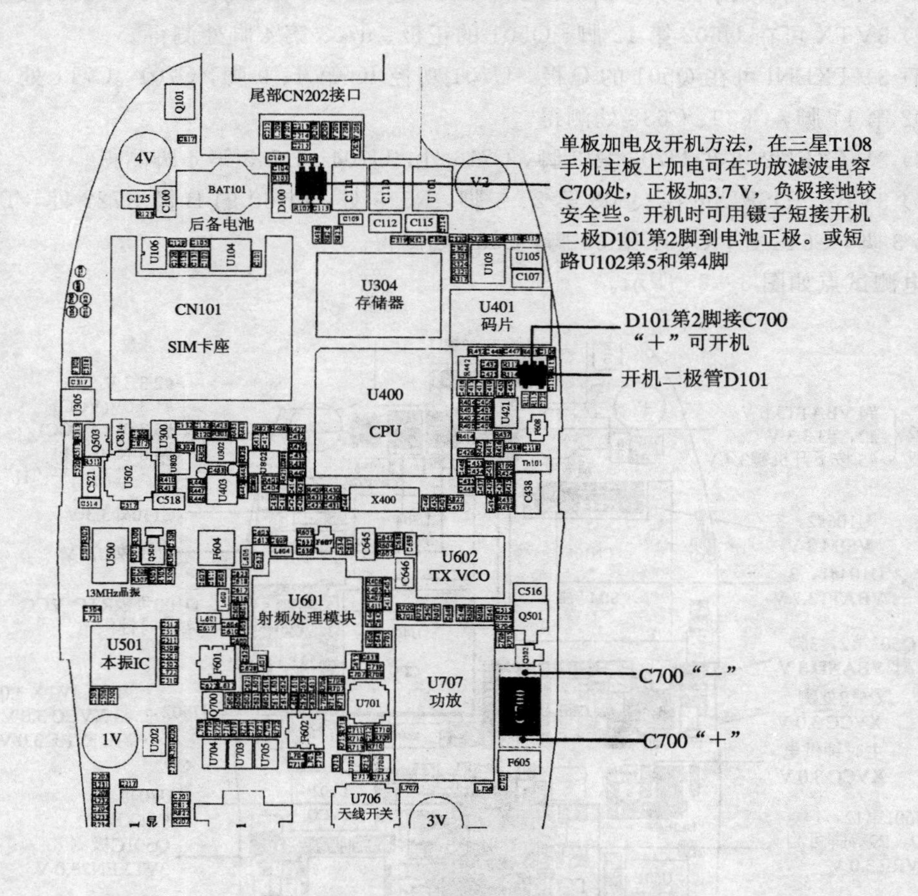

图 5-24　三星 T108 型手机单板加电及开机

(2) 电池电压 VBATT(3.7 V)可在功放第 3、6 脚，逻辑供电管 U102 第 4 脚，实时时钟供电管 U104 第 1、3 脚处测得。

(3) RPVIN 3.3 V 可在射频供电模块 U502 第 1、2、9 脚，C514 处，逻辑供电管 U102 第 2、3 脚，C110、C111、C112 处测得。

(4) 逻辑供电 VCC 可在逻辑供电管 U101 第 1 脚，C102、C107 处，以及字库 R317、R321、R322 处，CPU R410、R409、R408 处，码片 R432、R433 处，SIM 卡供电管 U106 第

4 脚，16 和弦音乐 IC 第 7 脚，霍尔元件 SW801 第 1 脚处测得。

(5) 逻辑供电 AVCC 可在逻辑供电管 U101 第 3 脚，C114、C115 处，CPU R827、C403 处，U300 第 4 脚，R302 处测得。

(6) 主时钟供电可在 U500 第 4 脚、R500 处测得。

(7) 实时时钟供电可在 D100 负极，R103、C104、C103 处测得。

(8) SIM 卡供电 VSIM 可在开机瞬间测 U106 第 2、3 脚以及 C126、C132 卡座第 1、5 脚。

(9) 3VRF 射频供电可在 U502 第 10 脚，C521、C520，中频 IC U601 第 12、14、22、29、42、48、45、51 脚，本振 IC 第 11、13、17、24 脚，C501、C500、C503、C502 处测得。

(10) XVCC 可在 U503 第 3 脚，C518、C517 处，U403 第 8 脚，C463、C438 处测得。

(11) 3VTX 可在 U502 第 12 脚、Q501 的正极、u703 第 4 脚处测得。

(12) 3VTXENl 可在 Q501 的 C 极，U701 功控 IC 第 4、9 脚，C701、C711 处，TXVCO U602 第 11 脚，C639、C638 处测得。

(13) 3VTXEN2 可在 U703 第 3 脚，C716 处，U704、U705 第 4 脚测得。

(14) 3VBANDSEL 可在 Q503 第 2、3 脚，R513 处，Q700 的 B 极 R722 处，TXVCO U602 第 3 脚，C648 处，U601 第 35 脚，C636 处测得。

供电测试点如图 5-25 所示。

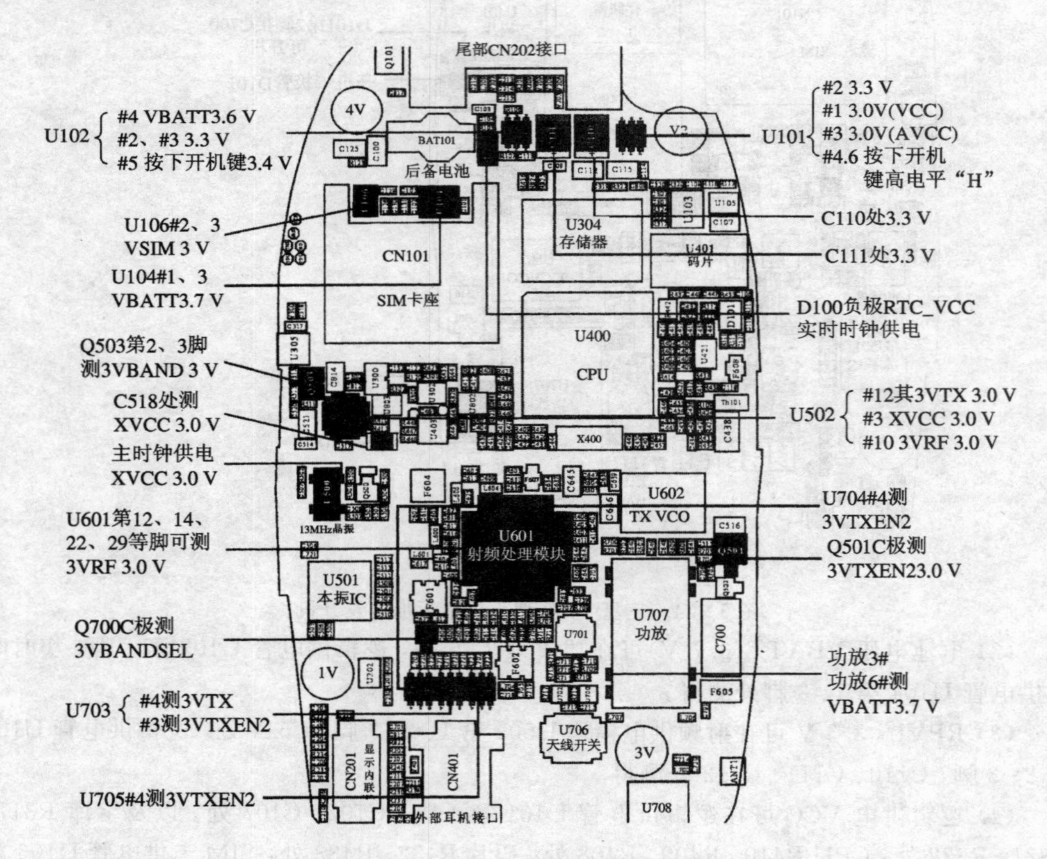

图 5-25　三星 T108 型手机供电测试点

5.3.2　三星 T108 型手机开机过程测试点

下面介绍三星 T108 型手机开机过程测试点：

(1) 13 MHz 晶振的供电可在 U500 第 4 脚，C505、R500 处，13 MHz 放大管 Q500 的 C 极，R501 处测得。

(2) 13 MHz 晶振的控制 AFC 可在 U500 第 1 脚 C507、R502 处测得。

(3) 13 MHz 的输出可在 R504、C509 处，R506 处，本振 IC 第 15 脚 C506、R507 处，U500 第 3 脚，C508 处，R501 处，Q500 的 B 极测(用示波器 0.2 μs、0.1 V/DIV 挡)。

(4) 复位信号 RESET 用示波器或万用表测 2.8V，在 R401 处测得。

(5) 开机维持 BB_PWR_ON 可在 D101 第 4 脚、R100、C120、R115 处测得。

开机过程测试点如图 5-26 所示。

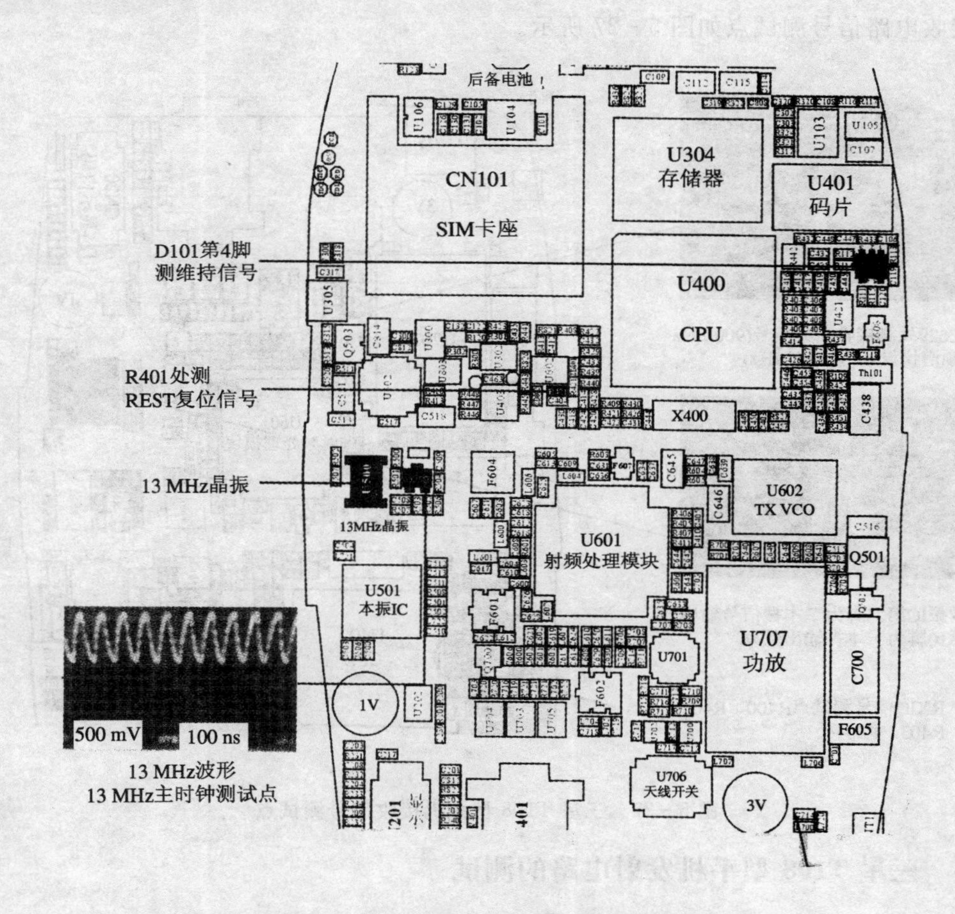

图 5-26　三星 T108 型手机开机过程测试点

5.3.3　三星 T108 型手机接收电路测试

(1) 天线开关第 10 脚，C718，F602 第 1、7 脚，L610、C629，U601 第 4、6 脚，C621，F601 第 1、7 脚，C610，L603，U610 第 53、54 脚，可测得 GSM 900 MHz 接收高频信号。

(2) 天线开关第 1 脚，C719，F602 第 3、5 脚，C630、L611，U601 第 10 第 8 脚，C619，F601 第 3、5 脚，C626，U601 第 2、3 脚，可测 DCSl800MHz 接收高频信号。

(3) U601 第 49、50 脚，C607、C611、F604，U601 第 40、41 脚，C605、C613 处，可测 225MHz 一中频接收信号。

(4) U501 本振 IC 第 10 脚，L721、C504、C612，U601 第 47 脚，可测一本振输出信号。

(5) U501 本振 IC 第 23 脚，L722、C510、C634，U601 第 30 脚，可测二本振输出信号。

(6) U601 中频 IC 第 1 脚，可测频率合成器数据信号(SDAAT)；第 56 脚可测频率合成器时钟信号(SCLK)；第 55 脚可测自动增益控制(AGC)信号。

(7) U701 第 17、18、19、20 脚，R400、R402、R403、R404 处，可测 RXIQ 信号。

接收电路信号测试点如图 5-27 所示。

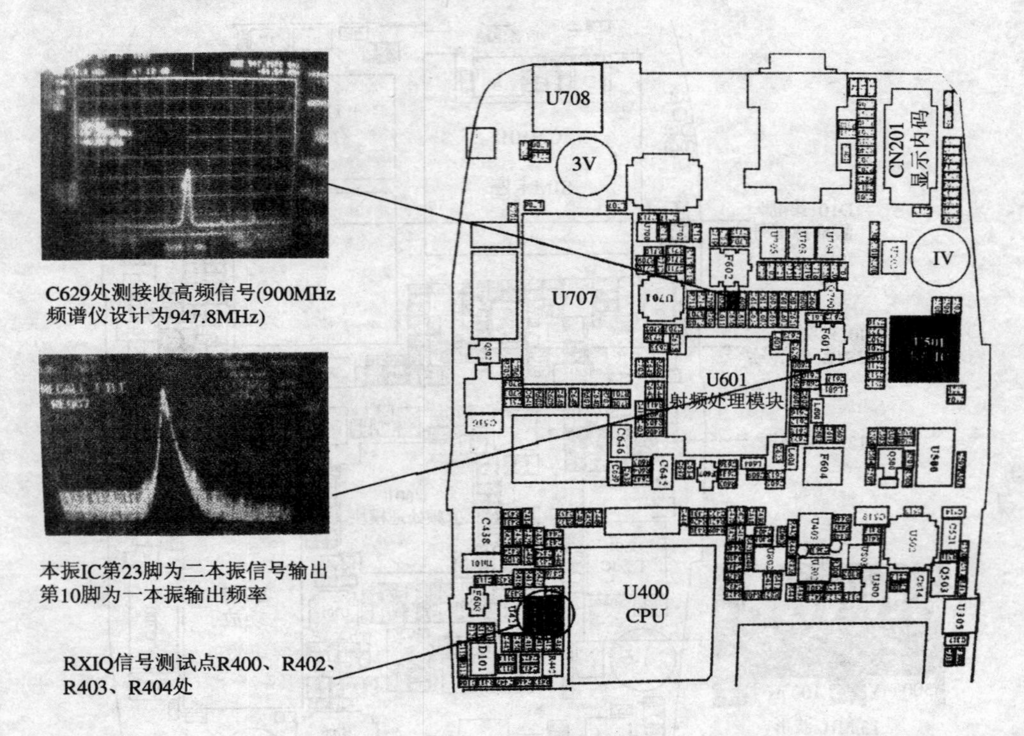

图 5-27　三星 T108 型手机接收信号测试点

5.3.4　三星 T108 型手机发射电路的测试

(1) R405、R406、R401、R411，U601 第 24、25、26、27 脚处，可测到 TXIQ 信号。

(2) U601 第 15 脚，R604，U602 TXVCO 第 9 脚处，可测到 TVCP 锁相电压。

(3) TXVCO U602 第 1 脚，C640、R702、C701、C705，功放 U707 第 1、4 脚、U700 第 1、6 脚、C715，天线开关第 5 脚处，可测到 GSM 900 MHz 高频发射信号。

(4) TXVCO U602 第 5 脚，C641、R703、R704、C706，U707 功放第 8、5 脚，U702 第 1、6 脚，C717，天线开关第 3 脚处，可测到 GSM 1800 MHz 高频发射信号。

（5）Q502 第 2 脚可测到 TXEN1，发射启动信号。

（6）U703 第 2 脚可测到 TXEN2，发射启动信号。

（7）U701 第 4 脚，R707、R706 处可测到 APC 自动功率控制信号。

（8）U707 功放第 2 脚，U701 功控 IC 第 1、16 脚，R708、C739 处可测到功控信号 VPAC。

（9）Q503 第 5 脚可测到 BANSEL 频段选择信号。

发射电路信号测试点如图 5－28 所示。

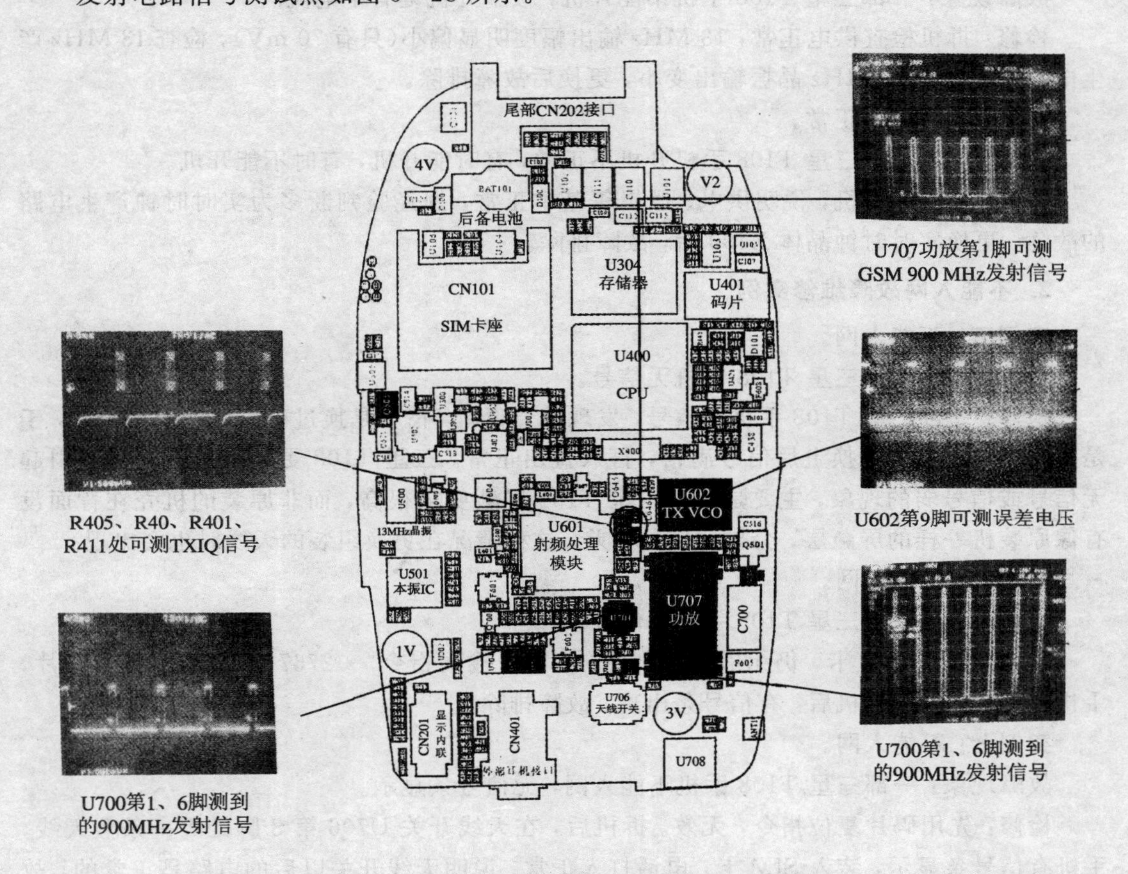

图 5－28　三星 T108 型手机发射信号测试点

5.3.5　三星 T108 型手机故障维修实例

1. 不能开机故障维修实例

实例一：不能开机。

故障现象：一部三星 T108 手机不能开机，按开机键后有 700 mA 大电流。

检修：此现象多为直流供电电路漏电引起，逐一对供电管 U101、U102、U502 检查，拆掉 U101 后漏电消失。U101 是给 CPU 字库等供电的，测 U101 第 1 脚、第 3 脚对地阻值，此值正常机要小得多，仔细检查机板发现是字库被吹焊过，拆下字库，重新植锡焊上，故障排除。

实例二：不能开机。

故障现象：一部三星 T108 手机不能开机，按开机键无任何反应。

检修：拆机后，检查开机二极管正常，开机键正常，但按下开机键电流表无反应。经查原来是开机二极管虚焊所致。因为测量的时候，表笔搭在管脚上，正好接触好了，松手后毛病就出来了。重焊开机二极管，故障排除。

实例三：不能开机。

故障现象：一部三星 T108 手机不能开机，按下开机键有小电流。

检修：拆机检查供电正常，13 MHz 输出幅度明显偏小(只有 70 mV)，检查 13 MHz 产生电路，发现为 13 MHz 晶振输出变小，更换后故障排除。

实例四：开机不正常。

故障现象：一部三星 T108 手机开机不正常，有时能开机，有时不能开机。

检修：手机能开机，说明供电、逻辑等基本正常，据经验判断多为实时时钟产生电路的故障，更换实时时钟晶体 X400 后，故障排除。

2. 不能入网故障维修实例

实例五：不能入网。

故障现象：一部三星 T108 手机无信号。

检修：一部三星 T108 手机无信号，发现外壳很新，情况是换过机壳后就没信号了，于是重新找一原装机壳换上后信号满格，打入打出正常。三星 T108 更换组装机壳后会引起无信号或信号弱的现象，主要是因为三星 T108 屏蔽要求很高，而非原装的机壳在背面没有像原装机一样的屏蔽层，会导致信号很差。这种情况在更换组装的天线时也会出现。

实例六：不能入网。

故障现象：一部三星 T108 手机无信号。

检修：拆下 SIM 卡，仍无信号条出现。从键盘输入指令“＊2767＊2878＃”复位码片，手机自动关机，再开机后，有信号条出现，故障排除。

实例七：不能入网。

故障现象：一部三星 T108 手机不能入网，无信号条显示。

检修：先用码片复位指令，无效。拆机后，在天线开关 U706 第 8 脚处焊一条假天线，手机有信号条显示，装入 SIM 卡，电话打入正常。说明天线开关以后的电路是正常的，故障在天线开关以前。经检查是天线插座损坏。更换天线插座后，故障排除。

实例八：不能入网。

故障现象：一部三星 T108 手机无信号。

检修：拆机后，在天线开关 U706 第 8 脚焊假天线，无效。在第 10 脚处焊假天线时信号满格，加焊天线开关 U706 后故障排除。三星手机摔后极易因天线开关而导致话机不能入网。

3. 不能发射故障维修实例

实例九：不能发射。

故障现象：一部三星 T108 手机有信号但不能发射。

检修：加电试机，发射时电流只有 150 mA，说明功放未正常工作(正常发射电流应

200 mA 左右)，更换功放后故障排除。

实例十：不能发射。

故障现象：一部三星 T108 手机有信号但不能发射。

检修：加电试机，在功放第 4 脚焊一条假天线，试着拨打电话，可以拨出去。再在天线开关第 5 脚处焊假天线电话打不出去了。怀疑发射耦合器 U700 坏，短路 U700 第 1、6 脚，可以打入打出了，更换 900 MHz 的发射耦合器，故障排除。

实例十一：不能发射。

故障现象：一部三星 T108 手机有信号但不能发射。

检修：加电试机，在功放第 4 脚上焊一条假天线，电话打不出去，在功放第 1 脚处焊假天线，电话就可以打出了，这证明功放前的电路是正常的，故障在功放及功放以后的电路。测功放第 2 脚的功控信号，无脉冲 0～1.4 V 的功控电平，说明功控信号不正常(注：在发射时测试)。怀疑功控 IC U701 坏，更换后故障排除。

实例十二：不能发射。

故障现象：一部三星 T108 手机不能发射。

检修：发射时在 R109、R406、R401、R411 处测试，TXIQ 波形正常，说明音频逻辑部分正常，故障在射频部分。在 TXVCO U602 第 1 脚焊接假天线，不能打电话，说明 TXVCO 工作不正常，测 TXVCO 9 脚的锁相电平，只有 0.1 V 的峰值，而正常应为 1.63 V，此电平来自中频 IC U601，加焊中频 IC 后，锁相电平正常，故障排除。

4. 其它故障的维修实例

实例十三：不能读卡。

故障现象：一部三星 T108 手机不能读卡。

检修：检查卡座各脚接触良好，但卡供电管 U106 第 2、3 脚输出电压只有 1.7 V，怀疑 U106 坏。U106 的第 5 脚为控制电压端，第 4、6 脚为供电输入端，来自 U101 的第 1 脚。更换 U106 后故障依旧，测试 U106 第 6 脚只有 0.1 V，正常应为 3 V 左右，将 U106 第 4、6 脚短路后，测 U106 第 2、3 脚电压，为正常的 3 V，插卡开机，故障排除。(注意：测试时最好在开机瞬间用示波器测试。)

实例十四：不能读卡。

故障现象：一部三星 T108 手机不能读卡。

检修：先检查卡座正常，卡供电管 U106 第 2、3 脚输出的卡供电正常，复位码片“ * 2767 * 2878 # ”后仍无效，加焊 CPU 后故障排除。

实例十五：不能显示。

故障现象：一部三星 T108 手机小显示屏能正常显示，大显示屏无显示。

检修：检查大小显示屏表面，无异常。拆机，用 LT - 48 重写码片，装回手机后，故障排除。

实例十六：不能显示。

故障现象：一部三星 T108 手机大小显示屏均显示不正常，有显示时是乱字符。

检修：检查电话打入打出正常，按键其它也正常，拆机后发现显示屏和主板连接用的排线有断线，更换排线后故障排除。

实例十七：振铃无声。

故障现象：一部三星 T108 手机来电无振铃声。

检修：测音乐 IC Y759 的 7 脚，铃声输出有波形，18 脚也有。于是在第 17 脚和第 18 脚焊接一个扬声器，铃声可正常发出。说明前级电路工作正常，故障点可能在连接线和扬声器，拆开上盖后，测试扬声器没有问题，测了一下排线，发现第 17 脚输出到扬声器不通，已经断线。由于手上没有 T108 的排线可换，于是飞线一条，故障排除。

音乐 IC Y759 在手机主板上，而铃声扬声器在手机上盖中，二者通过软排线连接，而排线工作在频繁折叠的状态下，久而久之，断线也就不足为奇了。

实例十八：翻盖无效。

故障现象：一部三星 T108 手机翻盖无效。

检修：三星 T108 手机的翻盖检测是靠霍尔元件，通过对翻盖内相应位置磁铁的磁力来检测翻盖是否是合拢的，取下翻盖内的磁铁，试一下磁力正常。在键盘灯亮时，将磁铁靠近霍尔器件，灯灭了，说明霍尔器件、磁铁均正常，重装一遍机壳后，故障排除。

实例十九：翻盖无效。

故障现象：一部三星 T108 手机翻盖无效。

检修：先检查磁铁，正常，取出磁铁，靠近霍尔器件 SW801 时，测试其第 2 脚 3 V，正常，SW801 的第 2 脚和翻盖检测模块 U801 第 2 脚相连，检查其连线正常，怀疑 U801 坏，更换 U801 后，故障排除。

实例二十：不能充电。

故障现象：一部三星 T108 手机不能充电，无充电符号显示。

检修：清洗尾插后，测尾插的第 17、18 脚充电电压，很不正常，引起该电压不正常的原因有三个：充电器不正常、尾插不正常、负载不正常。经检查发现尾插损损坏，用一个三星 A288 的尾插代换后，故障排除。

实例二十一：不能充电。

故障现象：一部三星 T108 手机充电时，符号一直在闪，但充电无效。

检修：检查尾插正常，充电符号在闪说明逻辑部分基本正常，测充电电子开关管 Q101 第 4 脚，有 4 V 电压，控制电压正常。怀疑 Q101 坏，更换后故障排除。

实例二十二：低电告警。

故障现象：一部三星 T108 手机，开机即显示低电告警。

检修：三星 T108 手机电压是由 CPU 直接检测的，检测时要通过一个电阻 R119。测 R119 的电阻为无穷大(正常应为 82 kΩ)，用三星 N288 的电池电量检测电阻代换后，故障排除。维修中也常发现，因电池、电池触片等也会引起低电告警的现象。

实例二十三：出现“请稍候”显示。

故障现象：一部三星 T108 手机开机后显示“请稍候”字样。

检修：这种情况多是因 CPU 检测错误信息引起的，主要原因有后备电池坏、13 MHz 晶振坏、软件原因等。经查，此机与后备电池相连的检测管 U107 损坏，更换后故障排除。

实例二十四：主显示屏灯光不正常。

故障现象：一部三星 T108 手机，主显示屏灯光暗。

检修：三星 T108 手机的主显示屏的灯光有三种状态，即很亮、稍暗、全黑，由 CPU

送出 BACKLIGHT 和 COLOR_LCD_BL 控制。出现上述现象多是其中的一路不正常引起的。经查是排线断裂所致，飞线后故障排除。

5.4 三星 CDMA A399 型手机故障分析与维修

5.4.1 三星 CDMA A399 型手机接收部分分析与故障维修

1. 低噪声放大电路

Q400 是低噪声放大器的核心器件，它与周边元件一起构成了低噪声放大器，如图 5-29 所示。在低噪声放大电路的输入端，还有一个输入回路的控制电路。U400 构成控制主体，控制信号 LNA_GAIN 来自逻辑电路。当 LNA_GAIN 信号电压由大变小时，二极管 D400 的导通程度减小，则经 D400、C409 到地的信号减少，从而使 Q400 电路输出信号的幅度增大。

Q402 电路用来控制低噪声放大电路的增益。

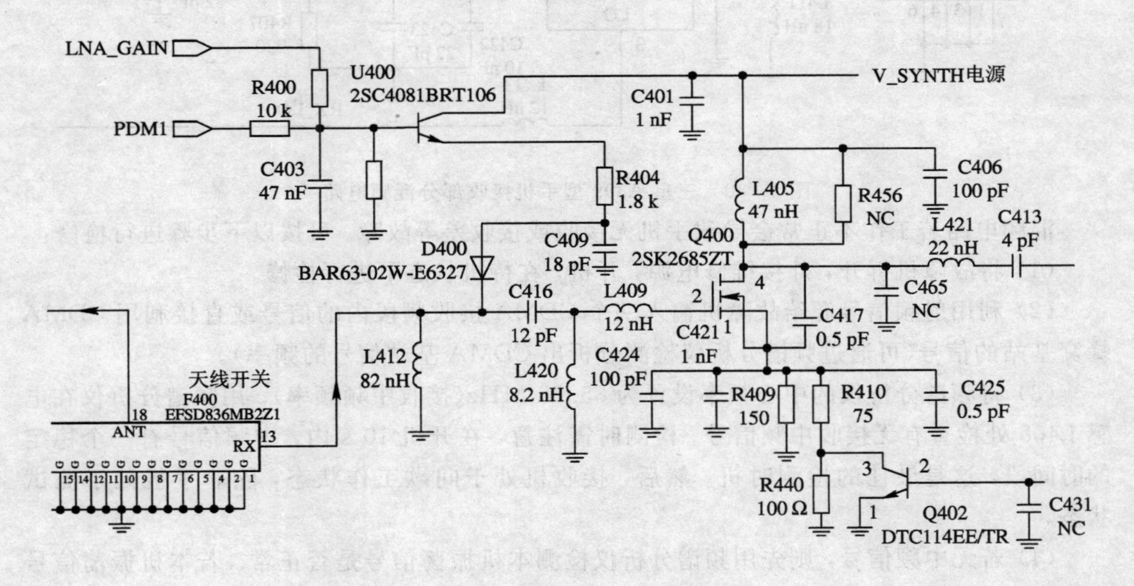

图 5-29 三星 CDMA A399 型手机接收部分低噪声放大电路

若低噪声放大电路工作不正常，会导致手机出现接收差、上网难等故障。可按以下步骤进行检修：

(1) 将故障机拆开，外接维修电源，开机，在待机状态下进行检修。

(2) 利用射频信号源给故障机输入一个 CDMA 接收频段内的信号，或直接利用 CDMA 蜂窝基站的信号(可通过频谱分析仪检测分析出 CDMA 基站信号的频率)。

(3) 调节好频谱分析仪的中心频率(881±12.5 MHz)。用频谱分析仪检测 C413 处的射频信号。若 C413 处的射频信号幅度(LNA 输出端)比 C416 处的射频信号幅度(LNA 输入端)大(约为 12 dB 左右)，说明低噪声放大电路工作正常；若 C413 处的射频信号幅度比 C416 处的射频信号幅度低，则应用示波器检查 LNA 电路的直流通道。

(4) 检查直流通道时，先检查 V_SYNTH 电源(来自 U411 电压调节器)是否正常。若 V_SYNTH 电源不正常，检查 U411 电路。若正常，检查 Q400 电路元件或更换 Q400。

2. 混频电路

三星 CDMA A399 型手机的接收混频器是一个集成的混频电路，如图 5-30 所示。U403 是核心器件，本机振荡信号经由 L413 送到 U403 模块，CDMA 射频信号由 F401 滤波后输入。混频得到的中频信号从 U403 的 6 脚输出。混频器的工作电源 V_SYNTH 由电压调节器 U411 提供。

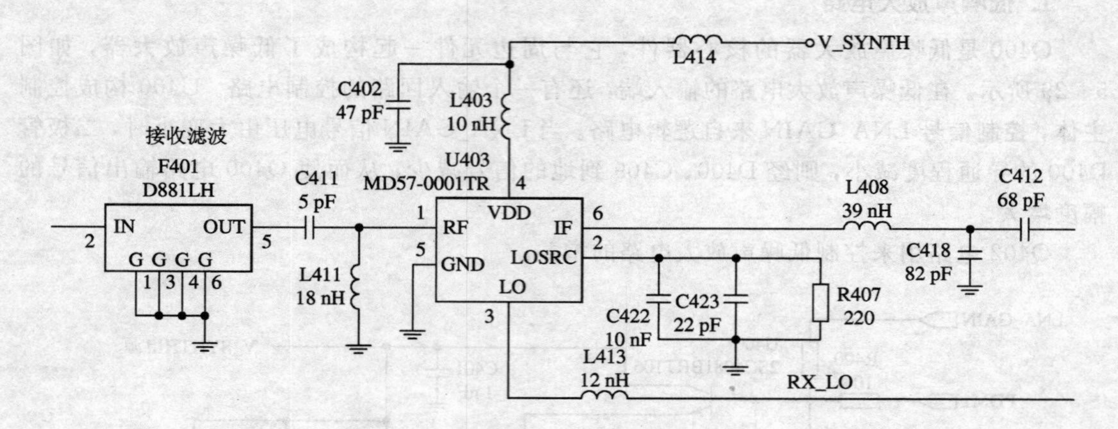

图 5-30　三星 A399 型手机接收部分混频电路

混频电路若工作不正常会导致手机无接收或接收差等故障。可按以下步骤进行检修：

(1) 将故障机拆开，外接维修电源，开机，在待机状态下进行检修。

(2) 利用射频信号源给故障机输入一个 CDMA 接收频段内的信号或直接利用 CDMA 蜂窝基站的信号(可通过频谱分析仪检测分析出 CDMA 基站信号的频率)。

(3) 将频谱分析仪的中心频率设置为 85.38 MHz(接收中频频率)。用频谱分析仪在电感 L408 处检查有无接收中频信号。检测时需注意，在开机 10 s 内，中频信号有一个稳定的时间段，这是最佳的检测时机。然后，接收机处于间歇工作状态，除非手机处于测试状态。

(4) 若无中频信号，则先用频谱分析仪检测本机振荡信号是否正常。若本机振荡信号不正常，检查本机振荡电路。若正常，检查混频电路。

(5) 检查混频电路时，先检查 V_SYNTH 电源是否正常。若电源不正常，检查 U411 电路。若正常，检查 U403 电路元件，或更换 U403。

3. 中频放大器

在 GSM 手机中，混频电路输出端通常会连接一个中频滤波器，而 CDMA 手机 A399 中，混频电路输出端连接的是一个中频放大电路，如图 5-31 所示。其中，Q401 是放大电路的核心，其工作电源由 U411 提供。

逻辑电路还可通过 PA_R0 信号来控制中频放大器，U401 是控制管。PA_R0 通过控制 U401 的 3、4 脚导通程度来改变 Q401 的偏压，从而达到增益控制的目的。正常情况下，该电路对中频信号有大约 12 dB 的放大。

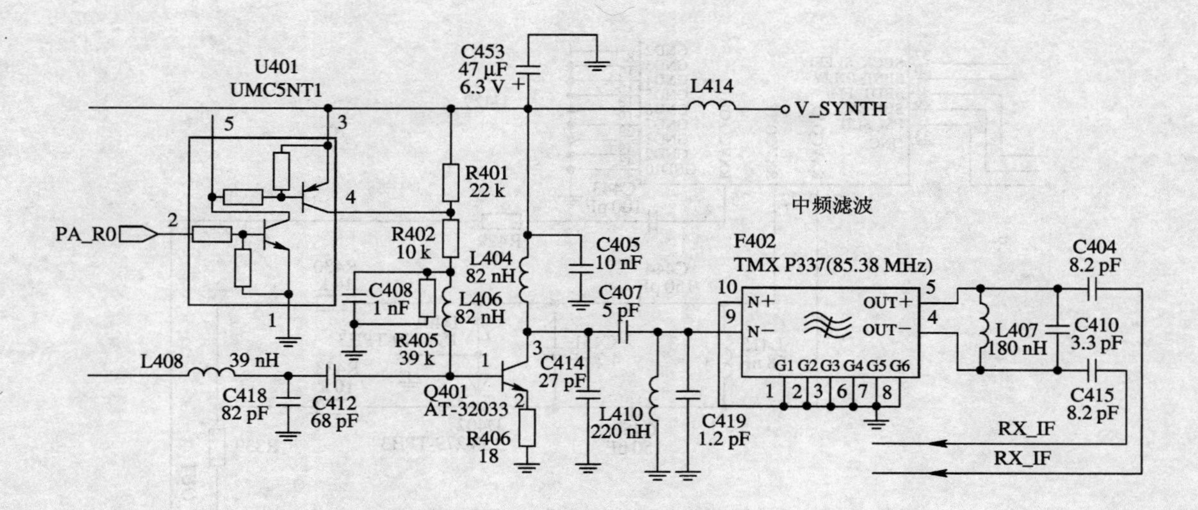

图 5-31　三星 A399 型手机接收部分中频放大器及中频滤波器

中频滤波器 F402 不但对中频信号进行滤波，还将中频信号分离成相位相差 90°的两个信号：RX_IF 和 RX_IN。该信号被送到接收中频模块 U429(IFR3000 芯片)。

检修中频放大电路时，主要是检查 Q401 电路和中频滤波器。若该部分电路不正常，可按如下所述步骤进行检修：

(1) 将故障机拆开，外接维修电源，开机，在待机状态下进行检修。

(2) 利用射频信号源给故障机输入一个 CDMA 接收频段内的信号或直接利用 CDMA 蜂窝基站的信号(可通过频谱分析仪检测分析出 CDMA 基站信号的频率)。

(3) 将频谱分析仪的中心频率设置为 85.38 MHz，用频谱分析仪在 Q401 的基极检查有无接收中频信号。检测时需注意，在开机 10 s 内，中频信号有一个稳定的时间段，这是最佳的检测时机。然后，接收机处于间歇工作状态，除非手机处于测试状态。若无中频信号，检查 C412、L408。

(4) 若 Q401 基极信号正常，用频谱分析仪检查 Q401 的集电极处中频信号是否正常。正常情况下，输出端信号幅度比输入端信号幅度大约 10 dB。若输出端信号幅度不正常，检查 Q401、U401 电路元件，检查 U411 电源。

(5) 若 Q401 输出正常，用频谱分析仪检查 F402 的输出端信号是否正常。需注意的是，该滤波器对中频信号有比较大的衰减。

(6) 若输出端信号幅度不正常，检查 C407 或检查中频滤波器 F402。

4. 接收中频 VCO

A399 手机有一个接收中频 VCO 电路，但该电路与超外差二次变频接收机中的中频 VCO 电路作用是不同的，A399 的接收中频 VCO 信号只用于接收 I/Q 信号的解调。如图 5-32 所示。

由 U429 内的部分电路和变容二极管 D401、D402 等组成中频 VCO 电路。该电路产生一个 170.76 MHz 的中频 VCO 信号。170.76 MHz 的二分频信号在 U429 内用于 I/Q 解调。

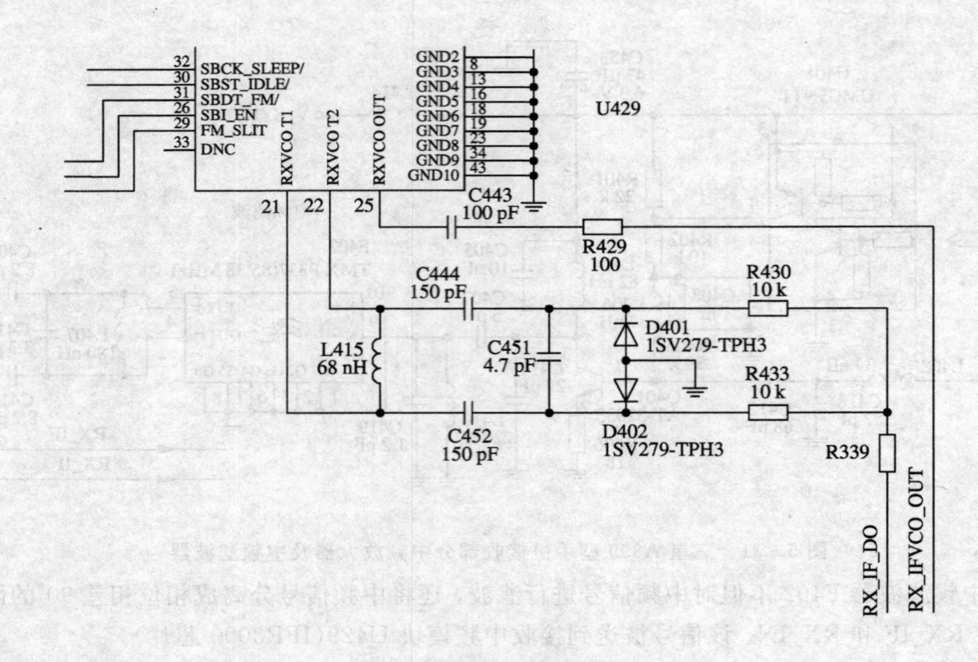

图 5-32　三星 A399 型手机接收中频 VCO 电路

U429 还从 25 脚输出一个中频信号，送到 PLL 频率合成模块 U306，用于频率合成的取样。在 PLL 模块中，该信号被分频，然后与参考信号进行比较，得到一个控制电压 RX_IF_DO。控制信号从 U306 的 20 脚输出，经电阻 R339 到变容二极管的负极。

对于接收中频 VCO 电路，可用频谱分析仪来判断该电路是否工作正常。检测方法很简单，给故障机加上外接维修电源，开机后 10 s 内接收机有一个稳定的状态。将频谱分析仪的中心频率设置为 170.76 MHz，用频谱分析仪的探头在 C443 处检查。若频谱分析仪的垂直中心线上有信号频谱出现，则该电路工作正常。若该电路工作不正常，需检查变容二极管 D401、D402 电路元件，R339、U306 以及 U429。

5. RXI/Q 解调

中频滤波器输出的接收中频信号被送到 U429 的 11、12 脚，首先在 U419 内进行 AGC 放大，然后送到 U429 内的 I/Q 解调电路解调出接收 I/Q 信号，从 U429 的 39～48 脚输出。如图 5-33 所示。

U429 内的 AGC 放大电路还受逻辑电路的控制。逻辑电路输出的控制信号 RX_AGC_ADJ 被送到 U429 的 7 脚。若该信号不正常，手机肯定出现接收差的故障。

在解调电路中，还需注意的是 U100（CPU）模块与 U429 模块之间的 I-OFFSET、Q-OFFSET 信号线。若这两个信号不正常，I/Q 解调电路肯定不能正常工作。

可用示波器检测 RXI/Q 信号来判断该部分电路是否工作正常。检查时，建议从天线处给故障机输入一个强幅度的射频信号。正常情况下，用示波器检测到的 RXI/Q 信号是正弦波信号。若示波器未调节好，则在示波器上看到的是一条光带。

若 I/Q 信号不正常，检查 U429 的焊接，并检查 U429 的外围元件或更换 U429 模块。

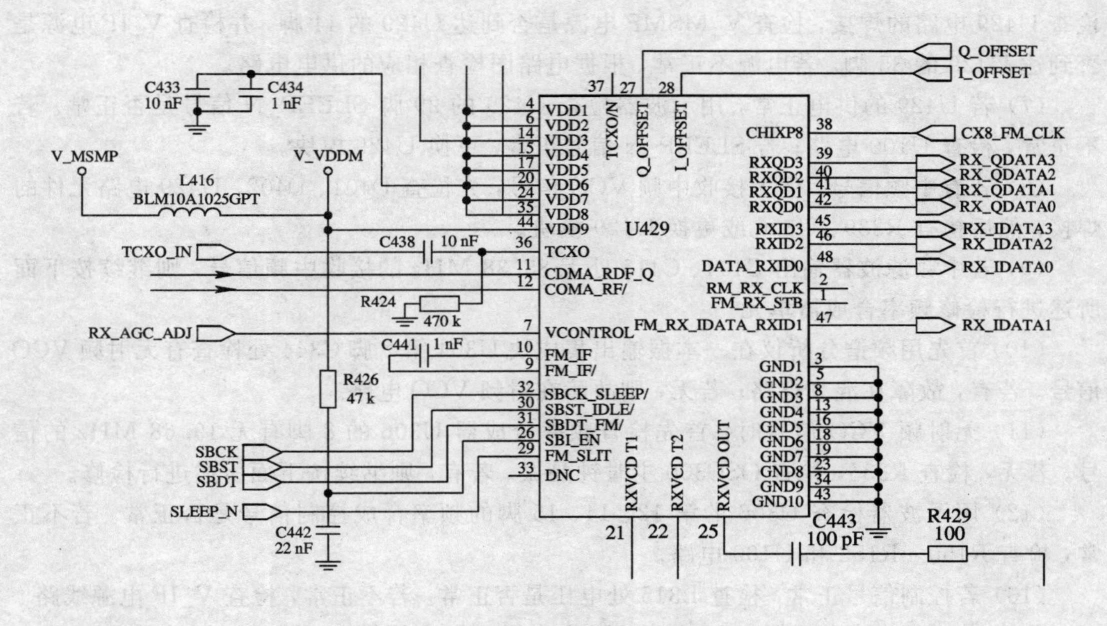

图 5－33　三星 A399 型手接收中频模块 U429

6. 接收音频处理

U429 输出的 RXI/Q 信号被送到中央处理单元 U100(MSM3100 芯片)电路。U100 实际上是一个复合电路，它包含了 CPU、接口电路、DSP、声码器、PCM 编译码器等电路。

接收机的逻辑音频电路基本上都被集成在 U100 模块。RXI/Q 信号经一系列的处理后，还原出模拟的话音信号，从 U100 的 L16、M17 端口输出。输出后的音频信号经 U253、U254 电路放大，然后经内连接口输送到受话器。U253 放大的信号被送到翻盖的受话器，而 U254 放大输出的信号被送到耳机电路。这两个电路的转换是通过逻辑电路输出的 AUDIO_CTRL 信号来控制的。

若 U100 无接收话音信号输出，则一般需要对 U100 进行重新焊接或更换 U100。若 U100 有输出，但手机无接收声，应检查 U253、U254、翻盖接口和受话器。

7. 无接收处理

若手机无接收，可按如下所述进行检修：

(1) 将故障机拆机，外接维修电源，开机。用示波器在 U429 的 39～48 脚检查 RXI/Q 信号是否正常。

(2) 若 RXI/Q 信号正常，应着重检查逻辑电路，即检查 U100 电路和逻辑电路元件，进行软件故障处理。

(3) 若 RXI/Q 信号不正常，继续按下面所述进行检修。

(4) 在开机 10 s 内用频谱分析仪在接收中频滤波器后 C404、C415 处检查接收中频信号，看有无 85.38 MHz 的接收中频信号。

(5) 若 85.38 MHz 的接收中频信号正常，用频谱分析仪检查 U249 的第 25 脚 R429 处有无 170.76 MHz 的接收中频 VCO 信号。

(6) 若有接收中频信号和接收中频 VCO 信号，但 U429 模块无 RXI/Q 信号输出，则检查 U429 电路的焊接，检查 V_MSMP 电源是否到达 U429 的 44 脚，并检查 V_IF 电源是否到达 U429 的 35 脚。若电源不正常，根据电路图检查相应的供电电路。

(7) 若 U429 的供电正常，用示波器检查 U429 的 29 脚 SLEEP_N 信号是否正常。若不正常，检查 U100 电路；若 SLEEP_N 信号正常，更换 U429 模块。

(8) 若有中频信号，但无接收中频 VCO 信号，先检查 D401、D402、U429 电路元件的焊接，然后检查 R339、U306 或更换 U429 模块。

(9) 若中频滤波器输出 C404、C415 处无 85.38 MHz 的接收中频信号，则继续按下面所述进行检修频率合成器单元。

(10) 首先用频谱分析仪在一本振输出集成块 U304 第 2 脚 C344 处检查有无射频 VCO 信号。若有，故障在混频电路；若无，则故障在射频 VCO 电路。

(11) 无射频 VCO 信号时，首先检查频率合成器 U306 的 8 脚有无 19.68 MHz 的信号。若无，检查 R335，检查 OSC300 主时钟晶振。若有，则继续按下面所述进行检修。

(12) 用示波器检查 U306 的第 12、14、15 脚的频率合成控制信号是否正常。若不正常，检查 R150～R152 和 U100 电路。

(13) 若控制信号正常，检查 L315 处电压是否正常。若不正常，检查 V_IF 电源线路。

(14) 若正常，检查射频 VCO 模块 U305 有无 3 V 电压供电，即 R329 处。若无，检查 U411 电路；若有，继续下面的检查。

(15) 检查 R337、R338 是否损坏及 U306 的 3 脚有无控制电压。若无，更换 U306 模块。否则，更换 U305 模块。

(16) 若射频 VCO 信号正常，但 C412 处无接收中频信号，首先用频谱分析仪检查混频电路 U403 的 6 脚有无接收中频信号输出。若无，检查 L414 和 U411 电路。若 L414 处电压正常，更换 U403 模块。

(17) 若 U403 有中频信号输出，检查 Q401、F402 电路元件。

5.4.2 三星 CDMA A399 型手机发射部分分析与故障维修

1. 送话器电路

三星 A399 手机的 MIC＋ 模拟话音电信号经 C150 送到 U100 模块的 J16 端口，EAR_MIC＋耳机送话器转换得到的话音信号经 C153 送到 U100 模块的 H14 端口。手机的发射音频放大电路被集成在 U100 复合芯片 MSM3100 内。

若该部分电路工作不正常，会导致手机出现发送话音电流声大、无送话等故障。可按如下所述步骤进行检修：

(1) 若手机发送话音电流声大，则在送话器的两端并联一个适当的电容或检查该部分电路的电容。

(2) 若手机无送话，首先用示波器检查有无送话器偏压。若无送话器偏压，检查 U100 电路。若有，检查送话器线路元件及送话器。

(3) 若耳机无送话，检查耳机送话器的偏压或更换耳机送话器。

2. 发射音频处理

整个发射音频的处理都是在 U100 模块中完成的。需发送的话音信号经一系列处理后，得到 TXI/Q 信号，从 U100 的 A6、A7、B5、B6 端口输出，送到 U302 内的 I/Q 调制器。

若 U100 无 TXI/Q 信号输出，检查 U100 的焊接以及 U100 的外围元件，或更换 U100 模块。

3. 发射中频 VCO

TXI/Q 信号在 U302(RFT3100 芯片)内进行调制。A399 手机 I/Q 调制器的载波信号由一个专门的发射中频 VCO 电路产生，如图 5 - 34 所示。

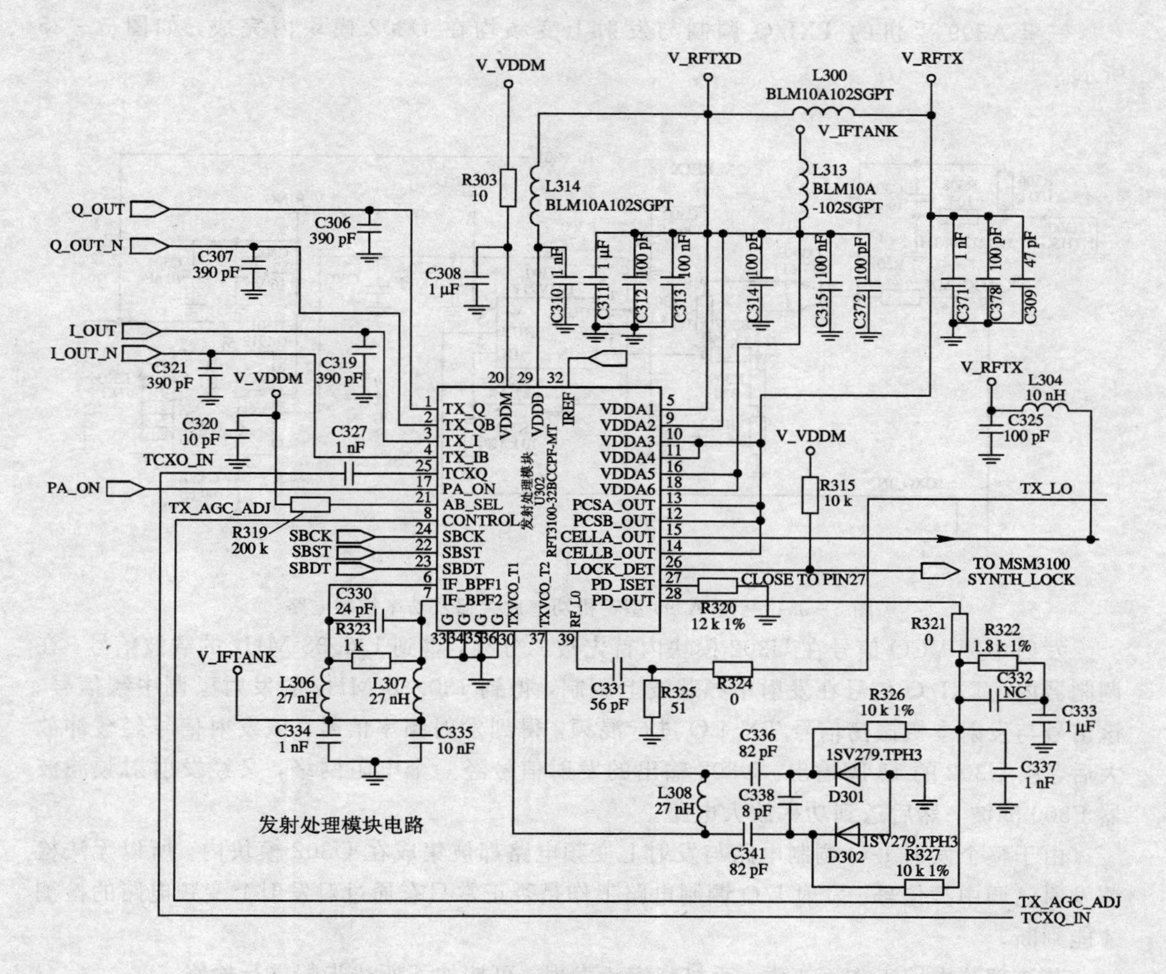

图 5 - 34　三星 A399 型手机发射中频处理电路

发射中频 VCO 电路由 U302 内的部分电路与变容二极管 D301、D302 等组成。发射中频 VCO 频率合成器的鉴相器、分频器等均被集成在 U302 中。U302 的 28 脚输出发射中频 VCO 的控制信号，经 R321 到变容二极管的负极。发射中频 VCO 电路产生 260.76 MHz 的信号。

该部分电路受逻辑电路的 SBCK、SBST、SBDT 信号控制。发射中频 VCO 电路的工作电源来自 V_IFTANK，该电源经电感 L306、L307 给发射中频 VCO 电路供电。

若发射中频 VCO 电路工作不正常，手机肯定不能进入服务状态。可按下面所述步骤进行检修：

(1) 首先用频谱分析仪在D301处检测，看有无260.76 MHz的发射中频VCO信号。若有，但频率偏移，注意检查参考信号，检查D301、D302、U302等。

(2) 若无发射中频VCO信号，检查L306处的电源是否正常。若不正常，检查U414电路。

(3) 若电源正常，检查D301、D302、C341、C336、L308等元件，检查U302。

4. TXI/Q调制器与发射上变频器

三星A399手机的TXI/Q调制与发射上变频均在U302模块内完成，如图5-35所示。

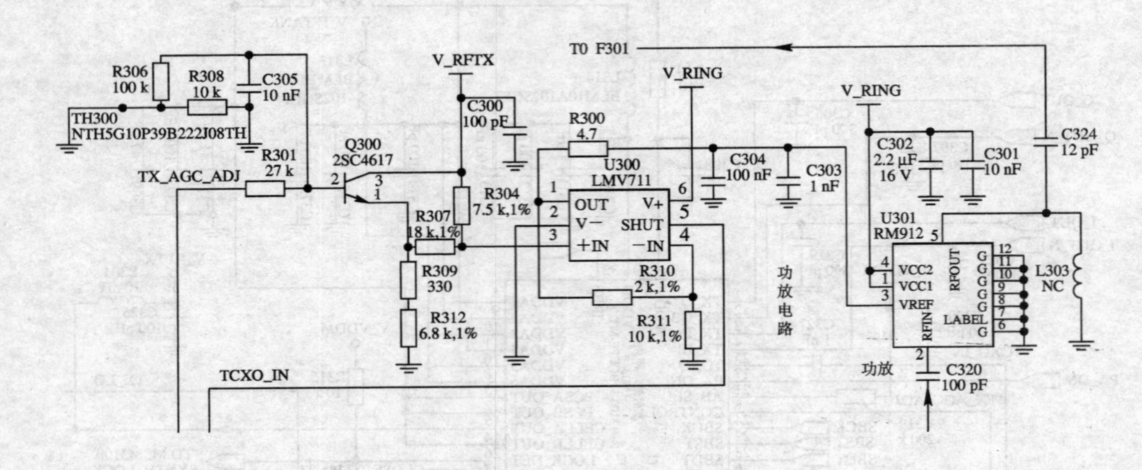

图5-35　三星A399型手机功率放大器及功率控制电路

发射中频VCO信号在U302模块内首先被二分频，得到130.38 MHz的载波信号。在调制器内，TXI/Q信号在发射中频载波上调制，得到130.38 MHz的发射已调中频信号。该信号与发射本机振荡信号TX_LO进行混频，得到发射频率信号。该发射信号经缓冲放大后，从U302的15脚输出。U302输出的发射信号经一个电阻网络，又经发射射频滤波器F300滤波，然后送到功率放大电路。

由于整个发射I/Q调制电路与发射上变频电路都被集成在U302模块内，所以无法检测发射已调中频信号。发射I/Q调制电路工作是否正常只有通过对发射上变频电路的检测才能判断。

若该部分电路工作不正常，手机肯定无发射。可按如下所述步骤进行检修：

(1) 首先用频谱分析仪检查发射本机振荡信号是否正常(测C331处)。若不正常，检查U426电路。

(2) 若发射本机振荡信号正常，检查发射中频VCO信号是否正常。若不正常，检查发射中频VCO电路。

(3) 若发射中频VCO电路正常，检查U302电路元件，或更换U302模块。

5. 功率放大器

功率放大电路由一个集成的功率放大组件U301组成，如图5-35所示。功率放大器的工作电源来自Q407的输出。功率放大器U301的第3脚是控制端，用以控制功率放大器的启动及功率放大电路的输出功率。控制信号来自U300电路。

F300滤波后的发射信号经C320到功率放大器的输入端。放大后的最终射频信号从U301的5脚输出，经电容C324到发射滤波器F301进行滤波，然后经双工滤波器，由天线辐射出去。

若功率放大电路工作不正常，则手机会出现无发射、发射功率低等故障，可按如下步骤进行检修：

(1) 用频谱分析仪检查功率放大器的输入信号是否正常。若不正常，检查C320、F300。

(2) 用示波器检查功率放大器U301的3脚电压是否正常。若不正常，检查U300电路。

(3) 拨打“112”，启动发射电路，观察发射电路工作电流。若电流太大或太小，则更换功率放大器。若电流基本正常，注意检查功率放大电路的电阻电容，或更换功率放大器。

6. 功率控制电路

CDMA手机的功率控制与GSM手机的功率控制是不同的。CDMA蜂窝基站根据所接收到的CDMA手机的信号质量与强度，给出CDMA手机的控制指令。手机的逻辑电路将控制指令转换成模拟的电压信号，得到功率控制TX_AG C_ADJ信号。

当发射机启动时，功放启动控制信号PA_ON被送到U300的第5脚。V_RFTX电源经电阻R304、R307、R309、R312分压，给U300一个初始的电压，使U300开始工作，给功率放大器提供一个基本的控制信号。

当逻辑电路输出TX_AGC_ADJ信号时，Q300开始工作，通过控制Q300的集电极、发射极的导通程度来改变U300第3脚的电压，从而使U300第1脚的输出电压发生变化，完成功率控制。

若该部分电路工作不正常，可能导致手机无发射、发射功率低、发射关机等故障。可按如下步骤进行检修：

(1) 启动发射机，用示波器检查U300的PA_ON信号。若不正常，检查U100。

(2) 用示波器检查TX_AGC_ADJ信号。若不正常，检查U100电路。

(3) 若两个控制信号都正常，检查Q300、U300电路元件。

7. 若手机无发射或发射不正常，可按如下所述进行检修

(1) 将故障机拆开，外接维修电源，开机，拨打“112”启动发射机。

(2) 首先用频谱分析仪在U302的第15脚C328处检查有无发射射频信号。

(3) 若有发射射频信号，用频谱分析仪检查功放输入C320处信号是否正常。若不正常，检查C328、R313、C329、射频滤波器F300。

(4) 若C328处射频信号正常，检查功率放大器的第3脚有无控制信号。若有，更换功率放大器U301。

(5) 功放的第3脚若无控制信号，用示波器检查U300的第5脚有无PA_ON信号。若无，检查U100。若有，检查U300的第3脚电压是否正常。

(6) 若不正常，检查电阻R304、R307、R309、R312，再检查Q300电路。若正常，更换

U300 电路。

(7) 若 C328 处无发射射频信号，按下面所述进行检修。

(8) 用示波器在 U302 的第 1、4 脚检查 TXI/Q 信号是否正常。若不正常，检查 U100 电路。

(9) 若 TXI/Q 信号正常，用示波器检查 D301、D302 处有无 260.76MHz 的发射中频 VCO 信号。若有，检查 U302 的工作电源和 U302 的焊接；检查 TX_LO 信号，即 C331、R324 处；更换 U302 模块。

(10) 若无发射中频 VCO 信号，检查发射中频 VCO 的供电，即检查 U302 的第 6、7 脚外围元件；检查发射中频 VCO 信号产生回路，即 R321 及 D301、D302 电路元件；更换 U302 模块。

(11) 一般情况下，发射关机的故障可检查功放 U301 电路和功率控制 U300 电路即可。

习 题 五

1. 手机的常见故障有哪些？

2. 引起手机不能开机的原因有哪些？

3. 在未拆机之前对手机不能开机的故障，如何进行简单的故障定位？请具体分析。

4. 叙述手机不能开机的检修思路。

5. 如何在未拆机之前对不能入网的故障手机进行简单判断？

6. 对不能入网故障应重点检查哪几部分电路？

7. 如何用简易的方法启动手机的发射电路？

8. RXI/Q 信号出现在手机电路中的什么地方？如何测量？请举例说明。

9. TXI/Q 信号出现在手机电路中的什么地方？如何测量？请举例说明。

10. 如何测量 RXVCO 信号和 TXVCO 信号？请举例说明。

11. 举例说明手机怎样单板开机。

12. 引起手机不能充电的原因有哪些方面？

13. 如何检测手机的卡故障？

14. 手机低电告警故障的产生原因有哪些？

15. 如何检修受话器的电路故障？

16. 三星 A399 型手机主时钟信号频率是多少？如何测量？

17. 简述 CDMA 型手机发射功率控制的原理，并具体分析三星 A399 型手机发射功率放大器 U301 的第 3 脚电压不正常故障产生的原因。

18. 认真阅读诺基亚 8210/8850 型手机、摩托罗拉 V60 型手机、三星 T108 型手机、三星 A399 型手机等机型的电路图及其电路板图，并试着维修几部故障手机。

第 6 章　小灵通手机简介

6.1 “小灵通”PAS 通信系统简介

PAS(Personal Access Phone System)是一种新型的个人无线接入系统，它采用先进的微蜂窝技术，以无线的方式接入固定电话网，俗称“小灵通”。小灵通是固定电话的延伸，小灵通用户的电话号码可与固定电话号码相同，也可以是独立的电话号码。

6.1.1　小灵通系统(PAS)的组成

小灵通系统(PAS)是一种灵活而功能强大的无线市话系统，PAS 系统主要由局端设备(RT)、基站控制器(RPC)、基站(RP)和机构漫游服务的空中话务控制器(ATC)组成，参见图 6－1。PAS 系统是市话交换机的一部分，采用 V5 接口技术(V5 接口是将接入网和本地交换机相连接的 V 接口系列的一个通用术语，是一种标准化的完全开放的接口)，实现话音通信和数据传输，是接入网技术的一种应用。

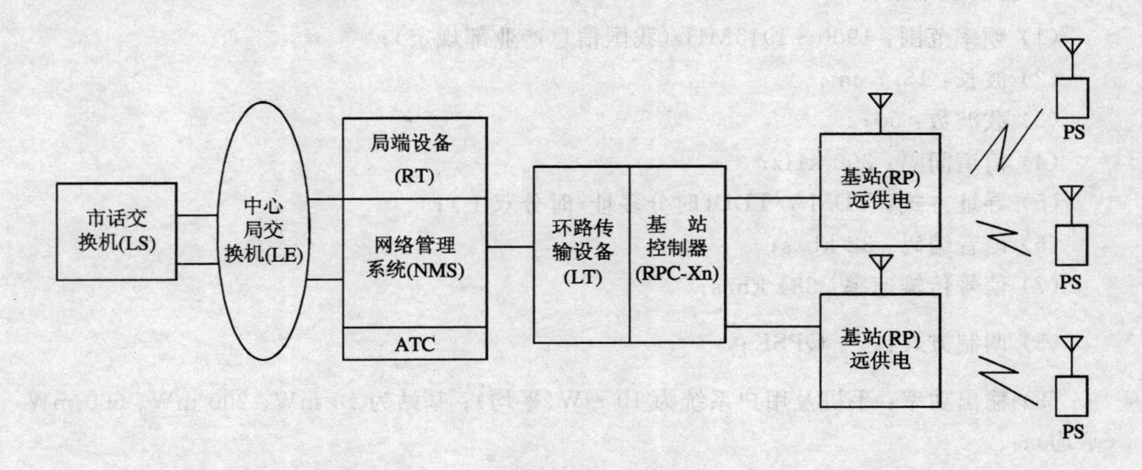

图 6－1　PAS 系统结构示意图

图 6－1 中 PS 为移动台，是 PAS 系统终端用户(手持电话)，它与基站通过无线方式通信。手持机内有天线、收/发信部分、语音编/解码部分和逻辑控制部分，还有听筒、振铃、送话器等人机对话接口。

基站(RP)通过空中接口与用户(PS)之间进行无线通信，而与基站控制器(RPC)通过传输线相连接。基站可设置在室内或室外，通过普通的传输线连接，具有动态信道分配的功能，PAS 系统无论何时都可以通过增加基站的数目来实现扩容，而无需加复杂的频率规划。室外基站可安装在电线杆、建筑物、屋顶或路灯上；室内基站可以安装在办公大楼、住宅或公共场所。因此 PAS 系统的基站具有安装快捷、灵活、方便的特点。

基站控制器(RPC)通过链路与局端设备 RT 相连，控制着各基站服务区的电源分配和语音传输路径的处理，并通过局端向本地交换机发送 DTMF 信号。基站控制器可与中心交换机(LE)放在一起，通过光纤微波等进行通信。每个基站控制器可控制多达 32 个独立的基站，每个基站在用户端与操作端传递通信信息，一个基站控制器同时可以处理 120 次的呼叫，可支持 1000 个用户。

局端设备(RT)向中心市话交换机提供模拟和数字接口，通过专用电路与基站控制器连接，以数字信号及专用信令形式传输信息，同时局端设备与基站控制器之间相互传递控制信息。PAS 系统通过局端设备和公用交换电话网连接。

网络管理系统(NMS)对整个网络进行集中管理，监控 PAS 系统的主要设备(RT)与空中话务控制器(ATC)及 RPC 的状态，收集状态信息、报警信息、数据传输等信息，并远程载入更新程序到 RPC。

空中话务控制器(ATC)是一种可选择的交叉连接系统，它通过专用电路与覆盖区的基站连接，为用户提供基站之间的漫游率可达 80%。

市话交换机(LS)负责市话交换、连续计费等功能，使电信原有的市话交换得以充分利用并可灵活安装有线和无线电话。

6.1.2 PAS 系统主要技术指标及主要技术

1. 主要技术指标

(1) 频率范围：1900～1915MHz(我国信息产业部规定)；

(2) 波长：15.7 cm；

(3) 载波数：50；

(4) 信道间隔：300 kHz；

(5) 寻址方式：TDMA/TDD(时分多址/时分双工)；

(6) 语音编码：32 kb/s；

(7) 信号传输速率：384 kb/s；

(8) 调制方式：$\frac{\pi}{4}$- QPSK；

(9) 输出功率：手机及用户系统为 10 mW(平均)；基站为 10 mW、200 mW、500 mW(平均)；

(10) 基站信道数：4。

2. PAS 系统的主要技术

PAS 技术通过市话固定电话网来发展移动业务，主要的技术有频率指配与多址技术、微蜂窝与信道分配技术、V5 接口技术、切换与漫游技术等。

1) PAS 的频率使用与多址技术

PAS 系统使用 1.9 GHz 频段，小区基站和手机的通信频率范围为 1895.15～1917.95 MHz，每个载频数占的带宽是 300 kHz，整个频段可用的载波数为 77 个，载频号

70～77 作控制信道，1～69 号载频则用于话务信道，不同的营运商使用单独的控制信道，但所有的话音信道可以规定 1900～1920 MHz 频段用于无线接入系统。移动接入方式采用 FDMA/TDMA，即频分多址和时分多址。

2）微蜂窝与信道动态分配技术

PAS 系统使用微区制组网，其覆盖半径为 100 米左右。它把整个服务区划分为许多个微区，这些微区有机地结合在一起，满足了整个移动通信的需求。

PAS 可以在有限的频率资源的情况下，采用微蜂窝技术来提高频率的利用率，提供业务和其他的控制信道。PAS 没有像移动系统那样为每个小区站分配固定的使用频率，而是随着通话过程的建立为小区站自行分配最佳的频率与信道。小区站采用信道动态分配技术可以使系统在组网与优化时无需进行频率规划，同时可以有效地避免不同频率与相邻的干扰。PAS 将蜂窝技术和信道动态分配技术有效地结合，提高了频率的利用率，极大地扩充了系统的无线信道容量。

3）PAS 系统越区切换与漫游技术

PAS 系统采用微蜂窝技术。一个城市往往需要成千上万的基站才能覆盖，而每个覆盖半径从几十米到几百米，所以手机在移动时通话会频繁的切换，越区切换为移动状态下的手机从 RT 服区内一个地区移动到其他地区提供了连续的通信服务。同一基站控制器 RPC 服务区内的越区切换，不需局端机进行任何操作就可以切换到另一个服务控制区。而对于不同的 RPC 之间的越区切换，新的 RPC 向局端机发越区切换信息，局端机与新的 RPC 建立连接信息，自动撤掉原来的连接信息。手机搜索到基站的场强信息降低到某一极限时，手机自动选择新的基站，重新建立连接信道，然后切断原来的通话信道。

PAS 的漫游，当用户从归属基站局端机覆盖区漫游到访问基站局端机覆盖区时，ATC 对其进行登记注册，ATC 漫游注册的数据库内包括用户码、归属基站局端机号码和访问基站局端机号码等。用户在归属基站局端机以外区域呼叫时，ATC 将呼入导向访问基站局端机，用户通过交换机端口完成。

4）PAS 系统的鉴权

为了保证 PAS 系统用户通讯的保密性和安全性，防止非授权用户盗用或窃听，系统向每个手机用户提供一个鉴权的密码，密码由 10 个十六进制数组成。每台手机在建立通信之前必须由系统进行密码验证，经系统核对认可后才能允许入网通信，从而提高了通信的安全性。

鉴权密码和用户号码等一系列有关资料，存放在局端设备(RT)的数据库中。用户在申请开户入网时，由电信部门分配给交换机连接，同时将鉴权密码和用户号码等资料通过专用设备写入手机的 EEPROM 内。手机在开机后，自动将鉴权码等资料发往基站，通过局端设备与数据库数据检验，认可后手机方可入网进行通信。

5）调制方式

PAS 系统采用的调制方式是四相相移键控(QPSK)。它是将数字基带信号作为调制信号，对载波进行相位调制。也就是说，QPSK 调制方式是利用载波相位的变化来传送信息的。

在 QPSK 四相调制方式中，共有四种相位状态，每种状态对应一组双比特码，在载波的一个周期(2π)内均匀地分成四种相位。两个相邻已调波和调相相位均为 $\pi/2$，逻辑电路首先将数字基带信号的每两位进行组合，变换成双比特码。例如，串行数据基带信号二进制代码为 1001110011，变换成双比特码为 10.01.11.00.11。

已调波初始相位对应代表二位二进制信息码，参见表 6-1。图 6-2 是 QPSK 调相系统相位向量图，双比特码与中频载波经过 $\pi/4$ 移相后，分别送上下两路乘法器进行调相，然后由加法器进行双路相加产生 QPSK 调制信号。

表 6-1　已调波相位

双比特码元	QPSK(对应参考相位)
00	$+\pi/4$
01	$+3\pi/4$
11	$+5\pi/4$
10	$+7\pi/4$

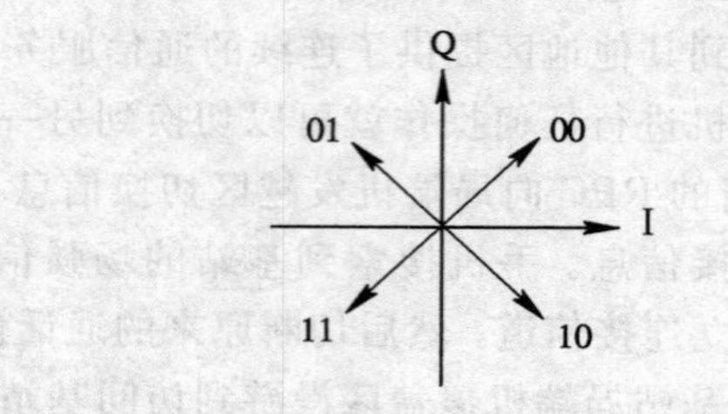

图 6-2　QPSK 相位向量图

6.1.3　小灵通手机与移动电话的比较

小灵通与移动电话从电路组成上有很多相似之处，例如两者无线收/发信机均采用频率合成、晶体、时钟及锁相电路；逻辑/音频电路均采用微处理器(CPU 集成音频 IC 功能)、字库(FLASH)、暂存(SRAM)和码片；电源电路采用电源 IC；显示接口、按键开关、天线、听筒、送话器等采用适配口。从使用方式来说两者都是手持电话机，均采用无线通信方式实现数字化通信。从系统的特点来看，移动电话用于专用的移动通信网络，例如 GSM 和 CDMA 通信网络，它可为用户提供全省、全国及全球的漫游服务；而小灵通系统则定位于固定市内电话的补充和延伸，主要依托固定电话网为市区和邻区用户提供一种本地区域流动服务，其号码仍是普通八位固定市内电话号码，所以小灵通有固定电话的功能和移动电话特点。

小灵通手机与移动电话的主要区别：

(1) 通信系统不同，控制系统的核心及技术规范也不相同。

(2) 使用的微波频率不同，GSM 手机使用双频或全频段，而小灵通使用单频段。

(3) 发射的功率不同，小灵通手机发射功率仅有 10 mW，辐射极小，只有移动电话的百分之一，因此有“绿色通信”之称。

(4) 小灵通一般不用“SIM卡”和“UIM卡”，而是将鉴权密码和用户号码通过专用设备写入手机的EEPROM中。

6.1.4 小灵通手机的写码技术

1. 小灵通的写码技术简介

小灵通手机在使用前需到当地的网络营业部门办理开户入网手续，通过写码软件将手机的电话号码相应的数据信息写入手机，这样才可以投入使用。

小灵通手机的入网和GSM手机有相似之处。当手机开机时，首先将用户信息及相关数据发送给基站，基站对这些用户的数据进行核实鉴别后，才允许手机登录入网。GSM手机的用户信息主要存储在SIM卡内，而小灵通手机的用户信息存储其EEPROM中。

EEPROM也称码片，是一种电可擦写的存储器，其接口特性为串行通信方式的逻辑芯片，通常在微机的配合下利用专用的写码软件仪对该芯片进行读/写操作，这与寻呼机写码(烧录)有相似之处，针对不同的机型采用不同的写码仪及相应软件资料配合来完成小灵通手机的登记入网(也称“做号”)。

2. 小灵通手机EEPROM中的主要信息

(1) 运营商识别码(Operator ID)：2位十六进制数字，不同的营运商有不同的识别代码。

(2) 国家代码(County Code)：4位十六进制数字，中国是046A。

(3) 鉴权码(Authentication Key)：10位十进制数字，可随机填写。

(4) 读密码(Read Key)：10位十六进制数字，使用者自行设置机身密码。

(5) 重写密码(Rewrite Key)：10位十六进制数字，使用者自行设置机身密码。

(6) 手机识别码(PS-ID)：7位十六进制数字，每部手机出厂时都有一个识别号，相当于GSM的IMEI(移动设备识别号)。

(7) 控制载频码(CCH carrier number)：2位十六进制数字。

(8) 小灵通号码(PS number)：本地电话网电话号码。

6.2 小灵通手机电路原理

本节以斯达康702-S331型手机为例，对小灵通电路的原理进行分析。

6.2.1 小灵通手机射频电路原理

小灵通手机接收部分采用超外差二次变频技术，一本振频率为1659.05～1674.05 MHz。一中频频率为243.95 MHz，二本振频率为233.15 MHz，二中频频率为10.8 MHz，主时钟频率为19.2 MHz，发射频率为1.9 GHz，发射功率为10 mW。小灵通手机射频电路原理(以斯达康702-S331型小灵通为例)参见图6-3。

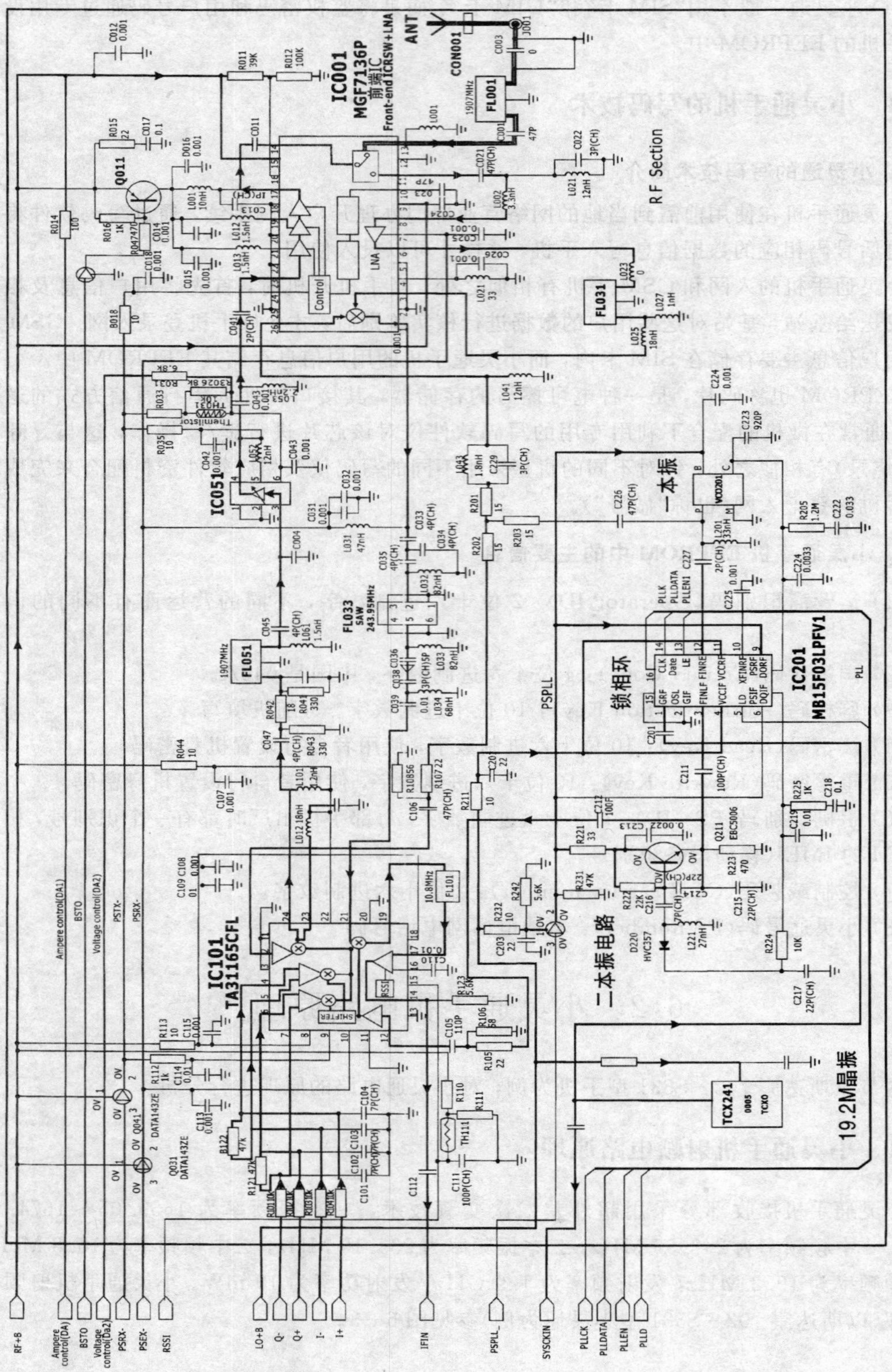

图 6-3　斯达康702-S331型小灵通手机射频电路原理图

1. 接收信号流程方框图

接收信号流程方框图见图 6-4。1900 MHz 频段的射频信号经手机天线接收，通过介质滤波器 FL001 后，送入前端 IC001，IC001 内主要集成开关切换、前端放大和混频功能，经过天线开关切换和放大器后，放大的信号经过滤波器 FL031 滤波后与一本振信号(由 VCO201 产生)一起送入混频器内进行混频，混频后信号经过一中滤波器 FL033 得到 243.95 MHz 的一中频信号。243.95 MHz 的信号送入中频 IC101(IC101 内主要集成二混频和中频放大功能)，与二本振信号(233.15 MHz)混频后，通过二中滤波器(FL101)产生 10.8 MHz 的接收二中频信号，经放大并提取 RSSI 场强信号，解调出中频信号的语音信号送入逻辑电路处理。

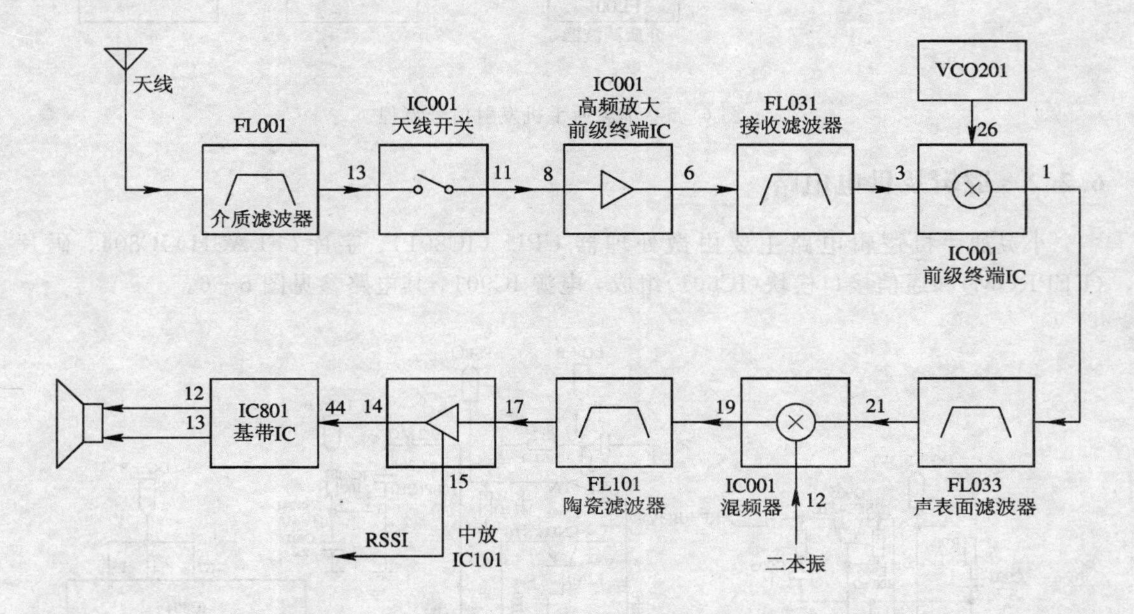

图 6-4　小灵通手机接收信号流程

语音信号送入 IC801，在其内部进行 QPSK 解调并完成数字信号的 TDMA 时帧分解和语音解码，得到话音数字信号后进行 D/A 转换，将数字语音信号转换成模拟音频信号，经过音频放大后输出推动扬声器发声。

2. 发射信号流程方框图

发射信号流程方框图见图 6-5。MIC 送话器将声音信号转换成电信号送入 IC801 内，进行放大并进行 A/D 转换，将其转换成数字话音信号，同时 IC801 对数字信号进行语音编码，编码后对其语音信号进行信道编码、交织、加密等工作，形成脉冲信号，经过处理，最后在 CPU 中进行 QPSK 调制产生 I＋、I－、Q＋、Q－信号送入射频 IC101 中。I、Q 信号送入 IC101 后被调制到233.15 MHz 的载波上，然后再通过混频器将信号加载到发射载波上，产生发射信号(1907 MHz)。发射信号通过滤波 FL051 及功放，经功率调整后送入功放 IC001 中放大、天线切换，经滤波器 FL001，最后通过天线发射出去。

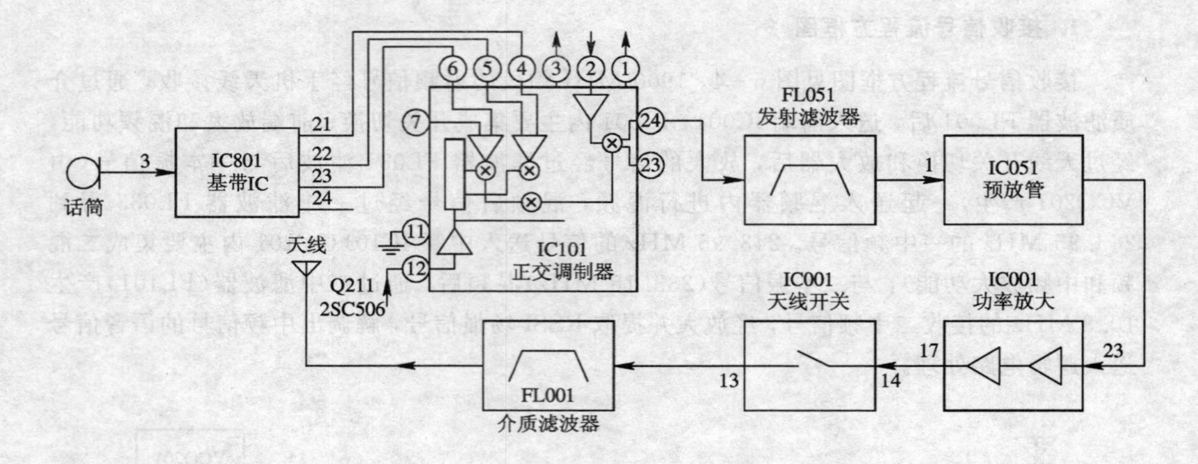

图 6-5　小灵通手机发射信号流程

6.2.2　逻辑及供电电路

小灵通手机逻辑电路主要由微处理器 CPU（IC801）、字库（FLASH）IC804、码片(EEPROM)和通信接口模块(IC601)组成，电源 IC901。其电路参见图 6-6。

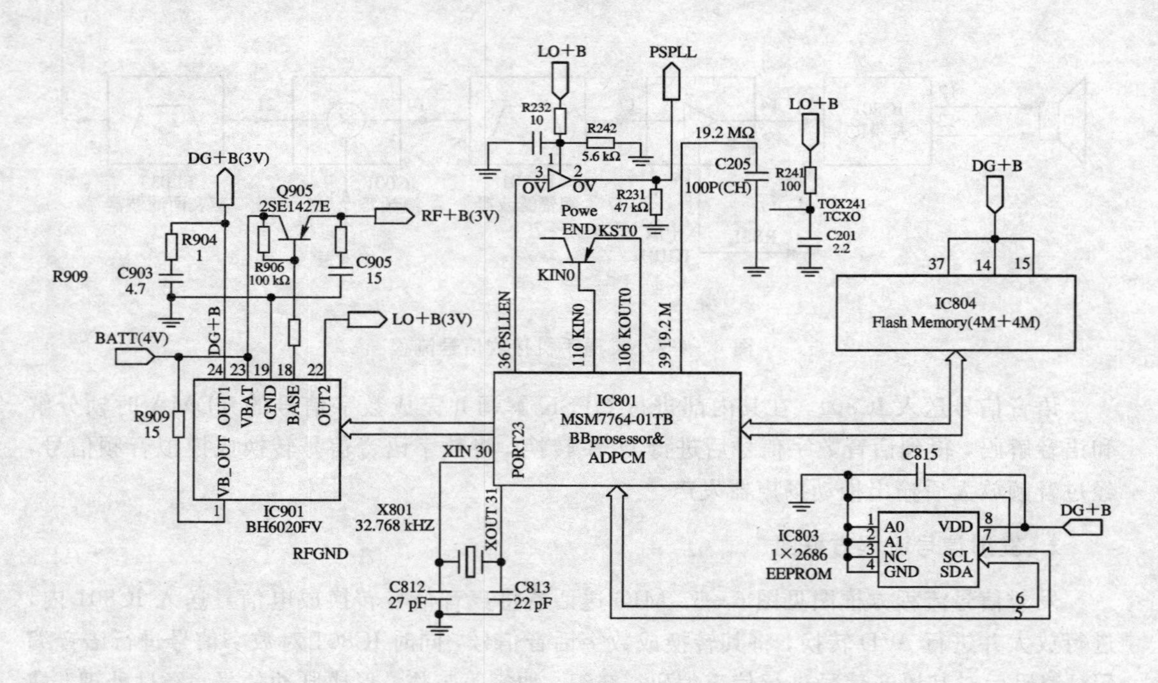

图 6-6　斯达康 702-S331 型小灵通手机逻辑及供电方框图

1）微处理器

微处理器(CPU)整机控制核心，含有工作主程序，在基准时钟脉冲的触发下，运行主程序并控制其它逻辑电路有序地工作。

2）字库

字库(FLASH)内存有手机功能程序和基本操作程序，如文本信息和开关机等。

3）码片

码片(EEPROM)内存有手机号码、鉴权码、电话号码本等。

4）通信接口模块

通信接口模块(IC601)提供写码、无线上网及缓冲接口。

5）电源 IC901

电源 IC901 是供电模块，提供手机射频和逻辑部分电源。

6.3 小灵通手机维修实践指导

6.3.1 小灵通手机测试模式介绍

1. 小灵通手机测试项目

以斯达康 700 系列为例，测试项目参见表 6-2。

表 6-2 小灵通手机测试项目

项目	进入测试状态方法	测试项目	操作方法
手机测试	插入电池，同时按 1 键、9 键和 POWER 键进入测试模式，显示屏上提示“FUNC NO”，进入射频电路测试状态	误码率检测	按 1 键和发射键
		内部 PN9 发射检测	按 2 键和发射键
		间接发射检测	按 3 键和发射键
		连续发射检测	按 4 键和发射键
		发射功率偏置调整检测	按 5 键和发射键
		RSSI 调整检测	按 6 键和发射键
		RFIQ 数模转换检测	按 7 键和发射键
		基带电压检测	按 1 键、0 键和发射键
		LED 检测	按 1 键、1 键和发射键
		LCD 检测	按 1 键、2 键和发射键
		字库检测	按 4 键、0 键和发射键
		暂存检测	按 4 键、1 键和发射键

说明：① 按 POWER 键随时返回手动检测模式；

② 按数字键 0～9 设置通道号码(1～77)，然后按发射键确认。

2. 检测模式

(1) RF 误码率检测(参见表 6-3)。

表 6-3　误码率检测

步骤	方　法	屏幕显示	说　明
1	按 1 键和发射键	F1 CH—	进入接收检测模式中，等待输入信道号
2	输入信道号(1～77)，按发射键	F1 CHxx RSSI—	进入误码率检测道号，等待输入 RSSI 数值
3	假设键入 RSSI 数值为 37	F1 CHxx RSSI 37	假设场强相对值已输入，等待下一步
4	按发射键	F1 CHxx RSSI XX	XX 实际场强相对值

说明：xx 为(1～77) 信道号。

(2) RF 内部 PN9 发射检测(参见表 6-4)。

表 6-4　PN9 发射检测

步骤	方　法	屏幕显示	说　明
1	按 2 键和发射键	F2 CH—	进入 PN9 检测模式，等待输入信道号
2	输入信道号(1～77)，按发射键	PASS	(1～77) 信道号除 39CH
3	输入 39CHP	F2 CH39 CALL—	如果输入(0～255)可对 TX-CONT 校正
4	例如，输入 180，按发射键	F2 CH39 CALL 180	重新设定 RF 控制值
5	重复步骤 2、3	F2 CH39 CALL—	此操作可调整数据值

(3) RF 间接发射检测连续发射模式(参见表 6-5)。

表 6-5　间接发射和连续发射检测模式

步骤	方　法	屏幕显示	说　明
1	按 3 键和发射键	F3 CH—	进入间接发射检测模式，等待输入信道号
2	输入信道号(1～77)，按发射键	F3 CH— PASS	进入间接发射检测信道
3	按 4 键和发射键	F4 CH—	进入连续发射检测模式，等待输入信道号
4	输入信道号(1～77)，按发射键	F4 CH— PASS	进入连续发射检测信道

(4) RF 发射功率偏置调整和基带电压检测模式(参见表 6-6)。

表 6-6 发射功率偏置调整和基带电压检测模式

步骤	方 法	屏幕显示	说 明
1	按 5 键和发射键	F5 CH39 PASS	进入功放偏置调整检测
2	按 1 键、0 键和发射键	F10 PASS	进入 BB 电压检测(BB 为 BB Voltatge test)

(5) 字库(FLASH)和暂存(SRAM)检测模式(参见表 6-7)。

表 6-7 FLASH 和 SRAM 检测模式

步骤	方 法	屏幕显示	说 明
1	按 4 键、0 键和发射键	F40 CHEC FLASH	FLASH 检测
2	按显示屏引导操作	COR—* * * *	第一行上显示正确检测总数，存入 FLASH
3	检测正确	COR—* * * * COR—* * * *	第二行上显示正确检测总数
4	检测有错误	COR—* * * * ERR—* * * *	第二行上显示错误检测总数
5	按 4 键、1 键和发射键	F41 SR CHEC	SRAM 检测
6	检测正确	F41 SR PASS	暂存 SRAM 数据无误
7	检测有错误	F41 SR FALL	暂存 SRAM 数据有误

6.3.2 小灵通手机常见故障与维修

本节我们以斯达康 700U 为例，对小灵通手机常见故障进行分析。

故障一：小灵通手机不能开机。

手机不能开机是最常见的故障之一。小灵通手机开机工作原理和 GSM 手机的开机原理无本质差异。因此都是检测电源电路、晶体时钟电路、逻辑部件硬件和软件电路，这些电路正常是确保手机开机的条件。

手机不能开机可以按照以下步骤检测：

(1) 观察电路板上的暂存器是新版本，还是旧版本。型号为 W24L01Q 为新版本，否则为旧版本，700U 手机经常出现不开机、死机等故障都是因为旧版暂存器容量不够引起的，因此需要更换新版的暂存器。

(2) 给故障手机加上外接维修电源，按开机键观察电源电流表指示，若无任何电流反应，则检查主版的电源接口，若有电流反应，说明电源接口正常。

(3) 给故障手机加上外接维修电源，按开机键观察电源电流表指示，电流显示在 15mA 左右，一般是基准频率时钟电路的电源出问题，或者晶体已损坏。如果显示大电流，或者是短路电流，应检查各供电 IC、CPU 是否短路或损坏。

(4) 检查逻辑电源，若逻辑电压工作不正常，通常要更换电源模块。

(5) 检查复位信号是否正常，若不正常检查逻辑电压是否送到复位模块，复位模块是否已损坏。

(6) 用示波器检查微处理器的逻辑时钟是否正常，若不正常需更换该时钟晶体。

(7) 检查字库、码片是否正常，如果有硬件故障的，需要更换字库和码片，否则需重写码片和字库资料。

故障二：小灵通手机无信号或信号弱。

小灵通手机的接收、控制电路比 GSM 手机的要简单，无接收信号、信号弱等故障一般只需检查码片资料和接收电路。码片 EEPROM 是一种电可擦写的存储器，码片中的资料容易丢失，因此维修接收信号的方法和 GSM 手机的维修方法将有所不同。

小灵通手机无信号或信号弱可以按以下步骤进行检测：

(1) 给手机加外电源，开机寻网，观察电源表的指示，若电流在 50～90 mA 范围内不变，则码片资料已丢失或损坏。可用 LT-48 软件维修仪重写码片数据，码片硬件本身损坏较少，无需盲目更换。

(2) 检查射频供电是否正常，例如，天线开关供电，射频 IC 供电，频率合成供电，晶振供电等射频工作的必要条件。

(3) 重写码片后，手机仍没信号，观察电流表的指示，幅值无法到达 75 mA 以上，需更换滤波器、功放 IC 或中频 IC。

(4) 观察电流表的指示，幅值在 75～90 mA 之间变化，晶体有频率偏移、中频 IC 外围元件如电容电感电阻等损坏或虚焊引起的，更换相应元件排除故障。

(5) 微处理器 CPU 虚焊也可以引起无信号或信号弱，这种情况更多的是靠经验判断来维修。

故障三：小灵通手机有信号但打不出电话。

此现象属于发射故障，一般是由于码片资料出错和功放损坏造成的。用 LT－48 重写码片，或更换功放，即可排除故障。

故障四：小灵通手机听筒无声、不送话。

按照以下步骤进行检测：

(1) 检测听筒、送话器是否正常，不正常则更换。

(2) 检测音频供电 VAUDIO 是否正常，听筒、送话器外围的滤波电路和阻抗变换电路是否正常。

(3) 检测听筒驱动模块，采用观察法、对比法、替代法处理此模块。

(4) 检测微处理器 CPU，音频 IC 功能集成在 CPU 内，采用观察法、静态测量法、对比法、替代法处理 CPU。

故障五：小灵通手机无显示。

首先检测显示屏及显示连接口是否正常，LCD 损坏有明显现象，如果外表看不出损坏迹象，可用另一部相同的正常手机检测怀疑损坏的屏幕，若已损坏则需更换。显示连接口可采用观察、重新连接或补焊的方法确认它的好坏。

然后检测显示连接口周围的电阻、电容、码片和字库等构成的显示电路是否损坏，采用重写码片、字库和更换已损坏电阻、电容的方法排除故障。

故障六：小灵通手机无法写码。

首先检查电路板上写码接口的触点是否氧化或弄脏，采用清洗液清洗即可排除故障。

可能码片资料出错或码片本身损坏。如果是，本身损坏这类码片用 LT－48 写码操作时，不联机即可确认码片已损坏，更换码片即可；能联机的，重写码片，即可将故障排除。

最后检查微处理器 CPU 是否虚焊或损坏，码片读/写不能正常启动，而码片正常，则说明是 CPU 的问题，这种情况不多见。

小灵通手机其它故障参阅 GSM 手机的故障维修。

习 题 六

1. PAS 的含义是什么？
2. 简述 PAS 系统的主要技术参数。
3. PAS 的使用频率为多少？
4. 简述小灵通系统 PAS 的组成。
5. 小灵通手机有哪些特点？
6. 小灵通手机 EEPROM 中有哪些主要信息？
7. PAS 系统采用了哪些主要技术？
8. 简要分析斯达康 702－S331 型小灵通手机接收、发射信号流程。
9. 简要分析斯达康 702－S331 型小灵通手机逻辑及供电方框图。
10. 斯达康小灵通手机怎样进入测试状态？
11. 分析小灵通手机的常见故障。

参考文献

1. 冯国莉. 寻呼机、手机实训. 北京：电子工业出版社，2001
2. 彭利标. 移动通信设备. 北京：电子工业出版社，2001
3. 张兴伟. 数字手机维修基础教程. 北京：人民邮电出版社，2000
4. 田万成等. GSM 双频手机维修技术与实例. 北京：人民邮电出版社，2000
5. 谭本忠. 双频手机工作原理与故障分析. 长沙：湖南电子音像出版社，2001
6. 王松武，朱有生等. 手机维修基础. 哈尔滨：哈尔滨工程大学出版社，2001
7. 陈良. 移动电话机原理与维修. 北京：电子工业出版社，2003
8. 高健. 现代通信系统. 北京：机械工业出版社，2001
9. 马芳芳. 数字移动通信系统原理与工程技术. 北京：高等教育出版社，2003
10. 李健毅. 手机维修. 广州：《手机维修》杂志社，2002

书名	定价
软件技术基础(高职)(鲍有文)	23.00
软件技术基础(周大为)	30.00
软件工程与项目管理(高职)(王素芬)	27.00
软件工程实践与项目管理(刘竹林)	20.00
计算机数据恢复技术(高职)(梁宇恩)	15.00
微机原理与嵌入式系统基础(赵全良)	23.00
嵌入式系统原理及应用(刘卫光)	26.00
嵌入式系统设计与开发(章坚武)	24.00
ARM嵌入式系统基础及应用(黄俊)	21.00
数字图像处理(郭文强)	24.00
ERP项目管理与实施(高职)(林逢升)	22.00
电子政务规划与建设(高职)(邱丽绚)	18.00
电子工程师项目式教学与训练(高职)(韩党群)	28.00
电子线路 CAD 实用教程(潘永雄)(第三版)	27.00
中文版 AutoCAD 2008 精编基础教程(高职)	22.00
网络多媒体技术(张晓燕)	23.00
多媒体软件开发(高职)(含盘)(牟奇春)	35.00
多媒体技术及应用(龚尚福)	21.00
图形图像处理案例教程(含光盘) (中职)	23.00
平面设计(高职)(李卓玲)	32.00
CorelDRAW X3项目教程(中职)(糜淑娥)	22.00
计算机操作系统(第二版)(颜彬)(高职)	19.00
计算机操作系统(第三版)(汤小丹)	30.00
计算机操作系统原理——Linux实例分析(肖竞华)	25.00
Linux 操作系统原理与应用(张玲)	28.00
Linux 网络操作系统应用教程(高职) (王和平)	25.00
微机接口技术及其应用(李育贤)	19.00
单片机原理与应用实例教程(高职)(李珍)	15.00
单片机原理与程序设计实验教程(于殿泓)	18.00
单片机应用与实践教程(高职)(姜源)	21.00
计算机组装与维护(高职)(王坤)	20.00
微型机组装与维护实训教程(高职)(杨文诚)	22.00
微机装配调试与维护教程(王忠民)	25.00
微控制器开发与应用(高职)(董少明)	25.00
高级程序设计技术(C语言版)(耿国华)	21.00
C#程序设计及基于工作过程的项目开发(高职)	17.00
Visual Basic程序设计案例教程(高职)(尹毅峰)	21.00
Visual Basic程序设计项目化案例教程(中职)	19.00
Visual Basic.NET程序设计(高职)(马宏锋)	24.00
Visual C#.NET程序设计基础(高职)(曾文权)	39.00
Visual FoxPro数据库程序设计教程(康贤)	24.00
数据库基础与Visual FoxPro9.0程序设计	31.00
Oracle数据库实用技术(高职)(费雅洁)	26.00
Delphi程序设计实训教程(高职)(占跃华)	24.00
SQL Server 2000应用基础与实训教程(高职)	22.00
SQL Server 2005 基础教程及上机指导(中职)	29.00
C++面向对象程序设计(李兰)	33.00
面向对象程序设计与C++语言(第二版)	18.00
Java 程序设计项目化教程(高职)(陈芸)	26.00
JavaWeb 程序设计基础教程(高职)(李绪成)	25.00
Access 数据库应用技术(高职)(王趾成)	21.00
ASP.NET 程序设计案例教程(高职)(李锡辉)	22.00
XML 案例教程(高职)(眭碧霞)	24.00
JSP 程序设计实用案例教程(高职)(翁健红)	22.00
Web 应用开发技术：JSP(含光盘)	33.00

~~~~电子、电气工程及自动化类~~~~

书名	定价
电路分析基础(曹成茂)	20.00
电子技术基础(中职)(蔡宪承)	24.00
模拟电子技术(高职)(郑学峰)	23.00
模拟电子技术基础——仿真、实验与课程设计	26.00
数字电子技术及应用(高职)(张双琦)	21.00
数字系统设计基础(毛永毅)	26.00
数字电路与逻辑设计(白静)	30.00
数字电路与逻辑设计(第二版)(蔡良伟)	22.00
电子线路CAD技术(高职)(宋双杰)	32.00
高频电子线路(第三版)(高职)	22.00
高频电子线路(王康年)	28.00
高频电子技术(高职)(钟苏)	21.00
微电子制造工艺技术(高职)(肖国玲)	18.00
电路与电子技术(高职)(季顺宁)	44.00
电工基础(中职)(薛鉴章)	18.00
电子与电工技术(高职)(罗力渊)	32.00
电工电子技术基础(江蜀华)	29.00
电工与电子技术(高职)(方彦)	24.00
电工基础——电工原理与技能训练(高职)(黎炜)	23.00
维修电工实训(初、中级)(高职)(苏家健)	25.00
电子装备设计技术(高平)	27.00
电子测量技术(秦云)	30.00

书名	定价
电子测量仪器(高职)(吴生有)	14.00
模式识别原理与应用(李弼程)	25.00
电路与信号分析(周井泉)	32.00
信号与系统(第三版)(陈生潭)	44.00
数字信号处理——理论与实践(郑国强)	22.00
数字信号处理实验(MATLAB版)	26.00
DSP原理与应用实验(姜阳)	18.00
DSP处理器原理与应用(高职)(鲍安平)	24.00
电力系统的MATLAB/SIMULINK仿真及应用	29.00
开关电源基础与应用(辛伊波)	25.00
传感器应用技术(高职)(王煜东)	27.00
传感器原理及应用(郭爱芳)	24.00
传感器与信号调理技术(李希文)	29.00
传感器及实用检测技术(高职)(程军)	23.00
现代能源与发电技术(邢运民)	28.00
神经网络(含光盘)(侯媛彬)	26.00
神经网络控制(喻宗泉)	24.00
可编程控制器应用技术(张世生)(高职)	29.00
电气控制与 PLC 实训(高职 苏家健)	27.00
可编程控制器原理及应用(高职)(杨青峰)	21.00
基于Protel 的电子线路板设计(高职)(孙德刚)	21.00
电磁波与天线技术(高职)(余华)	17.00
电磁场与电磁波(第三版)(王家礼)	28.00
电磁兼容原理与技术(何宏)	22.00
电磁环境基础(刘培国)	21.00
微波电路基础(董宏发)	18.00
微波技术与天线(第二版)(含光盘)(刘学观)	25.00
嵌入式实时操作系统μC/OS-Ⅱ教程(吴永忠)	28.00
LabVIEW程序设计与虚拟仪器(王福明)	20.00
基于LabVIEW的数据采集与处理技术(白云)	20.00
虚拟仪器应用设计(高职)(陈栋)	19.00

~~~~~~通信理论与技术类~~~~~~

书名	定价
专用集成电路设计基础教程(来新泉)	20.00
现代编码技术(曾凡鑫)	29.00
信息论与编码(平西建)	23.00
现代密码学(杨晓元)(研究生)	25.00
应用密码学(张仕斌)	25.00
通信原理(高职)(朱海凌)	18.00
现代通信原理、技术与仿真(李永忠)	44.00
数字通信原理与技术(第三版)(王兴亮)	35.00
数字通信原理(高职)(江力)	22.00
数字通信(徐文璞)	24.00
通信系统中MATLAB基础与仿真应用(赵谦)	33.00
通信系统与测量(梁俊)	34.00
通信对抗原理(冯小平)	29.00
LTE基础原理与关键技术(曾召华)	32.00
卫星通信(夏克文)	21.00
光电对抗原理与应用(李云霞)	22.00
无线通信基础及应用(魏崇毓)	26.00
频率合成技术(王家礼)	16.00
扩频通信技术及应用(韦惠民)	26.00
光纤通信网(李跃辉)	25.00
现代通信网概论(高职)(强世锦)	23.00
宽带接入网技术(高职)(张喜云)	21.00
接入网技术与应用(柯赓)	25.00
电信网络分析与设计(阳莉)	17.00
路由交换技术与应用(高职)(孙秀英)	25.00
路由交换技术实训教程(高职)(孙秀英)	11.00
现代电子装联质量管理(冯力)	27.00
电视机原理与技术(高职)(宋烨)	29.00
数字电视原理(余兆明)	33.00
有线数字电视技术(高职)(刘大会)	30.00
音响技术(高职)(梁长垠)	25.00
数字视听技术(梁长垠)(高职)	22.00

~~~~~仪器仪表及自动化类~~~~~

书名	定价
计算机测控技术(刘君)	17.00
现代测试技术(何广军)	22.00
光学设计(刘钧)	22.00
工程光学(韩军)	36.00
测试系统技术(郭军)	14.00
电气控制技术(史军刚)	18.00
可编程序控制器应用技术(张发玉)	22.00
图像检测与处理技术(于殿泓)	18.00
自动显示技术与仪表(何金田)	26.00
电气控制基础与可编程控制器应用教程	24.00
DSP 在现代测控技术中的应用(陈晓龙)	28.00
智能仪器工程设计(尚振东)	25.00
面向对象的测控系统软件设计(孟建军)	33.00

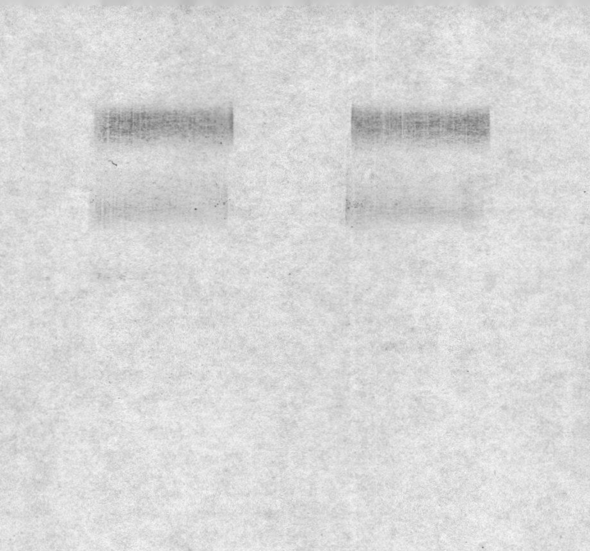